城市照明工程系列丛书
张　华　　　丛书主编

城市照明工程施工及验收
（第二版）

凌　伟　主编

中国建筑工业出版社

图书在版编目（CIP）数据

城市照明工程施工及验收／凌伟主编. — 2版. —
北京：中国建筑工业出版社，2024.4
（城市照明工程系列丛书／张华主编）
ISBN 978-7-112-29684-2

Ⅰ.①城… Ⅱ.①凌… Ⅲ.①城市公用设施-照明-
工程施工②城市公用设施-照明-工程验收 Ⅳ.
①TU113.6

中国国家版本馆 CIP 数据核字（2024）第 057264 号

本系列丛书以城市照明专项规划设计、道路照明和夜景照明工程设计、城市照明工程施工及竣工验收等行业标准为准绳，收集国内设计、施工、日常运行、维护管理等实践经验和案例等内容。在本书修编时，组织了国内一些具有较高理论水平和设计、施工管理丰富的实践经验人员编写而成。

本系列丛书主要包括国内外道路照明标准介绍、道路照明设计原则和步骤、设计计算和设计实例分析、道路照明器材的选择、机动车道路的路面特征及照明评价指标、接地装置安装、现场照明测量和运行维护管理等内容。

本书修编的主要内容：城市照明工程施工组织概述，变压器、箱式变电站安装工程，配电装置与控制安装工程，架空线路及杆上设备安装工程，低压电缆线路敷设工程，接地装置安装工程，路灯安装工程，夜景照明安装工程及工程竣工验收与文件资料管理。

本系列丛书叙述内容深入浅出、图文并茂，具有较强的知识性和实用性，不仅可供城市照明行业设计师、施工员、质量检验员、运行维护管理人员学习参考使用，也可作为城市照明工程安装和照明设备生产企业有关技术人员学习参考用书和岗位培训教材。

责任编辑：杨 杰 张伯熙
责任校对：赵 力

城市照明工程系列丛书
张 华 丛书主编
城市照明工程施工及验收
（第二版）
凌 伟 主编

*

中国建筑工业出版社出版、发行（北京海淀三里河路 9 号）
各地新华书店、建筑书店经销
北京科地亚盟排版公司制版
北京圣夫亚美印刷有限公司印刷

*

开本：787 毫米×1092 毫米 1/16 印张：17¾ 字数：440 千字
2024 年 4 月第二版 2024 年 4 月第一次印刷
定价：**52.00** 元
ISBN 978-7-112-29684-2
（42154）

前　言

　　城市照明建设是一项系统工程，从城市照明专项规划设计、工程项目实施、方案遴选、器材招标、安装施工、竣工验收到运行维护管理等，每个环节都要精心策划、认真实施才能收到事半功倍的成效。当今中国的城市照明的发展十分迅速，并取得了巨大的成就，对城市照明的规划设计、工程项目的实施到运行维护管理都提出了更高的要求。

　　本系列丛书自2018年出版至今已6年，受到了相关专业设计和施工技术人员和高等院校师生的欢迎。近几年来，与城市照明相关的政策法规、标准规范的不断更新、完善，照明新技术、新产品、新材料也推陈出新。应广大读者要求，编辑委员会根据新的政策法规、标准规范，以及新的照明技术，对本系列丛书进行了全面修编。

　　住房和城乡建设部有关《城市照明建设规划标准》CJJ/T 307、《城市道路照明设计标准》CJJ 45等一系列规范的颁布实施，大大促进了我国城市照明建设水平的提高。我们在总结城市照明行业多年来实践经验的基础上，收集了近年来我国部分城市照明管理部门的城市照明规划、设计、施工、验收、运行维护管理的典型方案，以及部分生产厂商近几年来开发的新技术、新产品、新材料，整理、修编成城市照明工程系列丛书。

　　本系列丛书书名和各书主要修编人员分工：

　　《城市照明专项规划设计（第二版）》　　荣浩磊
　　《城市道路照明工程设计（第二版）》　　李铁楠
　　《城市夜景照明工程设计（第二版）》　　荣浩磊
　　《城市照明工程施工及验收（第二版）》　凌　伟
　　《城市照明运行维护管理（第二版）》　　张　训

　　本系列丛书在修编过程中参考了许多文献资料，在此谨向有关作者致以衷心的感谢。同时，由于编者水平有限，修编时间仓促，加之当今我国城市照明新技术、新产品的应用和施工水平的不断发展，系列丛书的内容疏漏或不尽之处在所难免，恳请广大读者不吝指教，多提宝贵意见。

目　　录

第1章　城市照明工程施工组织概述

城市照明工程施工必须科学合理地进行施工组织，这是对工程项目实施过程做出的全面安排。内容包括：项目施工主要目标、施工顺序及空间组织、施工组织安排。

1.1　工程施工的基本程序

1.1.1　成立施工管理机构

城市照明工程是一项十分复杂的生产技术、施工管理的系统工程，为了更好地把握好施工的全过程，按时保质、保量地完成施工任务，顺利实现预定的施工目标，关键在于选拔精明实干的项目经理，配备具有丰富实践经验的施工管理人员和技术力量，组成项目经理部。

施工组织管理机构网络：

（1）项目经理全面负责，下设项目副经理、项目总工程师职位。

（2）因工程较大，可设立多个施工班组，并根据需要在班组内设立专职或兼职的施工员、质量员、安全员、标准员、机械员、劳务员、资料员等。

1.1.2　施工进场前期准备工作

进场准备工作是施工管理中的重要环节之一，针对工程项目的特点，准备工作是否完善将直接关系到工程施工能否顺利展开。为了避免施工管理中的盲目性、随意性和克服工作中的侥幸心理，做好以下几项工作：

1. 施工设计图纸交底

施工员和施工技术骨干应会同设计人员对施工图纸和施工设计说明书做全面了解，对一些特殊要求的施工部位、细部处理应做重点记录。对有不明之处，交底人员应着重讲解，使相关人员对工程情况和技术操作方法做到心中有数。

2. 工程量的计算

根据施工图纸，结合预算书的内容，统计出各项施工项目单位数量，并制成统一表格，按照区域范围或项目范围列出主要材料清单、劳动力工种、机械工具设备清单，为施工计划提供可供操作的依据。

3. 制定材料安排计划

将工程所需材料名称、规格型号和预计数量逐一列表、归类。注明所用位置，保证材料的到场计划的实现。鉴于工期紧张，特别是灯具电器安装位置的不同，可将立面灯具早做安排；以便与工期进度吻合；同时，相同类型的材料尽量一次性到货，尤其是 LED 产品，可防止色温的偏差，避免因多次订货造成产品性能的差异。

4. 制订施工进度计划表

施工进度计划表是控制施工进度和按工期完成施工任务的原始依据，它可起到帮助项目负责人在调动人力、物力、财力方面的合理配置作用。进度表是按照工程期限将各施工项目的工作量、工作内容以及完成项目所需的时间，科学地编排在时间表内（进度计划表应按照工序和可能交叉的工作范围编制）。

5. 施工场地现场勘察

因照明工程施工常常处于城市闹市区，商业发达，人流量非常大，且往往道路照明工程与供电、煤气等管线同时施工，需进一步了解项目施工现场的环境、条件，例如了解其他工程施工进度情况；了解施工安全防护设施的搭设、材料堆放的地点、施工用水和用电的来源。另外，尚需了解施工地点是否易与相邻施工单位产生摩擦而导致工作上的纠纷，以便提早沟通，商定解决纠纷的办法，使施工顺利进行。

勘察的主要目的是核对施工空间与设计图纸是否有误差，尤其是具体部位的尺寸，若有误差应及时反馈。还需了解各流转环节的交通运输、异地施工时人员的食宿情况，以及施工地点周围材料供应商分布和品种供应能力，以便施工中发生材料短缺时，及时就近采购。

6. 材料进场

（1）根据材料计划表，并配合工程进度表确定材料品种、规格数量以及进场时间。

（2）材料堆放位置应预先安排好，地点宜集中以便于管理，切勿任意堆置以免影响工程施工和材料管理的严密性和安全。堆放时应注意以下几点：

1）不得影响施工的进行和因施工造成的多次搬迁，损材费工；

2）选择较高的、干燥的地势堆放；

3）按照材料的不同类别堆码，便于取用；

4）易燃易爆物品分开地点堆放，应配备相应的消防用具，以保证安全；

5）易碎易潮易污染的材料，应注意堆放方法，要对其采取保护措施；

6）即用的材料，进场时应直接放置于工作面，以减少搬运时间和工序；

7）机工具应与材料分开存放，防止机工具进出时损伤材料；

8）切实做好材料进场的签收工作，核对材料是否与设计图和封样的材料样板相符，检查有无明确的材料标识，有无规范的出厂验收报告和合格证书，并按材料的品种、数量进行登记，以备查验。

7. 接通工地临时电

临时用电的布置一般以架空线路和电缆拖板的形式提供。架空线路的用电端，应装设自动开关或闸刀开关，必须符合架设临时线路有关规范的要求。

8. 人员布置和责任分工

施工管理人员在掌握全盘施工资料后，按施工内容进行人员部署，划分各工序的职责范围，签订承包责任书。在负责各个工序施工的人员中挑选有技术、有经验、责任心强的人员作为该工种负责人。施工展开后，施工管理人员应直接管理各工种负责人，各工种负责人要承担各工序的责任，这样可简化管理程序，将精力放在做好工地事务的协调和监督方面。

9. 办理保险

开始施工之前，应到施工所在地保险公司投保短期保险和人员意外保险，以免火警、失盗、人员伤害等意外事故造成损失，将事故风险交给保险公司承担，避免劳资双方为赔偿问题产生过多纠纷。

1.1.3 施工管理内容及简述

有效的施工现场管理是保证质量、控制成本及有效保证工程工期进度、降低造价和保证安全文明施工的主要措施，组织高效的项目管理班子，并采用以下相应的管理办法：

1. 与业主及各方的联系

施工单位应加强与业主、监理及各方的联系，参与工地例会及各种协调会议，取得各单位的理解及支持，为顺利施工创造良好的周边条件。

2. 翔实记录施工日志

施工日志是真实反映整个施工过程的记录，在工程管理中起到备忘、核对、检查的作用，在施工进度或质量达不到要求时，施工日志可以作为查找原因的一个重要参考；同时，项目经理部在施工过程中的具体要求，或甲方、设计及监理在现场提出的意见，也会进行记录，这为日后查对提供了依据。

3. 施工调度

施工调度是在现场对施工安装、人力、物料、机具、设备及资金等生产资料及时进行指挥调整的有效措施，它对措施偏离调整、进度偏离调整或质量偏离调整起到非常有效的作用，施工调度由现场项目部按照现场情况调整。

4. 施工检查

施工检查包括对现场日常进行的安装工艺、质量标准、进度计划、安全文明等的检查，施工检查能反映现场施工管理人员的岗位情况及责任心。本项目施工检查由项目经理、技术负责人及现场工程师等组成常务检查小组，确保对工程项目形成有效检查。

5. 临设管理

临设管理主要是指对施工现场临时办公、材料堆放、临时用水用电的管理。

1.1.4 质量保证体系和措施

首先制定工程的质量目标，达到工程质量一次性验收合格，为达到此目标，除了按国家现行标准规范执行外，结合工程实际情况，制定措施如下：

（1）成立以项目经理为组长的现场施工质量领导小组，领导小组成员由各技术人员、专职人员、班组长组成。质量领导小组负责制定、贯彻、落实各项质量管理措施，推广应用新工艺、新技术，每周召开一次现场工程质量专题会议，听取作业班长、质检员的汇报，解决工程质量存在的问题，并指导安排下步工作。

（2）各班组成立全面质量管理小组，实行全面质量管理，并贯彻执行 ISO9000 质量认证管理，每周召开一次总结会，找出问题，制定措施，并落实。

（3）各级管理人员工程技术人员对工程质量要高标准严要求、一丝不苟地执行国家质量规范标准，严格管理。领导和工程技术人员对于工程施工的关键部位要跟班作业，严格把关，对于技术复杂质量标准高的项目，技术员要现场指导。

（4）严格执行以下各项管理措施：

1）各个工程开始施工时，先做样板，经各方检查验收签字认可后，再按样板进行大面积的施工。

2）对材料采购严格要求，现场到货应符合设计要求，对不符合要求的材料严禁使用。

3）材料进场要严格检查验收，要有出厂合格证。

4）不符合设计要求的材料、器具，班组不得使用。

5）开工前组织图纸会审和技术交底。

6）施工前组织班组长以上员工作技术交底（技术交底由技术负责人主持）。

7）实行三级质量检查制，即班组互检，班组长、质检员逐级按顺序进行检查验收。

8）严格按设计要求、国家施工规范施工，对各工序严格检查，合格后可以进行下一道工序的施工。

1.1.5　安全生产管理体系与措施

为保证工程的顺利施工，保证生产处于最佳安全状态，做好安全管理工作至关重要。为此，施工单位应成立安全管理机构，根据现行标准《施工企业安全生产管理规范》GB/T 50656 的要求，建立职业健康安全管理体系，结合城市照明工程施工的特点，从管理和技术等方面对所选方案和现场环境的安全风险进行分析评估，针对这些安全风险采取防控措施。

1. 建立安全生产组织机构

（1）对整个生产过程实行全方位监督，建立安全责任制，施行安全管理一票否决制。

（2）在施工生产全过程中贯彻实施"安全第一、预防为主、综合治理"的方针，并严格执行有关安全生产的法律法规，实现工程零事故、零伤亡目标。

（3）成立安全生产领导小组，实行公司、项目部、专职安全员三级共保的原则，充分发挥以项目经理为组长的安全生产领导小组的组织保障作用。

（4）任命项目经理为安全生产领导小组组长，全面负责工程项目的安全生产管理工作。任命专职安全员，行使工程项目安全员的权力和职责。

2. 安全生产目标管理

（1）安全生产管理目标是：杜绝死亡事故和重伤事故，减少轻伤事故，无机械事故，杜绝火灾事故，现场安全生产文明施工达标。

（2）杜绝传染病的发生。食堂要保持清洁，炊具餐具经常消毒，养成卫生习惯，提高全员劳动生产率，积极开展安全生产达标活动。

（3）各班组要根据自己的实际情况，争创安全生产标准化班组，达到标准化工地要求，合格率达到 100%，优良率达 40% 以上。

3. 安全生产教育

（1）为了强化安全管理，提高广大干部职工的安全意识和安全素质，按照国家有关安全生产教育制度的规定，各级岗位人员必须经安全知识教育培训后才可上岗。

（2）施工单位主要领导、分管安全领导、项目经理须参加市级以上劳动部门的安全培训教育，掌握劳动保护知识和安全技术法规。

（3）专职安全管理人员，须经安全技术专业培训，掌握各工种的安全技术操作规程，在工作中能及时发现隐患并随时排除。

（4）新工人上岗前需经三级安全教育，使他们懂得本行业的特点，掌握本工种岗位的安全规定，操作规程、规范，经考核合格后上岗。变换工种的人员，应进行新岗位的安全教育，未经教育不得上岗。

（5）电工、焊工、起重工、架子工、高空作业工等特殊工种工人，除接受一般安全教育外，还要经过本工种的安全技术教育，经考核合格发证后，方准上岗操作。

（6）根据季节、施工进度等特点，对施工人员采取多种形式、经常性的安全教育，增强项目部每个职工的安全意识和自我防护能力，不断提高全员的安全素质。

4. 安全技术交底

（1）是施工组织设计及分部分项工程的安全技术措施，需经施工单位总工程师审查批准后方可组织实施。

（2）安全技术措施由施工单位总工程师审批，安全主管部门及项目部参加审查。

（3）分部分项工程的安全技术措施交底，由项目部技术负责人对班组进行交底，并签字存档。

（4）班组利用班前活动对职工进行施工技术交底。

（5）施工总平面布置是否符合安全技术要求（包括易燃材料库位置、电器线路及临时施工用电设备、照明电气安装材料和灯具设备的堆放位置、高空作业吊篮位置等）。

（6）技术措施是否有针对性并符合规范要求（要根据工程特点、施工方法、劳动组合和作业环境等情况提出相应措施）。

（7）特殊部位材料设备安装措施的可行性和可靠性论证。

（8）安全技术措施经审查批准后，不得随意改动。在施工条件或施工组织发生变化，需要更改或补充安全技术措施方案时，需经原编制者同意，并经上述程序审批后方可变更。

5. 安全生产检查

安全生产检查采取经常性检查与突击性检查相结合，定期检查与不定期检查相结合，自查与互查相结合的方法进行。施工单位每月进行一次全面大检查，项目部每周进行不少于一次的安全检查，专职安全员天天查，施工班组施工前有班前活动。每年安全月、安全周、事故高发期、台风和汛期前后等进行突出性检查。

（1）施工单位成立以施工单位副总为组长，各职能部门为组员的检查组，项目部成立以项目经理为组长，专职安全员及各施工班组长为组员的检查组。

（2）检查内容：施工现场安全管理，脚手架、高空作业、吊装作业、"三宝"使用及"四口五临边"防护，施工用电、施工机具、防火措施、场容场貌及生活卫生。

（3）评分标准：按现行行业标准《建筑施工安全检查标准》JGJ 59评分。

（4）贯彻边查、边改、边落实和四不放过原则。对查出的事故隐患按规定罚款，提出整改措施，责任到人，限期整改到位。发现事故隐患必须按规定逐级上报。存在事故隐患的单位应采取切实的整改措施，消除事故隐患。暂时难以整改的应采取切实的防范监控措施，严防事故发生。

6. 安全生产保证措施

（1）每周进行一次定期安全生产检查，对检查中发现的问题，限时整改。各班组长应天天检查，及时纠正、及时整改。

（2）施工前，组织各工种人员认真学习安全技术操作规程，新工人上岗前进行三级安全教育，做好记录并建立教育卡。

（3）全面贯彻落实现行行业标准《建筑施工安全检查标准》JGJ 59 的规定，规范施工现场的一切防护设施及防护措施。

（4）施工现场的脚手架搭设、临时用电、高处作业吊篮等均有施工方案，并严格按方案实施。

（5）施工使用的中小型机械设备，使用前须进行检验，有技术交底，未经验收及技术交底不准投入使用。

（6）各分部分项工程施工前均进行详细的安全技术交底，未经技术交底的施工人员不准上岗作业。

（7）建筑物中的"四口、五临边防护"，按照规范的要求，设置防护设施，无可靠的防护措施不准作业。

（8）脚手架和高处作业吊篮搭设安装完毕后，严格按验收制度验收，由项目经理组织安全、技术等相关人员验收，验收合格后，方可投入使用。在施工期间，经常对脚手架和吊篮的支撑件进行检查，发现隐患及时整改。

（9）特种作业人员持证上岗，无证人员一律不准上岗作业。

（10）施工现场的临时用电，严格按照《施工现场临时用电安全技术规范》JGJ 46 设置，实行三相五线制的供电方式，采取三级配电，二级保护的措施，防止电气事故的发生。

（11）按照现行行业标准《建筑施工安全检查标准》JGJ 59 要求，认真收集、整理施工现场的安全生产资料，为施工现场提供内容真实的安全生产工作依据。

（12）制定安全生产管理制度、安全生产措施，层层落实责任，将其分解到班组、个人。宣传安全生产的法律、法规、技术标准和规范，提高施工人员的安全意识，营造"人人讲安全、事事讲安全、时时讲安全"的良好氛围。

1.2　工程施工组织设计的编制

1.2.1　编制原则

（1）符合施工合同或招标文件中有关工程进度、质量、安全、环境保护、造价等方面的要求。

（2）积极开发、使用新技术和新工艺，推广应用新材料和新设备（在目前市场经济条件下，企业应当积极利用工程特点、组织开发、创新施工技术和施工工艺）。

（3）坚持科学的施工程序和合理的施工顺序，采用流水施工和网络计划等方法科学配置资源、合理布置现场，采取季节性施工措施，实现均衡施工，达到合理的经济技术指标。

（4）采取技术和管理措施，推广建筑节能和绿色施工。

（5）与质量、环境和职业健康安全三个管理体系有效结合。

1.2.2　编制依据

（1）与建设有关的法律、法规和文件。

（2）现行的国家、行业的标准、规范、定额、技术规定和技术经济指标。

（3）工程所在地区行政主管部门的批准文件，建设单位对施工的要求。

（4）工程施工合同和招标文件。

（5）已批准的施工图、技术协议、会议纪要等文件。

（6）工程施工范围内的现场条件、工程地质及水文地质、气象等自然条件。

（7）与工程有关的资源供应情况。

（8）施工企业的生产能力、机具设备状况、技术水平等。

1.2.3 编制和审批

（1）施工组织设计应由项目负责人主持编制，可根据需要分阶段编制和审批。

（2）施工组织总设计应由总承包单位技术负责人审批。单位工程施工组织设计应由施工单位技术负责人或技术负责人授权的技术人员审批。施工方案应由项目技术负责人审批。重点、难点分包（分项）工程和专项工程施工方案应由施工单位技术部门组织相关专家评审，施工单位技术负责人批准。达到一定规模的危险性较大的分部（分项）工程编制专项施工方案，并附安全验算书，经施工单位负责人和总工程师、项目总监理工程师签字后实施。

（3）有专业承包单位施工的分部（分项）工程或专项工程的施工方案，应由专业承包单位技术负责人或技术负责人授权的技术人员审批；有总承包单位时，应由总承包单位项目技术负责人核准备案。

（4）规模较大的分部（分项）和专项工程的施工方案应按单位工程施工组织设计进行编制和审批。

1.2.4 动态管理

（1）项目施工过程中，发生以下情况之一时，施工组织设计应及时进行修改或补充。

1）工程设计有重大修改时，需要对施工组织设计进行修改。对工程设计图纸的一般性修改，视变化情况对施工组织设计进行补充。对工程设计图纸的细微修改或更正，施工组织设计则不需调整。

2）有关法律、法规、规范和标准实施、修订和废止，并涉及工程的实施、检查或验收时。

3）由于主客观条件的变化，施工方法有重大变更，原来的施工组织设计已不能正确地指导施工时。

4）当施工资源的配置有重大变更，并且影响施工方法的变化或对施工进度、质量、安全环境、造价等造成潜在重大影响时。

5）当施工环境发生重大改变，如施工延期造成季节性施工方法变化，施工场地变化造成现场布置和施工方式改变等，使原来的施工组织设计已不能正确地指导施工时。

（2）经修改或补充的施工组织设计应重新审批后实施。

（3）项目部施工前应进行施工组织设计逐级交底，项目施工过程中，应对施工组织设计的执行情况进行检查、分析并适当调整。

1.3 工程施工组织设计的内容

城市照明工程是一个单位工程，应按要求编制单位工程施工组织设计，内容应包括：工程概况、编制依据、项目组织机构和各类管理体系、施工准备与资源配置计划、施工进度计划、主要施工方案、项目质量目标及措施、项目安全目标及措施、施工现场平面布置、项目成本控制措施等基本内容。对整个项目的施工过程起统筹规划、重点控制的作用。

1.3.1 工程概况

（1）工程名称、性质和地理位置。
（2）工程的建设、勘察、设计、监理和总承包等相关单位的情况。
（3）工程承包范围和分包工程范围。
（4）施工合同、招标文件或总承包单位对工程施工的重点要求。
（5）其他应说明的情况。

1.3.2 编制依据

编制依据应分类列出，对于法律、法规、规程、标准等必须是现行有效的。

1.3.3 项目组织机构和各类管理体系

指项目部的组织机构和健康、安全、环境管理体系、质量管理体系、特种设备质量保证体系等。

1.3.4 施工准备与资源配置计划

（1）技术准备应包括施工所需技术资料的准备、施工方案编制计划、试验检验及设备调试工作计划、样板制作计划等。
（2）现场准备应根据现场施工条件和实际需要，准备现场生产、生活等临时设施。
（3）资金准备应根据施工进度计划编制资金使用计划。

1.3.5 施工进度计划

（1）施工进度计划是施工部署在时间上的体现，反映了施工顺序和各个阶段工程进展情况应均衡协调、科学安排。
（2）施工进度计划可采用网络图或横道图表示，并附必要说明，对于工程规模较大或较复杂的工程，宜采用网络图表示。

1.3.6 主要施工方案

（1）单位工程应按照《城市道路照明工程施工及验收规程》CJJ 89 中分项工程的划分原则，对主要分项工程制定施工方案。
（2）对起重吊装深基坑、临时用水用电工程、季节性施工等专项工程所采用的施工方案应进行必要的验算和说明。

1.3.7 项目质量目标及措施

包括项目质量目标和要求，质量管理组织和职责，质检单位、建设单位、监理单位和合同对质量控制提出的主要要求，关键项目的施工质量控制点。

1.3.8 项目安全目标及措施

包括项目管理承诺及方针、目标，管理组织机构及职责，管理所需的资源配置，工程的风险评估和控制措施，文明标化工程标准与管理及环保措施等。

1.3.9 施工现场平面布置

施工现场平面布置图应包括的内容有：工程施工场地状况、施工现场的加工设施、办公和生活用房等的位置和面积，施工现场必备的安全、消防、保卫和环境保护等设施，相邻的地上、地下既有建（构）筑物及相关环境。

1.3.10 项目成本控制措施

包括成本管理责任体系、成本指标高低的分析及评价、成本控制措施等。

1.4 工程施工组织设计编制案例

1.4.1 工程概况

1. 工程名称

工程名称：××××道路照明工程

建设地点：×××××××××

建设单位：×××××××××

设计单位：×××××××××

监理单位：×××××××××

开工日期：××××年××月××日

竣工日期：以施工合同为准

2. 工程范围

（1）工程起点为××××××××××，工程终点为××××××××××。全长约××km。

（2）共计安装各类路灯××盏/××套，其中：

××m单挑灯××盏/××套，光源配置LED××W；

××m中杆灯××盏/××套，光源配置LED××W。

（3）敷设各类电缆××m：其中××××电力电缆××m，××××电力电缆××m。

（4）设置×处配电，容量分别为××kVA。为保证路灯控制可靠性，对每配电点都设置路灯无线"三遥"监控装置,确保整条道路路灯可靠运行。

3.工程特点

本工程采用在道路两侧人行道对称布置××m单挑灯的照明方式,光源配置××××,平均照度(维持值)$E_{av} \geqslant \times \times$lx,功率密度$\leqslant \times \times$W/m^2。

本工程光源电器使用高光效的灯泡和低能耗的镇流器,其性能指标符合国家现行有关能效标准规定的节能评价值要求,所有新增路灯均采用电感变功率镇流器,并使用单灯电容补偿,灯具效率大于70%。

配置补偿电容,提高功率因数,降低工作电流,减少线路损耗。并设置路灯无线"三遥"监控装置,缩小故障范围,提高全路段路灯运行的可靠性,达到节能的要求。

1.4.2 工程施工组织设计依据

(1)现行的国家、行业标准、规范、定额、技术规定和技术经济指标:

1)《城市道路照明设计标准》CJJ 45。

2)《城市道路照明工程施工及验收规程》CJJ 89。

3)《低压配电设计规范》GB 50054。

4)《电力工程电缆设计标准》GB 50217。

5)《交流电气装置的接地设计规范》GB/T 50065。

6)《电能质量 公共电网谐波》GB/T 14549。

7)《电气装置安装工程 电缆线路施工及验收标准》GB 50168。

8)《电气装置安装工程 接地装置施工及验收规范》GB 50169。

9)《LED城市道路照明应用技术要求》GB/T 31832。

(2)已批准的施工图、施工合同、技术协议、会议纪要。

(3)企业技术标准、HSE(健康、安全和环境管理体系)、质量和特种设备保证体系文件、队伍情况及装备条件、管理水平等。

(4)同类型工程项目的施工组织设计和有关总结资料,现场情况调查资料。

1.4.3 项目组织机构

1.项目施工组织机构平面图(图1-1)

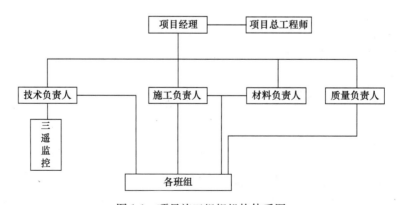

图1-1 项目施工组织机构体系图

2. 施工组织机构中主要施工管理人员（表 1-1）

施工组织机构中主要施工管理人员   表 1-1

序号	职务	姓名	职称
1	项目经理	×××	工程师
2	项目副经理	×××	工程师
3	项目总工程师	×××	高级工程师
4	施工员	×××	工程师
5	质量员	×××	工程师
6	安全员	×××	工程师
7	标准员	×××	工程师
8	材料员	×××	工程师
9	机械员	×××	工程师
10	劳务员	×××	工程师
11	资料员	×××	工程师

3. 主要人员职责

（1）项目经理

1）项目管理目标责任书规定的职责。

2）主持编制项目管理实施规划，并对项目目标进行系统管理。

3）对资源进行动态管理。

4）建立各种专业管理体系并组织实施。

5）进行授权范围内的利益分配。

6）收集工程资料，准备结算资料，参与工程竣工验收。

7）接受审计，处理项目经理部解体后的善后工作。

8）协助组织进行项目的检查、鉴定和评奖申报工作。

（2）项目副经理

1）协助项目经理工作，具体负责项目施工生产的技术、质量、安全、进度的组织、控制和管理工作以及协助项目经理分管工程、安全、质量等工作。

2）具体负责项目质量保证计划、各类施工技术方案和安全文明施工组织管理方案的编制和落实工作。

3）负责总体和阶段进度计划的编制、分解、协调和落实工作。

4）负责项目质量目标、进度目标、安全文明施工目标和质量奖目标的策划、组织、管理和落实工作。

5）负责与建设单位、监理单位等的现场协调和沟通的组织领导工作。

6）协助技术负责人进行新材料、新技术、新工艺在本工程的推广应用和技术总结工作。

7）具体负责工程的技术资料整理、阶段交验和竣工交验工作的组织领导工作。

（3）项目总工程师

1）协助项目经理管理和领导技术工作。

2）组织相关部门和人员代表项目部参与建设单位、监理单位或设计单位就施工方案、技术、设计、质量等的会议、讨论及磋商。

3）主持施工组织设计和重大技术方案的编制并负责审核、把关。

4）组织进度计划的编制，监督落实。负责土建与安装等工作之间在进度安排方面的配合和协调。

5）参与项目质量策划，督促技术方案和施工组织设计主要内容的落实工作。

6）对新技术、新工艺和新材料在本工程的推广和使用进行指导并把关。

7）协助项目经理领导和组织创优工作。

8）负责竣工图、竣工资料、技术总结等工作的指导和把关。

9）负责组织工人和劳务队伍的岗前培训工作并审查培训效果。

（4）施工员

1）参与施工组织管理策划。

2）参与制定管理制度。

3）参与图纸会审、技术核定。

4）负责施工作业班组的技术交底。

5）负责组织测量放线、参与技术复核。

6）参与制订并调整施工进度计划、施工资源需求计划，编制施工作业计划。

7）参与施工现场组织协调工作，合理调配生产资源，落实施工作业计划。

8）参与现场经济技术签证、成本控制及成本核算。

9）负责施工平面布置的动态管理。

10）参与质量、环境与职业健康安全的预控。

11）负责施工作业的质量、环境与职业健康安全过程控制，参与隐蔽、分项工程的质量验收。

12）参与质量、环境与职业健康安全问题的调查，提出整改措施并监督落实。

13）负责编写施工日志、施工记录等相关施工资料。

14）负责汇总、整理和移交施工资料。

（5）质量员

1）参与进行施工质量策划。

2）参与制定质量管理制度。

3）参与材料、设备的采购。

4）负责核查进场材料、设备的质量保证资料，监督进场材料的抽样复验。

5）负责监督、跟踪施工试验，负责计量器具的符合性审查。

6）参与施工图会审和施工方案审查。

7）参与制定工序质量控制措施。

8）负责工序质量检查和关键工序、特殊工序的旁站检查，参与交接检验、隐蔽验收、技术复核。

9）负责检验批和分项工程的质量验收、评定。

10）参与制定质量通病预防和纠正措施。

11）负责监督质量缺陷的处理。

12）参与质量事故的调查、分析和处理。

（6）安全员

1）参与制订施工项目安全生产管理计划。

2）参与建立安全生产责任制度。

3）参与制定施工现场安全事故应急救援预案。

4）参与开工前安全条件检查。

5）参与施工机械、临时用电、消防设施等的安全检查。

6）负责防护用品和劳保用品的符合性审查。

7）负责作业人员的安全教育培训和特种作业人员资格审查。

8）参与编制危险性较大的分项工程专项施工方案。

9）参与施工安全技术交底。

10）负责施工作业安全及消防安全的检查和危险源的识别，对违章作业和安全隐患进行处置。

11）参与施工现场环境监督管理。

12）参与组织安全事故应急救援演练，参与组织安全事故救援。

13）参与安全事故的调查、分析。

14）负责安全生产的记录、安全资料的编制。

15）负责汇总、整理、移交安全资料。

（7）标准员

1）参与企业标准体系表的编制。

2）负责确定工程项目应执行的工程建设标准，编列标准强制性条文，并配置有效版本。

3）参与制定质量安全技术标准落实措施及管理制度。

4）负责组织工程建设标准的宣贯和培训。

5）参与施工图会审，确认执行标准的有效性。

6）参与编制施工组织设计、专项施工方案、施工质量计划、职业健康安全与环境计划，确认执行标准的有效性。

7）负责建设标准实施交底。

8）负责跟踪、验证施工过程标准执行情况，纠正执行标准中的偏差，重大问题提交企业标准化委员会。

9）参与工程质量、安全事故调查，分析标准执行中的问题。

10）负责汇总标准执行确认资料、记录工程项目执行标准的情况，并进行评价。

11）负责收集对工程建设标准的意见、建议，并提交企业标准化委员会。

12）负责工程建设标准实施的信息管理。

（8）材料员

1）参与编制材料、设备配置计划。

2）参与建立材料、设备管理制度。

3）负责收集材料、设备的价格信息，参与供应单位的评价、选择。

4）负责材料、设备的选购，参与采购合同的管理。

5）负责进场材料、设备的验收和抽样复检。

　　6）负责材料、设备进场后的接收、发放、储存管理。

　　7）负责监督、检查材料、设备的合理使用。

　　8）参与回收和处置剩余及不合格材料、设备。

　　9）负责建立材料、设备管理台账。

　　10）负责材料、设备的盘点、统计。

　　11）参与材料、设备的成本核算。

　　12）负责材料、设备资料的编制。

　　13）负责汇总、整理、移交材料和设备资料。

　　（9）机械员

　　1）参与制订施工机械设备使用计划，负责制定维护保养计划。

　　2）参与制定施工机械设备管理制度。

　　3）参与施工总平面及机械设备的采购或租赁。

　　4）参与审查特种设备安装、拆卸单位资质和安全事故应急救援预案、专项施工方案。

　　5）参与特种设备安装、拆卸的安全管理和监督检查。

　　6）参与施工机械设备的检查验收和安全技术交底，负责特种设备使用备案、登记。

　　7）参与组织施工机械设备操作人员的教育培训和资格证书查验，建立机械特种作业人员档案。

　　8）负责监督检查施工机械设备的使用和维护保养，检查特种设备安全使用状况。

　　9）负责落实施工机械设备安全防护和环境保护措施。

　　10）参与施工机械设备事故调查、分析和处理。

　　11）参与施工机械设备定额的编制，负责机械设备台账的建立。

　　12）负责施工机械设备常规维护保养支出的统计、核算、报批。

　　13）参与施工机械设备租赁结算。

　　14）负责编制施工机械设备安全、技术管理资料。

　　15）负责汇总、整理、移交机械设备资料。

　　（10）劳务员

　　1）参与制订劳务管理计划。

　　2）参与组建项目劳务管理机构和制定劳务管理制度。

　　3）负责验证劳务分包队伍资质，办理登记备案；参与劳务分包合同签订，对劳务队伍现场施工管理情况进行考核评价。

　　4）负责审核劳务人员身份、资格，办理登记备案。

　　5）参与组织劳务人员培训。

　　6）参与或监督劳务人员劳动合同的签订、变更、接触、终止及参加社会保险等工作。

　　7）负责或监督劳务人员劳动进出场及用工管理。

　　8）负责劳务结算资料的收集整理，参与劳务费的结算。

　　9）参与或监督劳务人员工资支付、负责劳务人员工资公示及台账的建立。

　　10）参与编制、实施劳务纠纷应急预案。

　　11）参与调解、处理劳务纠纷和工伤事故的善后工作。

　　12）负责编制劳务队伍和劳务人员管理资料。

13）负责汇总、整理、移交劳务管理资料。

（11）资料员

1）参与制订施工资料管理计划。

2）参与建立施工资料管理规章制度。

3）负责建立施工资料台账，进行施工资料交底。

4）负责施工资料的收集、审查及整理。

5）负责施工资料的往来传递、追溯及借阅管理。

6）负责提供管理数据、信息资料。

7）负责施工资料的立卷、归档。

8）负责施工资料的封存和安全保密工作。

9）负责施工资料的验收与移交。

10）参与建立施工资料管理系统。

11）负责施工资料管理系统的运用、服务和管理。

1.4.4 施工准备与资源配置计划

1. 施工前准备

（1）调查气象、地形、水文地质和物资情况。

（2）组织现场施工人员熟悉和审查施工图纸及有关技术措施，编制实施方案。在施工审查的基础上，技术人员要将工程概况、施工方案、技术措施及特殊部位的施工要点、注意事项向全体施工人员作详细的技术交底，做到按设计施工图、规范和施工方案施工。

（3）认真学习施工图纸，会同设计单位、建设单位、质监单位及监理单位进行图纸会审，做好图纸会审记录。

（4）进行自审，组织各工种施工管理人员对本工程图纸进行审查，掌握和了解图纸中的细节。

（5）组织各专业施工队共同学习施工图纸，商定施工配合事宜。

（6）组织图纸会审，由设计方进行交底。理解设计意图及施工质量标准，准确掌握设计图纸中的细节。

（7）向班组进行计划交底，下达工程施工任务单，使班组明确有关任务、质量、安全、进度。

（8）做好工作面准备：检查道路、水平运输是否畅通，将操作场所清理干净。

（9）对材料、构配件的质量、规格、数量进行清查。

（10）施工机械就位并进行试运转。做好维护保养工作，保证施工机械能正常运行。

（11）培训施工人员掌握新工艺、新技术。重要工种和特殊工种需经培训、考核合格后方可上岗。

（12）按施工平面布置图搭设临时设施，布置施工机具做好场地内施工道路。水电畅通，做好各种施工机械的维护保养工作。

（13）抓好施工技术安全交底工作。通过安全技术交底使参加本工程的施工人员对工艺要求和安全标准做到心中有数，以利科学施工和按合理的工序工艺进行作业。

（14）编制施工预算，为施工生产提供可靠的指导。

（15）加强原材料检验，及时提供原材料试验报告和混凝土配合比报告，保证施工质量。

（16）根据施工现场环境状况，编制安全生产、文明施工综合治理措施。

2. 现场准备

（1）会同业主、甲方、监理代表重新验放红线点，并进行放线测量。采用经纬仪、水准仪布设施工控制网点及水平标设控制点，设置永久坐标及水平基桩，做好测量控制网点的保护和签证工作。

（2）对施工用水、用电、排水等临时设施，应根据工程大小或施工需要设置，办理有关手续。

（3）安装工程做好配件资料和图纸的核定和加工工作。针对工程主要设备的性质、安装要领、技术要求等进行资料的收集，对有联合调试要求的仪器，要做好相关准备工作。

3. 施工人员准备

（1）从公司选择高素质的施工班组，根据施工组织设计中的施工程序和施工总进度计划要求，确定各阶段劳动力的需用量。

（2）为进场工人做准备，对工人进行技术、安全、思想和法制教育。教育工人树立"质量第一，安全第一"的正确思想，使工人遵守有关施工和安全的技术法规和地方治安法规。

（3）做好后勤工作安排，做好临时设施的修建。为进场工人解决食、住、医、工作问题，以便进场人员进场后能够迅速投入施工，充分调动职工的生产积极性。

4. 材料计划准备

（1）材料计划的编制：根据施工进度计划计算出旬、周材料，构件用量计划，提前一个星期交材料采购部门落实。

（2）材料的消耗定额管理：材料核算应以材料施工定额为基础，要经常考核和分析消耗定额的执行情况，着重定额材料与实际用料的差异，不断提高材料管理水平。

（3）材料的库存管理

1）对入库的原材料要严格检查物品的规格、数量和质量，只有数量、质量、规格都符合采购文件要求时，才可以办理验收、入库手续。

2）入库材料要建立材料台账，由专人管理。材质证书、合格证、检测报告应编号、列册存档。对有标识要求的，要作好标识工作。

3）露天存放的材料，必要时要上下铺垫，堆放整齐。进入库房、料棚存放的物品，应采用货柜（架）陈列，防止挤压。

（4）材料的现场管理

1）加强材料管理，严禁次品及不合格材料进入施工现场，现场材料严格实行验品种、验规格、验质量、验数量的"四验"制度。

2）开展生产节约活动，对各班组根据其工程量实行限额领料、当日记载、月底结账，节约有奖的制度，使材料计划落到实处。

5. 施工机械设备准备

（1）根据施工组织设计有关机械设备、施工机具配备的要求、数量及施工进度安排，编制施工机具需用量及进退场计划。

（2）机械设备进场后按规定地点和方式布置，并进行相应的保养和试运转工作，保证施工机械能正常运转。

6. 资源配置计划

（1）劳动力计划，见表 1-2。

劳动力计划 表 1-2

工种	基础工程	配线管安装	电缆敷设	路灯安装	系统调试
电焊工	××	××	××	××	××
气焊工	××	××	××	××	××
管工	××	××	××	××	××
电工	××	××	××	××	××
起重工	××	××	××	××	××
钳工	××	××	××	××	××
电气调试工	××	××	××	××	××
普工	××	××	××	××	××

（2）主要设备材料进场计划，见表 1-3。

主要设备材料进场计划 表 1-3

序号	设备材料名称	进场时间
1	基础材料	初期
2	电缆保护管	初期
3	附件	中期
4	电缆	中期
5	路灯（灯杆、灯具）	中期
6	送配电装置	中期

（3）施工机械设备投入计划，见表 1-4。

施工机械设备投入计划 表 1-4

序号	名称	规格	单位	数量	备注
1	交流焊机	×××	台	××	自有
2	手提交流焊机	×××	台	××	自有
3	电动套丝机	×××	台	××	自有
4	台钻	×××	台	××	自有
5	电动卷扬机	×××	台	××	自有
6	砂轮机	×××	台	××	自有
7	手提砂轮机	×××	台	××	自有
8	液压导线压接钳	×××	把	××	自有
9	接地电阻测试仪	×××	台	××	自有
10	兆欧表	×××	台	××	自有
11	汽车起重机	×××	台	××	自有
12	载重汽车	×××	台	××	自有

1.4.5　工程进度计划及管理措施

（1）根据施工合同要求，本工程自××××年××月××日开工，与道路主体工程同时竣工，施工进度计划见图1-2。

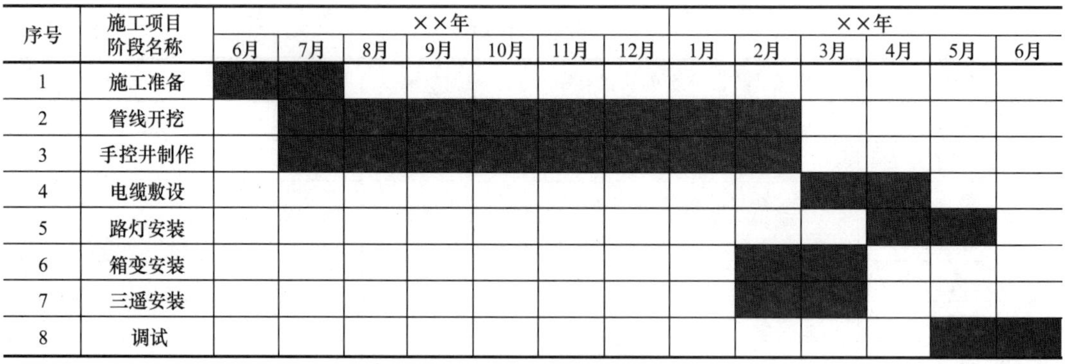

序号
施工项目阶段名称
××年
6月
7月
8月
9月
10月
11月
12月
××年
1月
2月
3月
4月
5月
6月
1
施工准备
2
管线开挖
3
手控井制作
4
电缆敷设
5
路灯安装
6
箱变安装
7
三遥安装
8
调试

图1-2　施工进度计划图

（2）施工进度控制措施

将进度总目标分解，分解到每个标段、每个班组，标段、班组按计划将工期进一步分解。根据施工进度计划编制并执行季、月、周计划，要用施工任务书把计划落实到班组。对照进度计划跟踪，检查进度实际情况，及时发现进度偏差，并采取相应措施调整，形成新的计划，进行施工进度动态控制。

1.4.6　工程质量目标及措施

1. 质量总目标：创建优质市政示范路灯工程。

2. 质量目标：

（1）设计符合现行标准《城市道路照明设计标准》CJJ 45的要求。

（2）施工符合现行标准《建筑电气工程施工质量验收规范》GB 50303、《城市道路照明工程施工及验收规程》CJJ 89的要求。

（3）各分项工程符合相关《施工阶段质量检验示范表式》的要求。

3. 质量保证组织体系如图1-3所示。

项目经理
项目总工程师
项目副经理
质量员
技术组
生产组
材料组
其他班组
质量负责人
质量负责人
质量负责人
质量负责人

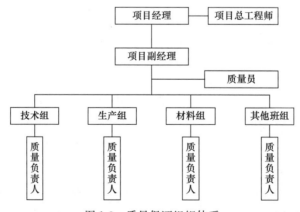

图1-3　质量保证组织体系

4. 质量保证措施

（1）建立以项目经理为总负责，项目质量工程师在事中控制，项目质检员在基层检查的管理系统，对工程质量进行全过程、全方位、全员控制。

（2）推行施工现场组织管理总负责人技术管理工作责任制。由总负责人正确贯彻执行政府的各项技术政策，科学地组织各项技术工作，建立正常的工程技术秩序，把技术管理工作的重点集中放到提高工程质量，缩短建设工期和提高经济效益的具体技术工作业务上。

（3）建立健全各级技术责任制。正确划分各级技术管理工作的权限，使每位工程技术人员各有专职、各司其事、有职、有权、有责。充分发挥每一位工程技术人员的工作积极性和创造性，为本工程建设发挥应有的骨干作用。

（4）建立施工组织设计的施工方案审查制度。工程开工前，将单位工程施工组织设计报送监理工程师审核。对于重大或关键部位的施工，以及新技术、新材料的使用，提前一周提出具体的施工方案、施工技术保证措施，以及新技术、新材料的试验，出具鉴定证明材料并呈报监理主管工程师审批。

（5）建立严格的奖罚制度。在施工前和施工过程中，项目经理组织有关人员，根据公司有关规定，制定符合本工程施工的详细规章制度和奖罚措施（尤其是保证工程质量的奖罚措施）。对施工质量好的作业人员进行重奖，对违章施工造成质量事故的人员进行重罚，不允许出现不合格品。

（6）建立健全技术复核制度和技术交底制度。在认真组织施工图会审和技术交底的基础上，进一步强化对关键部位和影响工程全局的技术工作的复核。工程施工过程中，除按质量标准规定的复查、检查外，在重点工序施工前，必须对关键的检查项目进行严格复核，杜绝重大差错事故的发生。

（7）坚持"三检"制度。每道工序完成后，首先，由作业班组提出自检，其次由项目经理组织有关施工人员、质检员、技术员进行互检和交接检。隐蔽工程在做好三检制的基础上，请监理工程师审核，并签证认可。

（8）坚持"三级"检查制度。每周对项目工程质量进行一次全面检查，工程部对项目的工程质量进行一次检查。检查中严格执行有关规范和标准，对在检查中发现的不合格项，提出不合格报告，限期纠正，并进行跟踪整改。

（9）加强施工作业人员管理措施。施工作业人员上岗作业前，必须进行与本工种相适应的、专门的安全技术理论学习和实际操作训练，应取得特种作业证并持证上岗。

（10）加强施工机械管理措施。施工机械和机具、检验试验仪器设备等处于受控状态，均在规定的检定或检验周期内，由具有资格的检测机构出具符合使用要求的检定合格证书。保持性能、状态完好，做到资料齐全、准确，属于特种设备的应履行报检程序。

1.4.7　工程安全目标及措施

（1）贯彻"安全第一、预防为主、综合治理"的原则，认真执行国家、地方有关安全规定、安全操作规程。

1）成立以项目经理为核心，以项目总工程师、专职安全工程师为骨干的安全、文明施工管理小组，明确项目经理为项目安全、文明施工的第一责任人。

2）专职安全工程师为项目安全、文明施工的直接责任人，主要负责对工人的安全、文明施工技术交底，贯彻上级精神，每天检查工程施工安全工作及文明施工情况，每周召开工程安全会议。

3）制定具体的安全规程、文明施工管理规定和违章处理措施，并向公司安全、文明施工领导小组汇报。

4）各作业班组设立兼职安全员，安全员发现问题及时处理，并及时向工地安全管理小组汇报。

（2）安全目标：无安全生产责任事故。

（3）施工安全保证组织体系（图1-4）。

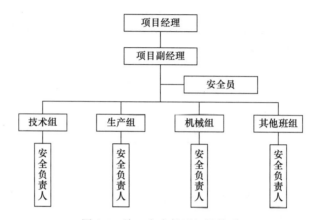

图1-4　施工安全保证组织体系

（4）施工安全保证措施

1）明确各级管理人员的安全岗位责任制，明确其应承担的安全责任和应做的工作。

2）建立安全教育制度。对所有进场的人员进行一次入场安全教育及针对本工种安全操作规程的教育，建立个人安全教育卡片。需持证上岗的特殊工种工人必须经过培训考试，并取得有关部门颁发的合格证书后方可上岗。施工人员每天上岗前，应由工长做岗前安全施工教育。

3）坚持安全检查制度。每月由项目部专职安全工程师牵头对工地进行两次安全检查，专职安全员必须天天检查。对检查出的问题、隐患要做好文字记录，限期整改，对危及人身安全的险情立即整改。对每项要整改的问题整改完毕后要由安全员验证。公司组织每季度一次的安全、消防、文明施工大检查，对工地安全状况进行监督。

4）坚持安全交底制度。技术人员在编制施工方案、作业指导书时，必须编制详细的、有针对性的安全措施，并向操作人员进行书面交底，双方签字认可。

5）坚持安全例会制度。每周由项目部专职安全工程师主持，安全员和各工地（队）专兼职安全员参加，总结本周安全情况，安排下周安全工作。

6）安全事故处理制度。现场发生的安全事故，都要本着"四不放过"的原则进行处理，查明原因，教育大家，并落实整改措施。大、重大事故必须及时地向上级部门及地方有关部门汇报，积极配合和接受有关部门的调查和处理。

（7）严格执行奖惩制度。

（8）进入施工现场必须做到四个必须、七个不许：

1）四个必须：必须正确佩戴安全帽、高空作业必须正确佩戴安全带、特殊工种必须持有操作合格证、必须按照规定搭设安全网。

2）七个不许：施工作业的现场不许打闹、嬉戏；不许穿拖鞋、高跟鞋上班；不许不戴工作帽，披长发进入施工现场；不许非司机启动机械；不许酒后进入施工现场；不许在非指定地点吸烟和点明火；不许无措施或交底不清作业。

（9）施工用电必须有经批准的临时施工用电施工组织设计

1）所有电力线路和用电设备，必须由持证电工安装，并负责日常检查和维护保养，其他人员不得私自乱接、拉电线。

2）现场使用的用电线路，一律采用绝缘导线，移动线路必须使用胶皮电线，不得有裸露。架空导线要以绝缘子固定，不得捆绑在脚手架上。

3）在潮湿场所作业时应使用安全电压。

4）室外的配电箱必须做防雨罩，并上锁，钥匙由值班电工统一管理。总配电箱和分配电箱均设漏电开关，开关箱内的漏电开关动作电流不大于 30mA。

5）配电系统采用 TN-S 接零保护系统，PE 线截面不小于 1/2 相线，所有出线电缆末端均做重复接地。接地电阻不大于 10Ω，电力设备的外壳及所有金属工作平台均与 PE 线相接。

（10）防高处坠落和物体打击措施

1）地面操作人员，应尽量避免在高处作业面的正下方停留或通过，也不得在起重机的起重臂或正在安装的构件下停留或通过。

2）高处操作人员使用的工具、零配件等，应放在施工人员随身佩带的工具袋内，不可随意向下掷物。

3）各工序进行上下立体交叉作业时，不得在同一垂直方向进行，避让不开时，搭设安全防护网。

4）灯具、灯杆安装后，必须检查安装紧固质量。只有连接确实安全可靠，才能松钩或拆除临时固定工具。

5）路灯杆的吊装必须编制吊装方案，经监理单位、建设单位批准后按施工方案实施。

（11）高处作业安全措施

1）高处作业人员及搭设高处作业安全设施的人员，必须经过技术培训及考试合格后持证上岗，并定期进行身体检查。

2）高处作业必须有安全技术措施及交底，落实所有安全技术措施和人身防护用品。

3）高处作业中所有的材料均应放置平稳，不得妨碍通行和其他作业，传递物件时禁止抛掷。

4）施工中涉及高处悬挂作业时，必须遵守高处作业规范要求，设置主绳和安全辅绳，必须由专职安全员检查合格后方可进行高处作业。严禁野蛮施工、违章作业，避免造成其他已建设施损坏。

5）雨天和雾天进行高空作业，必须采取可靠的防滑措施。遇到五级以上大风时，停止高处作业，暴雨后对高处作业设施进行全面的检查、修复和完善。

（12）防台风、防雨、防雷措施

用电设备必须有避雷措施，接地电阻达到规定要求，每月检测一次，发现问题及时改正。设专人掌握气象信息，及时做出大风、大雨预报，采取相应技术措施，防止发生事故。禁止在台风、暴雨的恶劣气候条件下施工。

（13）夜间施工安全

夜间操作要有足够的照明设备，对坑、洞、沟、槽等做好防护外，并设照明警示。

（14）消防措施

1）建立消防组织，设立防火小组和义务消防队。建立完善的消防安全制度，对员工进行消防安全教育，进行定期和经常性的防火检查，及时消除火灾隐患。

2）工作区和生活区的照明、动力电路由专业电工按规定架设，任何人不得乱拉电线。

3）材料保管：对储存物品进行火灾危险性的分类并分开存放，各种易燃、易爆物品应单独设库存放。

4）电、气焊作业：焊割作业区与气瓶距离，与易燃易爆物品距离都应大于安全规定距离，保证场所通风良好，焊割设备上的安全附件要保证完整有效。作业前应有书面防火交底，作业时备有灭火器材，作业后清理杂物，切断电源、气源。

1.4.8　主要施工方法及技术措施

1. 敷设地埋管线

（1）管线施工时应根据道路照明设计图纸、景观照明设计图纸、交通监控设计图纸进行放线后开挖电缆沟。电缆沟底应平实，管线埋深≥0.7m（管顶）。尽量按计划要求和劳动力状况分段、分班组流水作业，应做到当天开挖、当天回填到位，对于当天无法回填到位的电缆沟，应有警示措施。在非封闭区域内进行开挖施工应设置围护，围护应满足相关要求。

工程电缆线全线采用穿聚乙烯管保护，横穿道路采用镀锌钢管保护。敷设聚乙烯管时，应将管道铺平、放直，避免弯曲。在管口放置木塞，防止杂物进入。对于同沟槽敷设的不同用途的管线应分开放置，避免混淆。

（2）根据道路施工单位的具体情况，当道路工程铺设 12％灰土施工完成后（离开侧石顶部标高 60cm），实施下述工作内容：

过路管线：由甲方提供桩号，道路施工单位、甲方监理配合定位，开挖路灯横穿管沟，要求管线埋深：12％灰土下 50cm（管顶）。

（3）电缆线敷设前必须进行检验，符合设计要求方可使用。检验内容一是测量，绝缘电阻必须大于 10MΩ；二是查看电缆表面有无机械损伤。

（4）电缆最小弯曲半径应不小于电缆保护管的最小弯曲半径。

（5）电缆在灯柱内的预留电缆头应超出地面 1.5m。

（6）电缆保护管敷设完毕，应穿入钢丝，为电缆过渡做准备。

（7）采购电缆时，保证各线芯不同颜色，并对电缆使用专用电缆分支套。

2. 路灯混凝土基础施工

（1）按设计图纸要求对路灯基础进行现场定位，应与架空线路、地下设施以及影响路灯维护的建筑物的安全距离应符合规范要求。

（2）路灯混凝土基础内的穿管应与主线电缆穿管较好地对接（一般主线穿管 PE75，基础内穿管 PE50）；两管对接时，基础穿管应插入主线穿管 30～50cm，PE50 管的长度应在（1.5～1.7m）/根，同时应将主线穿管内的铅丝引入基础穿管内；对接完毕，应将基础穿管的管口用木塞封闭，防止杂物进入。

（3）挖杆坑的深度，直径应符合设计图纸要求，杆坑允许稍大，但深度和直径不得小于设计要求。

（4）路灯基础使用 C20 商品混凝土，按相关要求进行混凝土试块取样及送检。

（5）现浇钢筋混凝土灯柱基础应保证基础顶面标高准确，浇筑时混凝土应捣实，并预埋 PE50 聚乙烯管进入基础中，基础内预埋管必须从基础中心穿出，聚乙烯管上口应超出基础混凝土 6～8cm，浇筑完毕后，每天至少浇水一次进行日常养护，根据气候情况达到养护期后，方可进行装灯工作。

3. 灯具安装

（1）灯柱、挑臂加工钢材、铸件铝材必须有质量保证书。加工成品后，必须进行质量检查，主要内容有：

1）高度、长度、直径、角度等尺寸是否正确。

2）灯柱焊接部分是否牢固、可靠，有无虚焊和漏焊现象，必须清除焊渣。

3）灯柱、挑臂喷塑层是否均匀，不得有刮、擦、破损。

4）灯具各个组合部件的安装是否牢固、可靠。灯具加工成形进行热镀锌的，镀锌是否符合要求；镀锌后是否变形，如果变形必须进行整形或更换。

5）对于单挑灯按图加工的，应检查灯柱是否正直，挑臂仰角是否一致。

（2）灯柱灯臂拼装：先由工作人员将灯柱顶端抬起并做好支撑，挑臂由两名工作人员安装。把挑臂慢慢套在灯柱上，拧上挑臂固定螺栓，使挑臂与灯柱形成一体。待吊装灯柱完毕，调整挑臂固定螺栓，使其与灯柱基本垂直，误差不得大于 8 度，然后再调整挑臂，使挑臂横向中心线与纵轴线垂直，最后拧紧挑臂固定螺栓。

（3）灯柱安装：施工前由现场施工人员做第二次检查，确认符合要求，方可进行安装。吊装灯柱时，将钢丝绳一头扎住灯柱根部的接线孔，另一头绕过灯柱穿出，挂在起重机吊钩上，钢丝绳与灯柱接触处要有麻布保护，以便防滑和保护油漆磨损。慢慢吊起后，地面工作人员将灯柱法兰盘与地下基础螺栓对准，慢慢放下吊臂钢丝绳，地面工作人员先将螺帽拧上，进行校杆，要求灯柱基本垂直，偏差应小于半个杆梢。

（4）工程使用的所有螺栓、螺母及弹簧垫圈，包括熔断器上的螺栓全部为不锈钢材质。

4. 电缆头制作

电缆头制作应在灯柱基础保养期过后，吊装灯柱前进行。

（1）电缆头从地面向上长度为两边各 1.5m。

（2）接地线取其中黄绿色芯线，接头处压接铜线端子，压接端子必须紧固、牢靠。

（3）电缆芯线制作用 ϕ8×1 压接铜管进行压接，其压接管长度为 7cm。电缆芯线绝缘每根剥掉 3.5cm，然后根据对应进行压接。压接每根电缆芯线均应有引出线，压接时，应保证每根压接管压接牢固，压接完成在压接管上套上塑料管，再用自粘粘橡胶带封好塑料管口。

（4）路灯杆内接线根据图纸要求连接，灯杆内引至灯具应采用 BVVB3×2.5 护套线，所有接线应美观整齐，线路均应被绑扎，并置于接线板后部。

（5）各灯型接线板配置：中杆组合灯使用多路接线板一块，单挑灯使用单路接线板一块。

5. 箱式变安装

（1）箱式变安装要求接线正确，电器及线路排列整齐，且必须使用真空交流接触器。

（2）各配电点二次控制回路必须严格按设计图实施。

（3）配电柜控制采用手动及遥控两种控制方式。配电柜安装接线时，应考虑节能控制线的接入，在配电柜明显位置应装设两种控制方式的切换装置。遥控装置涉及一次仪表（电流、电压互感器）部分及开关量检测部分，应于配电柜安装时同步实施，并在配电柜明显位置设有电流、电压、开关量的接线端子排，便于遥控装置安装时的接线。

6. 手控井制作

（1）手控井的尺寸为长×宽×深（1.0m×0.7m×1.1m）。当手控井在绿化带内时，开盖距侧石顶20cm；若手控井设置在人行道上时，井盖与人行道齐平。

（2）井内电缆穿管应排列整齐，管口伸出井壁30~50mm。

（3）井盖与井座之间的间隙适度，开合方便。

（4）为防止偷盗发生，井盖、井座采用复合材料。

（5）井座底部用C20混凝土浇筑基础，若手控井处于道路上（不在人行道上），井盖须承受车辆压力时，则应在浇筑时加入配筋。

（6）井内壁抹面用1:2.5的水泥砂浆，作砖砌体时用水泥砂浆，砖砌体下应用C20混凝土作为基础。

（7）井底采用自然渗水应敷设碎石及黄砂，保证井内不积水。

7. 接地制作

（1）路灯接地系统采用TN-S系统。

（2）每一手孔井安装一根接地棒，中杆灯安装3根接地棒，其余重复接地根据设计设置。

（3）接地极材料宜采用∟5mm×50mm×2500mm镀锌角钢，长度2.5m。接地母线采用16mm^{2}塑铜线引出。接地极埋深>0.6m。

（4）接地系统任意一点的接地电阻<4Ω，箱变、中杆灯应全部测试，其他路灯的测试比例应不小于30%，接地电阻用仪表测试。

（5）严禁利用大地作为相线或零线。

8. 高架桥防撞墙内施工

接线箱的预埋施工工艺

（1）材料要求：核对图纸及相关资料，确认接线箱的型号、规格、尺寸、形状及配套附件符合要求。接线箱本身加工工艺无缺陷（镀锌层饱满、无驳落、敲落孔缝严密、符合要求），有类型标识（在内外侧明显位置）。

（2）按图确认型号、安装位置方位及标高。

（3）施工应与高架总包方密切配合，按下述工艺顺序实施：检查定位→切割钢筋留置接线箱位→底部标高确定焊固定筋→水平位粗调→敷设管路并内外密封管口→接线箱位置细调点焊固定→上内侧模，调整接线箱位置→脱模，上箱体前侧四周保护用双面胶及门缝封堵→焊接结构钢筋固定箱体→上前后模板→后侧顶置固定→检查配合度及上口尺寸。

（4）预埋件接线箱门尺寸应整定。

（5）横平、竖直，箱体圆弧面与防撞护栏内侧面应平直一致，无凹陷。

（6）接线箱特制门板盖好后，接线箱门缝应密封。

（7）所有进入和出接线箱管道严格按要求排列，进出接线箱管道长度为大于等于50mm，小于等于100mm，管道与接线箱开孔之间的间隙必须用专用材料密封。

（8）模板调整后，应确保接线箱前侧外表面紧贴模板，水平偏差（与护栏侧面）不大于3mm。

（9）混凝土浇筑时应有人员旁站。

（10）防撞墙混凝土浇筑前，必须由验收负责人验收并签字确认后方可进行。

（11）防撞墙模板脱模后，立即检查接线箱内混凝土渗漏情况和所有管路通堵情况（24h内完成）。接线箱内混凝土有渗漏，及时处理；所有管路采用规定的电缆型号进行试通，监控用方管用穿管机试通，保证所有管路通畅。

9. 高架桥上各类基础预埋件施工

（1）材料要求：核对图纸及相关资料，确认各类基础件的型号规格尺寸形状及配套附件符合设计要求、基础件本身加工工艺无缺陷：尺寸精度、开孔尺寸及精度、螺栓长度、连接强度等符合设计要求。

（2）按图纸确认安装位置、方位、标高。

（3）和高架总承包方密切配合，按下述工艺顺序实施：定位→切割钢筋留置基础预埋件→确定标高，焊固定筋→前后水平调整→放管路→焊接固定→焊接结构钢筋→上模→检查配合度及水平、前后、标高、尺寸→表面及螺栓防腐保护（3％草酸清洗，两度防锈油漆）

（4）严格按照综合布置图的要求确定基础类型和相对位置，包括路灯、监控设备、标志牌。

（5）预埋件基础中心与相邻接线箱中心间距必须符合设计要求。

（6）预埋件基础中心应按图纸要求严格定位，基础法兰水平、外露螺栓长度一致。

（7）预埋件基础锚固钢筋，螺栓弯钩必须与护栏内钢筋焊接到位。

（8）预埋件基础法兰应确保水平，与护栏上顶面齐平；浇筑混凝土后，法兰表面应被擦拭干净，不得有水泥残渣等遗留物，并做好防腐。

（9）螺栓外露部分应在基础安装前涂上黄油后用蜡管包扎好。

（10）基础的定位应按照道路桩号结合综合布置图要求合理调整，位置调整必须满足最小间距要求。

（11）浇筑混凝土时，应旁站。

（12）浇筑防撞护墙混凝土前，必须由验收负责人验收并签字确认后方可进行。

10. 高架桥上匝道灯预埋件施工

（1）材料施工前，按图纸及相关资料确认匝道灯预埋件的型号、规格、尺寸、形状及配套附件符合要求、匝道灯预埋件本身加工工艺无缺陷，有类型标识。

（2）按图及相关资料确认安装位置及方位，标高。

（3）和高架总承包方密切配合，按下述工艺顺序实施：检查定位→切割钢筋留置匝道灯预埋件→确定标高焊固定筋→水平、前后调整→放管路（含匝道灯预埋件之间 PE50 管）→焊接固定→焊接结构钢筋→上模→检查配合度及水平、前后、标高、尺寸。

（4）匝道灯预埋件之间 PE50 管在匝道灯预埋件安装后敷设，并用钢丝与钢筋固定可靠。在不高于1.5m处设固定点，管道连接处两侧及匝道灯预埋件两侧≤200mm 内加设固定点。

（5）严格按照综合布置图要求确定具体位置。

（6）预埋件必须与防撞护栏内钢筋焊接。调整模板后，确保预埋件斜面紧贴模板，间隙≤2mm。

（7）预埋件应用盖板盖好，缝隙用胶带纸封好。

（8）预埋件顶面与护栏顶面平行，距离为200mm，左右两端与顶部距离偏差≤2mm。

（9）预埋件与管道采用专用材料密封，预埋管道口应采用胶带密封。

（10）防撞护墙混凝土浇筑前，必须由验收负责人验收并签字确认后方可进行。

11. 雨期施工措施

（1）雨天基坑、井坑要有挡盖，路中井（坑）必须设明显标志和硬隔离措施，以防伤人。

（2）基础、手孔井必须在晴天浇筑、砌制。浇筑、砌制前必须抽干积水，清理坑内杂物，清除坑周围虚土。

（3）路滑时更要注意车辆行驶安全。

1.4.9　项目成本控制措施

项目成本的控制方法主要有以目标成本控制成本支出；用进度-成本同步的方法控制成本。在施工项目成本控制中，按施工图预算实行"以收定支"或者"量入为出"。

（1）以施工图预算控制人力资源和物资资源的消耗，实行资源消耗的中间控制。

（2）应用成本与进度同步跟踪的方法控制分部分项工程成本。

（3）建立项目月度财务收支计划制度，以用款计划控制成本费用支出。

（4）建立以项目成本为中心的核算体系，以项目成本审核签证制度控制成本费用支出。

（5）严格劳动组织，合理安排工人工作时间。严密劳动定额管理，实行计件工资制。加强技术培训，强化工人技术素质，提高劳动生产率。

（6）采用限额领料和控制现场施工损耗的方法控制材料消耗数量，用招标、询价、商务谈判等方法控制材料单价。

（7）优化机械使用计划，严格控制租赁施工机械，提高施工机械的利用率和完好率。

1.4.10　文明施工和环境保护措施

1. 文明施工

文明施工是确保安全施工，提高工程质量的重要手段，也是施工企业综合管理水平的一项重要标志。应认真贯彻执行《建设工程现场文明施工管理方法》。在工程施工中，将全面、全过程实行文明施工管理，使文明施工贯穿施工全过程，营造出高标准的文明施工氛围和安全的作业环境。

（1）施工人员进入现场必须遵守现场安全文明施工各项管理制度，必须遵纪守法。

（2）施工人员进入现场必须着装整齐。施工人员必须佩带工作卡，按规定的标准正确使用劳动保护用品，不得赤膊，不得穿短裤、裙子、拖鞋、凉鞋、高跟鞋等。

（3）在施工现场明确划分文明施工管理责任区，坚持谁施工、谁负责的原则。

（4）在现场设置定点的垃圾池或垃圾桶，随时、随地清理现场垃圾，定期施药除"四害"。

（5）在施工过程中，做到"工完、料净、场地清"，不给施工现场留下任何残迹和隐患，每天下班前清理一次。

（6）保证施工现场道路畅通，不得在安全通道上堆放任何材料、设备及其他物品，不得破坏安全通道。

（7）工程所需要的材料、设备在现场堆放整齐、牢固，按有关规定不得超宽、超高。

（8）施工现场的临时电源（包括总电源箱、配电箱、开关箱、插座箱、电线电缆等），电焊机一、二次线，三气瓶及气带的布置和管理应进行统一规划，不得随意摆放。

（9）严禁在工作现场（包括仓库）进餐，防止鼠、虫害。

（10）加强对现场待安装的设备和已安装的设备保护，防止二次污染、丢失、损坏。加强现场施工区域的安全保卫工作。

（11）施工过程中产生的废油、废水等需经处理后排放。

（12）控制施工过程噪声，在施工中采用低噪声的工艺和施工方法。建筑施工作业的噪声可能超过建筑施工现场的噪声限值时，在开工前向建设行政主管部门和环保部门申报，核准后方能施工。合理安排施工工序，尽量避免在中午和夜间进行产生噪声的建筑施工作业。

2. 环境保护

（1）建立以项目经理为核心，标准化管理专业职能人员及各作业班长组成的标准化管理、文明施工的管理网络，具体负责实施、落实、监督和管理工作。

（2）积极贯彻省、市关于建设国家卫生城市的有关指示，严格执行所在地建筑施工现场标化管理规定，把文明施工管理工作善始善终贯穿到整个项目施工过程中。

（3）根据标准化管理的实施细则，采取层层包干，逐级负责的办法，明确责任范围，真正把标准化管理工作落到实处。

（4）文明施工管理领导小组每周召开一次标准化管理领导小组会议。结合标准化管理、文明施工的特点及实际情况总结一周工作情况，找出问题，提出整改意见，落实改进措施。做到现场施工标准化、长效化、规范化。

（5）采用例会、宣传报栏、讲座、录像及辅导、参观学习等多种形式，对全员不断加强教育，促进职工文明施工、标准化管理意识，切实提高自觉性。

（6）对照新标准，对现场容貌、文明施工、生活卫生不断检查，打分评比，促进标准化工作的提高。

（7）场容场貌实施方案

1）工地周边砌围墙，按要求在围墙上书写有关标语。工地道路硬化处理，排水明沟畅通。

2）完善技术和操作管理规程，确保邻近建筑物及管线安全。

3）在施工现场设置"五牌二图"以及安全宣传标语和警告牌、宣传栏、读报栏，布置花卉盆景，美化环境。

4）材料进场按施工总平面图规划堆放整齐，包装材料成方，散装材料成堆，做好标识。生产区与生活办公区域分隔开，场容场貌整齐、整洁、有序、文明。

（8）现场文明实施方案

1）在工地四周围墙建筑、临设、办公室外墙等地方，设置反映企业精神、时代风貌的醒目宣传标语，工地内设置宣传栏等宣传设施，及时反映工地内各类动态。

2）开展文明教育，施工人员均遵守业主文明规范，严禁职工随意到业主办公区内走动。

3）加强班组建设，有"三上岗、一讲评"的安全记录，有良好的班容班貌。项目部给施工班组提供一定的活动场所，提高班组人员整体素质。

4）工地现场做到道路畅通、平坦整洁，不乱堆放，无散落物，建筑物四周围设置散水坡，四周保持洁净，地面平整、不积水，无场地排水系统化，排水畅通。

5）施工现场的所有人员建立档案袋，并层层订立治安防火协议书，对现场人员加强法制教育。

6）工地有专人负责协调治安保卫、环境卫生等部门的横向联系，定期主动召开会议，听取对工程建设的有关意见，保证工程文明施工。

7）现场施工人员均佩戴胸卡，胸卡以工作部门、单位为依据，按一定规则统一编号。

8）现场施工人员按不同工作班组佩戴不同颜色的安全帽，现场管理人员按不同工作职务穿不同颜色的工作服装。

（9）生活卫生实施方案

1）工地设有环境卫生宣传标牌和责任区包干区，现场无积水。

2）职工食堂有专人管理，有卫生许可证、炊事员健康证，穿戴工作帽、工作服上岗。生熟食品分开存放，达到防蚊、防鼠之要求，确保食品清洁卫生。

3）工地办公室应保持文明、整洁、窗明地净，各种制度、证牌挂设整齐。

4）工地设置水冲式厕所。

（10）环境卫生实施方案

1）扬尘达标。

2）运输无遗撒。

3）生产、生活污水排放达标。

4）夜间施工无光污染。

5）淘汰劣质灭火器材，杜绝火灾爆炸事故。

6）避免油品、化学品泄漏。

第 2 章 变压器、箱式变电站安装工程

我国城市照明以前主要由公用变压器供电。随着城市照明事业的发展，特别是经济发达地区对城市照明要求的提高，已逐步由专用变压器供电。为配合城市景观，使用箱式变电站已成为城市照明供电的主流。在景观要求较高、用地紧张的地段，地下式变电站在小型化、美观化方面特点突出，也是较合适的选择。

城市照明专用变压器、箱式变电站布设在道路红线内，方便日后的维护管理。在道路的城市电力通道一侧设置，可方便 10kV 电缆引接，减少 10kV 电缆工程量。为确保供电的可靠和安全，变压器的安装场所应该选择无火灾、爆炸危险的地点，应远离加油站、天然气供应站、有化学腐蚀影响以及剧烈振动的场所。箱式变电站的箱体是由钢板或其他材料制成的户外箱体，内部电器组合紧凑，其安装场所是不易积水和通风良好的地方，避免了电器受潮、箱体锈蚀。地下式变压器免维护，防护等级高，可被置于专用坑内，减少占地。地面低压配电部分可根据要求制作成灯箱广告，适用在环境景观要求高、用地紧张的地段。杆上变压器和箱式变电站如图 2-1 和图 2-2所示。

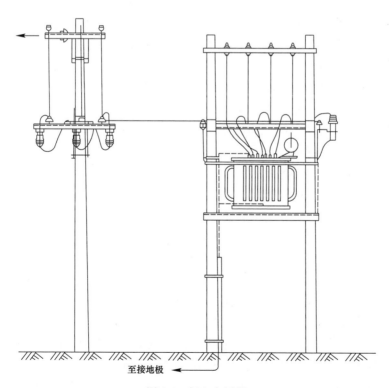

图 2-1 杆上变压器

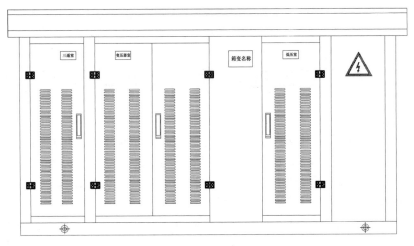

图 2-2　箱式变电站

2.1　工程施工具体要求

1. 施工场地要求

（1）应设置在接近电源的位置，并应便于高低压电缆管线进出，设备运输安装应方便。

（2）应避开具有火灾、爆炸、化学腐蚀及剧烈振动等潜在危险的环境，通风应良好。

（3）应设置在不易积水处。当设置在地势低洼处，应抬高基础并采取防水、排水措施。

（4）土建工程施工完毕，模板及施工设施拆除，场地清理干净，并具有足够的维护空间。

（5）对景观要求较高或用地紧张的地段宜采用地下式变电站（图 2-14）。

2. 变压器、箱式变电站安装环境应符合现行标准《电力变压器　第 1 部分：总则》GB/T 1094.1、《高压/低压预装式变电站》GB/T 17467 和《地下式变压器》JB/T 10544 的有关规定，并附有合格证件。

3. 设备到达现场应进行检查

（1）外观检查，并应符合下列规定：

1）制造厂的技术文件应齐全，型号、规格应符合设计要求。

2）不得有机械损伤，附件应齐全，各组合部件无松动和脱落，标识、标牌准确完整。

3）油浸式变压器应密封良好，无渗漏现象。

4）地下式变电站箱体应完全密封，防水良好，防腐保护层完整，无破损现象。高、低压电缆引入、引出线无磨损、折伤痕迹，电缆终端头封头完整。

5）箱式变电站内部电器部件及连接无损伤。

（2）变压器、箱式变电站安装前，技术文件未规定必须进行器身检查的，可不进行器身检查，当需要进行器身检查时，环境条件应符合下列规定：

1）环境温度不应低于 0℃，器身温度不应低于环境温度，当器身温度低于环境温度时，应加热器身，使其温度高于环境温度 10℃。

2）当空气相对湿度小于75％时，器身暴露在空气中的时间不得超过16h。

3）当空气相对湿度或露空时间超过规定时，必须采取相应的保护措施。

4）进行器身检查时，应保持场地四周清洁并有防尘措施；雨雪天或雾天不应在室外进行。

（3）器身检查应符合下列规定：

1）所有螺栓应紧固，并应有防松措施，绝缘螺栓应无损坏，防松绑扎应完好。

2）铁芯应无变形，无多点接地。

3）绕组绝缘层应完整，无缺损、变位现象。

4）引出线绝缘包扎牢固，无破损、拧弯现象；引出线绝缘距离应合格，引出线与套管的连接应牢固，接线正确。

（4）变压器到达现场后，当超出3个月未安装时，应加装吸湿器，并应进行下列检测工作：

1）检查油箱密封情况。

2）测量变压器内油的绝缘强度。

3）测量绕组的绝缘电阻。

（5）变压器、箱式变电站在运输途中应有防雨和防潮措施。存放时，应置于干燥的室内。

4. 变压器绝缘油应符合标准的要求。

变压器绝缘油应按现行国家标准《电气装置安装工程 电气设备交接试验标准》GB 50150的规定试验合格后，方可注入使用；不同型号的变压器油或同型号的新油与运行过的油不宜混合使用。需要混合时，必须做混油试验，其质量必须合格。

5. 变压器应按设计要求进行高、低压侧电器连接：

（1）采用硬母线连接时，应按硬母线制作技术要求安装。

（2）采用电缆连接时，应按电缆终端头制作技术要求制作安装。

（3）变压器的一、二次联线，地线，控制管线应符合规范的规定。

（4）变压器的一、二次引线安装不应使变压器的套管直接承受应力。

（5）工作零线与中性点接地线应分别敷设，工作零线宜用绝缘导线。

（6）在中性点接地回路靠近变压器处，做一个可拆卸的连接点。

（7）油浸式变压器附件的控制线应采用耐油性能的绝缘导线，靠近箱壁的导线应用金属软管保护。

2.2　室外杆上变压器

1. 室外变压器安装方式宜采用柱上台架式安装，并应符合下列规定：

（1）杆上台架所用铁件必须热镀锌，台架横担水平倾斜不应大于5mm。

（2）变压器在台架平稳就位后，应采用直径为4mm镀锌铁线将变压器固定牢靠。

（3）杆上变压器应在明显位置悬挂警告牌。

（4）杆上变压器台架距地面宜为3m，不得小于2.5m。

（5）变压器高压引下线、母线应采用多股绝缘线，宜采用铜线，中间不得有接头，其导线截面面积应按变压器额定电流选择（铜线不应小于16mm^2，铝线不应小于25mm^2）。

（6）变压器高压引下线、母线之间的距离不应小于 0.3m。

（7）在带电的情况下，应便于检查油枕和套管中的油位、油温、继电器等。

（8）吊装油浸式变压器应利用油箱体吊钩，不得用变压器顶盖上盘的吊环吊装整台变压器。吊装干式变压器，可利用变压器上部钢横梁主吊环吊装。

杆上台架和地上台架安装示意图见图 2-3 和图 2-4。

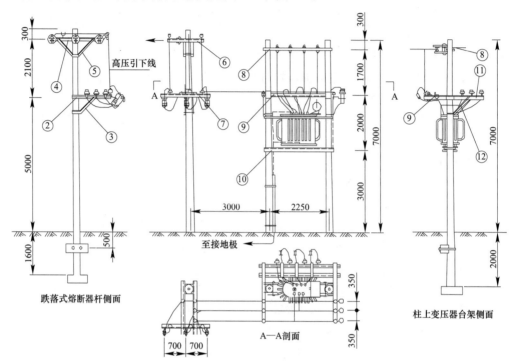

图 2-3 室外变压器杆上台架式安装示意图

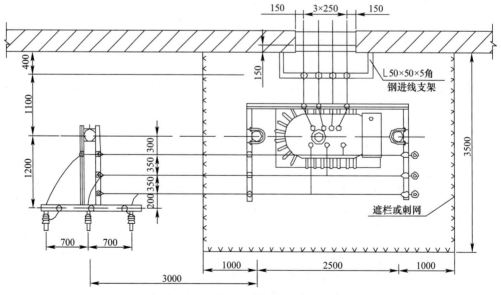

注：避雷器安装方式可另加横担，引线方位上、下均可。

图 2-4 室外变压器地上台架安装图（一）

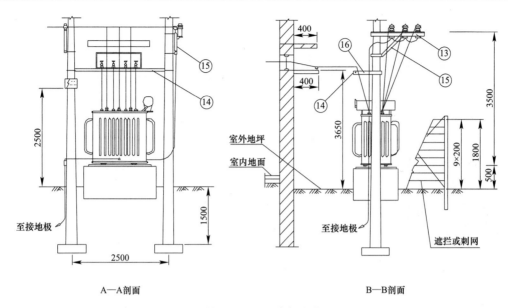

A—A剖面   B—B剖面

图 2-4　室外变压器地上台架安装图（二）

2. 混凝土电杆杆坑定位

（1）确定杆坑位置，根据土质是否加装混凝土底盘，确定挖坑形状；

（2）双杆基坑埋设深度一致，两杆中心偏差不应超过±30mm，见图 2-3。

3. 跌落式熔断器安装应符合下列规定：

（1）熔断器转轴光滑灵活，铸件和瓷件不应有裂纹、砂眼、锈蚀；熔丝管不应有吸潮膨胀或弯曲现象；操作灵活可靠，接触紧密并留有一定的压缩行程。

（2）安装位置距离地面应为 5m，熔丝管轴线与地面的垂线夹角为 15°～30°。熔断器水平距离不小于 0.7m。在有机动车行驶的道路上，跌落式熔断器应安装在非机动车道侧。

（3）熔丝的规格应符合设计要求，无弯曲、压扁或损失，熔体与尾线应压接牢固。

4. 变压器附件安装应符合下列规定（图 2-5）：

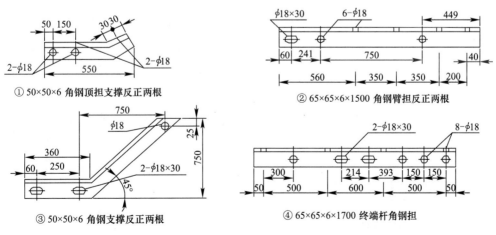

① 50×50×6 角钢顶担支撑反正两根

② 65×65×6×1500 角钢臂担反正两根

③ 50×50×6 角钢支撑反正两根

④ 65×65×6×1700 终端杆角钢担

图 2-5　室外变压器杆上、地上电杆附件加工图（一）

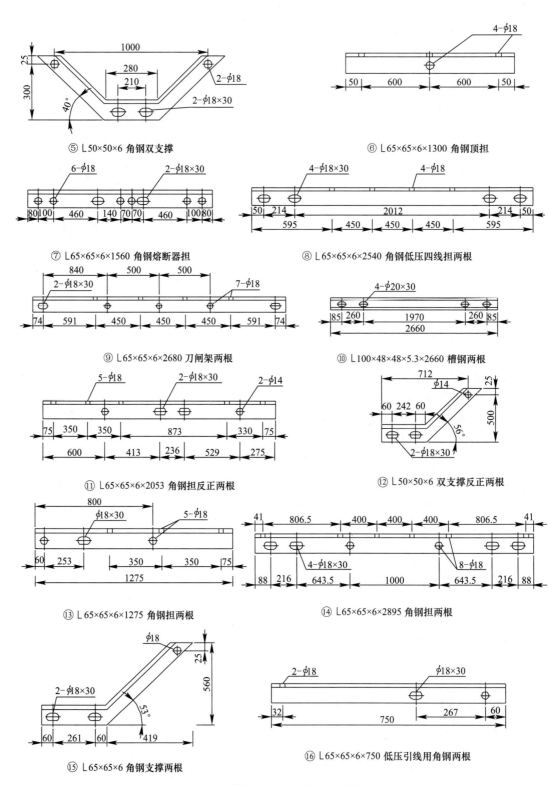

图 2-5　室外变压器杆上、地上电杆附件加工图（二）

（1）油枕应牢固安装在油箱顶盖上，安装前应用合格的变压器油冲洗干净，除去油污，防水孔和导油孔应畅通，油标玻璃管应完好。

（2）干燥器安装前应检查硅胶，如已失效，应在 115～120℃温度烘烤 8h，使其复原或更新。安装时，必须将呼吸器盖子上的橡皮垫去掉，并在下方隔离器中装适量变压器油。确保管路连接密封、管道畅通。

（3）温度计安装前均应进行校验，确保信号接点动作正确，温度计座内或预留孔内应加注适量的变压器油，且密封良好，无渗漏现象。闲置的温度计座应密封，不得进水。

（4）变压器切换电压时，转动触点停留位置正确，并与指示位置一致。

（5）电压切换装置的拉杆、分接头的凸轮、小轴销子等应完整无损，转动盘动作灵活、密封良好，传动机构应有足够的润滑油。

（6）有载调压切换装置的调换开关触头及铜辫子软线应完整无损，触头间应有足够的压力。

5. 杆上变压器试运行前检查项目应符合下列规定：

（1）本体及所有附件应无缺陷，油浸变压器不得渗油。

（2）器身安装应牢固。

（3）油漆应完整，相色标志应正确清晰。

（4）变压器顶盖上应无遗留杂物。

（5）防雷保护设备齐全，外壳接地应良好，接地引下线及其与主接地网的连接应满足设计要求。

（6）变压器的相位绕组的接线组别应符合并网运行要求。

（7）测温装置指示应正确，整定值应符合要求。

（8）保护装置整定值应符合规定，操作及联动试验正确。

2.3 室内变压器

（1）现场变压器的检查应符合相关规定。

（2）室内变压器就位应符合下列规定：

1）基础的轨道水平误差应不超过 5mm。

2）轨距应不小于设计轨距，误差应不超过＋5mm。

3）轨面设计标高误差应不超过±5mm。

4）当使用封闭母线连接时，应使其套管中心线与封闭母线安装中心线相符。

5）装有滚轮的变压器就位后，应将滚轮用能拆卸的制动装置固定。

（3）变压器的附件安装应符合相关要求，室内变压器安装示意图见图 2-6。

（4）变压器绝缘油应符合相关要求。

（5）变压器高低压侧电器连接应符合相关规定。

（6）变压器投入运行前应符合现行国家标准规定：

1）应按现行国家标准《电力变压器 第 1 部分：总则》GB/T 1094.1 要求进行试验并合格。

2）投入运行后连续运行 24h 无异常即可视为合格。

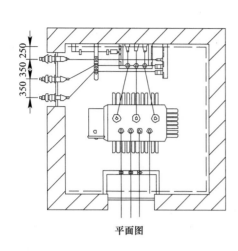

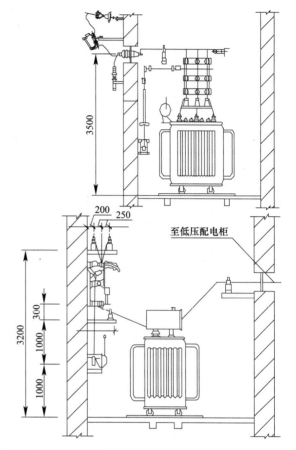

平面图

注: 1. 变压器外壳、金属构架等均应接地。
　　2. 低压中性母线可从墙洞与穿墙板之间的缝隙中穿过，也可沿变压器室地面引出。
　　3. 母线的安装方式为平放。
　　4. 变压器室最小尺寸: 100~315kVA变压器室长3.2m，宽2.8m; 400~630kVA变压器室长3.5m，宽2.9m。
　　5. 变压器外廓与变压器室应留有适当距离，外廓至门的净距不应小于1m，至后壁及侧壁的净距不应小于0.8m。

图 2-6　室内变压器安装示意图

2.4　箱式变电站

　　早在 20 世纪 60 年代，箱式变电站在国外已崛起，现国外已大量采用箱式变电站。在德国，箱式变电站的起步比较早; 在美国，箱式变电站应用已占 90% 以上。在国外，箱式变电站已进入成熟期，在我国箱式变电站处于发展时期。

　　箱式变电站的叫法在国内并不统一。在这之前，国内称其为"组合式变电站""箱式变电站"。在国外叫"箱式变压受电单元""紧凑型变电站"等。

　　箱式变电站不同于常规化土建变电站。其主要特点有: 一是变电站在制造厂完成设计、制造与安装，并完成其内部电气接线; 二是箱式变电站经过规定的型式试验考核; 三是箱式变电站经过出厂试验的验证。

　　箱式变电站是一种高压开关设备、配电变压器和低压配电装置，按一定接线方案组合成一体的工厂预制的户内外紧凑式配电设备，将高压受电、变压器降压、低压配电等功能有机地组合在一起。特别适用于城网建设与改造，具有成套性强、体积小、占地少、能伸入负荷中心提高供电质量、减少损耗、送电周期及投资少、见效快等一系列优点。箱式变电站外形尺寸如图 2-7、图 2-8 所示。

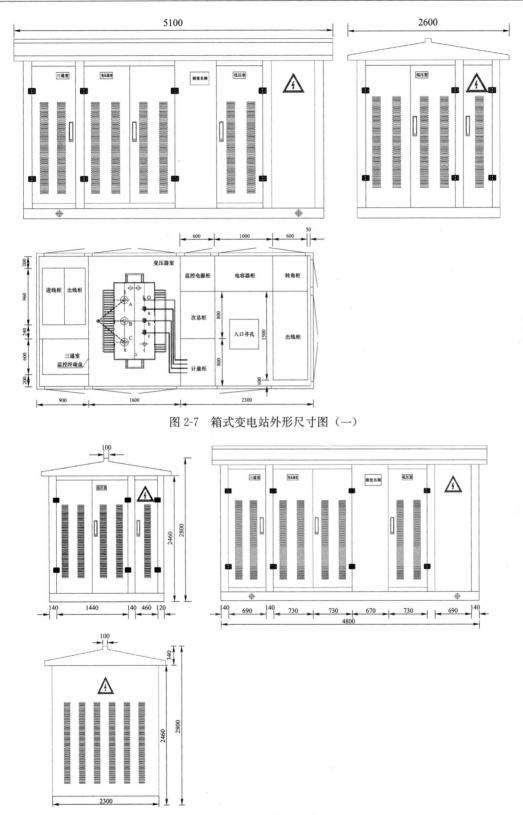

图 2-7 箱式变电站外形尺寸图（一）

图 2-8 箱式变电站外形尺寸图（二）

1. 箱式变电站案例说明

现将某城市主干道路采用的 500kVA 箱式变电站作为案例作一简要介绍，以利在实际道路照明工程中采用时参考。案例说明如下：

本箱式变电站为高供低计路灯专用变，容量为 500kVA。10kV 为高压电缆进线，采取单母线接线方式，柜型为 XGN—12 型六氟化硫环网开关柜，共有电缆进线柜一台、负荷开关柜一台。0.4kV 为电缆出线，采取单母线接线方式，柜型为 GGD2 型（七个柜面），其中：计量柜、次总柜、出线柜、电器仪表柜、电容柜等。箱式变电站柜面布置示意图详见图 2-12、低压柜柜内电器平面布置示意图详见图 2-13 所示。柜体安全工具放置于三遥监控室，包括 10kV 接地棒一副、0.4kV 接地棒一副、令克棒（又称拉闸杆）一根、10kV 验电笔一支、2kg 灭火器二个、5mm 绝缘地毯、绝缘手套一副、绝缘鞋一双、检修警示牌五块、NT00 熔断器操作手柄一个等。在箱变监控电源柜内一侧面板上安装监控电源开关盘，安装两只三极断路器、相应的熔断器等。

本箱式变电站的电气元器件：柜内三只计量 CT 及电度表由供电局配置，屏顶主母线选用 TMY-60×6 铜排，中性线选用 TMY-50×5 铜排。次总柜中的次总开关智能控制器带接地故障保护，实现报警，外接中性极电流互感器；次总柜内六只 CT，其中三只为电流采集装置用，精度等级为 0.2 级，另三只为测量表计用；安装的带延时动作的欠电压脱扣器，延时整定时间为 3s。柜内无功自动补偿装置具有自动过零投切、分相补偿功能、补偿容量不得小于总补偿容量的 40%。低压柜之间采用母线连接，变压器低压桩头必须加装密封帽，裸露铜排加装密封套。柜内的接地铜排截面面积大于 100mm^2。

箱式变电站的所有电气产品和柜体必须经有资质的国家质量监督检验部门检验通过，并有合格使用证书。

2. 箱式变电站的基础和柜体安装应符合下列规定：

（1）箱式变电站基础应高出地面 200mm 以上，尺寸应符合设计要求，结构宜采用带电缆室的现浇混凝土或砖砌结构，混凝土强度等级不应小于 C20。电缆室应采取防止小动物进入的措施，应视地下水位及周边排水设施情况采取适当防水、排水措施。箱式变电站基础示意图、箱变土建基础示意图见图 2-9、图 2-10。

（2）箱式变电站基础内的接地装置应随基础主体一同施工，箱体内应设置接地（PE）排和零（N）排。PE 排与箱内所有元件的金属外壳连接，并有明显的接地标志，N 排与变压器中性点及各输出电缆的 N 线连接。在 TN 系统中，PE 排与 N 排的连接导体不小于 16mm^2 铜线。接地端子所用螺栓直径不应小于 12mm。箱式变电站柜面布置示意图详见图 2-12 所示。

（3）箱式变电站起重吊装应利用箱式变电站专用吊装装置。吊装施工应符合现行国家标准《起重机械安全规程 第 1 部分：总则》GB/T 6067.1 的有关规定。

（4）箱式变电站内应在明显部位张贴变电站的一、二次回路接线图，接线图应清晰、准确。低压柜柜内电器平面布置示意图见图 2-13。

（5）引出电缆每一回路标志牌应标明：电缆型号、回路编号、电缆走向等内容，并应字体清晰、工整、经久耐用、不易褪色。

（6）引出电缆芯线排列整齐，固定牢固，使用的螺栓、螺母宜采用不锈钢材质，每个接线端子接线不应超过两根。

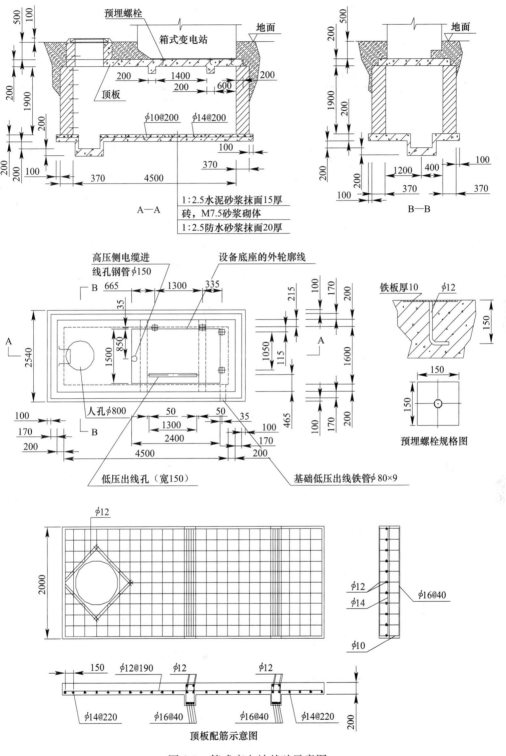

图 2-9　箱式变电站基础示意图

（7）箱体引出电缆芯线与接线端子连接处宜采用专门的电缆护套保护，引出电缆孔应采取有效的封堵措施。

（8）二次回路和控制线应配线整齐、美观，无损伤，并采用标准接线端子排，每个端子应有编号，接线不应超过两根线芯。不同型号规格的导线不得接在同一端子上。

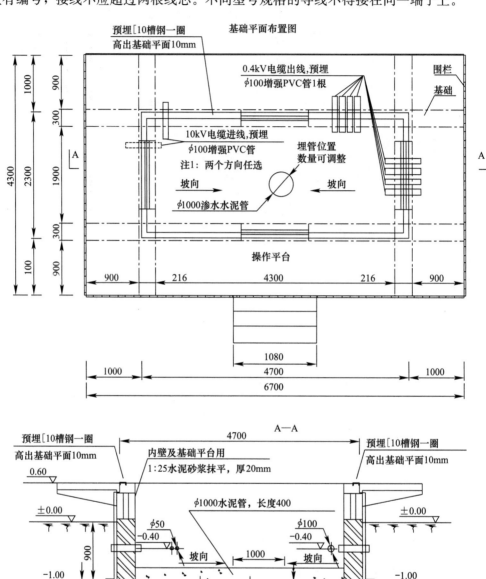

图 2-10 箱变土建基础示意图

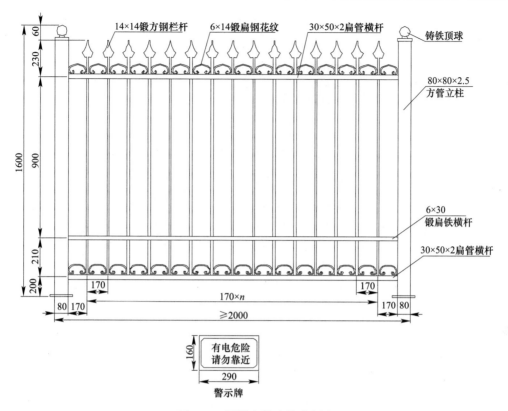

图 2-11 围栏和警示牌示意图

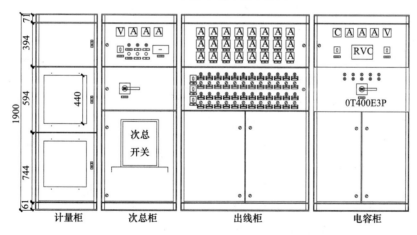

图 2-12 箱式变电站柜面布置示意图

（9）二次回路和控制线成束绑扎时，不同电压等级、交直流线路及监控控制线路应分别被绑扎，且有标识；固定后，不应影响各电器设备的拆装和更换。

（10）箱式变电站宜设置围栏，围栏应牢固、美观。宜采用耐腐蚀、机械强度高的材质。箱式变电站与设置的围栏周围应设专门的检修通道，宽度不应小于 800mm，围栏门应向外开启。箱式变电站和围栏四周应设置警示标牌。围栏和警示牌示意图见图 2-11。

3. 箱式变电站接地网络应符合下列要求：

（1）接地装置以水平接地体为主，并辅以打入垂直接地体。接地扁钢埋深室外地坪下

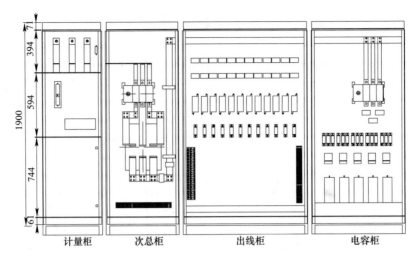

图 2-13 低压柜柜内电器平面布置示意图

1m，总接地电阻小于 4Ω。

（2）接地工程为隐蔽工程，接地沟内不得填入建筑垃圾，必须经验收合格后再予覆土，以确保工程质量。

（3）接地装置均采用电焊连接，扁钢焊接长度不小于宽度的两倍，并至少三个棱边焊接。

（4）扁钢与角钢焊接时，为了连接可靠，除应在其接触面两侧进行焊接外，并应以由扁钢弯成的直角卡子或直接由扁钢弯成直角与角钢焊接，扁钢距角钢顶部应有约 100mm 的距离。

（5）变压器外壳必须双接地。

（6）接地外露部分及焊接处必须经防锈处理，并且明敷的接地线表面应涂 15～100mm 宽度相等的绿色和黄色相间的条纹。

（7）避雷器除与主接地网连接外，须与辅助的接地装置用螺栓连接，测试时可分开。

（8）在有震动的地方，接地装置采用螺栓连接，应设弹簧垫等防松措施。

（9）本图纸是根据箱变参考平面图绘制，如果实际生产的箱变尺寸和参考图不同，请自行加以调整。但最终接地电阻实测值应满足第 1 条的要求。

（10）箱式变电站接地网络布置图详见《城市道路照明工程设计（第二版）》第一章内容。

4. 箱式变电站送电投运前应进行检查，并应符合下列规定：

（1）箱内及各元件表面应清洁、干燥、无异物。

（2）操作机构、开关等可动元器件应灵活、可靠、准确。对装有温度显示、温度控制、风机、凝露控制等装置的设备，应根据电气性能要求和安装使用说明书进行检查。

（3）所有主回路、接地回路及辅助回路接点应牢固，并应符合电气原理图的要求。

（4）变压器、高（低）压开关柜及所有的电器元件设备安装螺栓应紧固。

（5）辅助回路的电器整定值应准确，仪表与互感器的变比及接线极性应正确，所有电器元件应无异常。

（6）箱内应急照明装置齐全。

5. 箱式变电站运行前应按下列规定进行试验：

（1）变压器应按现行国家标准《电力变压器 第1部分：总则》GB/T 1094.1要求进行试验并合格。

（2）高压开关设备运行前应进行工频耐压试验，试验电压应为高压开关设备出厂试验电压的80%，试验时间为1min。

（3）低压开关设备运行前应采用500V兆欧表测量绝缘电阻，阻值不应低于0.5MΩ。

（4）低压开关设备运行前应进行通电试验。

2.5 地下式变电站

随着城市现代化的发展，对城市规划和城市环境面貌越来越重视。一般变压器台架、箱式变电站等在地面以上的电力设备都会占道、影响市容等问题，因此，使用可在地面以下运行的电力设备是城市照明工程建设的一种趋势，这一点在欧洲和美国已大量使用地下式电力设备中得到充分体现。对于城市照明工程而言，适合在人口密集的中心城区、道路、桥梁、住宅小区等内安装。因为地下式变电站主体安装在地下室或地坑内，安装后变压器不占用地表面积，不影响观瞻，可免遭外界无意或恶意的破坏，保证供电可靠性。地下式变电站外形图如图2-14所示。

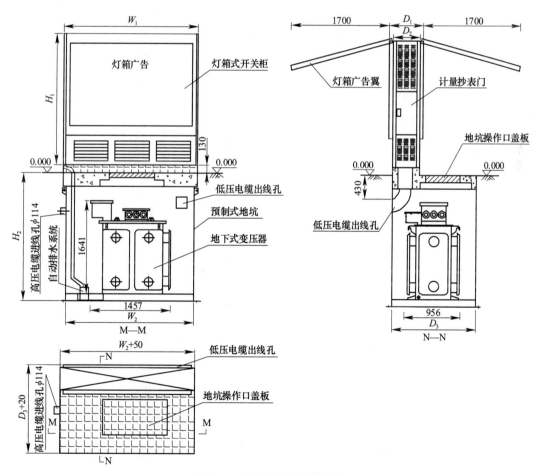

图2-14 地下式变电站外形图

地下式变电站又称为"预装地下式变压器箱式变电站",它是由地下式变压器、预制地坑以及户外式高低压配电柜共同组成,即在工厂内预先装配完成的配电成套设备,电气性能与箱式变电站相当。因为地下式变压器安装在相对密闭、潮湿、通风散热条件较差的地下室内,运行条件较为恶劣。如何确保地下式变压器的安全运行,应解决关键的几个技术问题。

1. 地下式变压器的通风散热

(1) 地下式变压器主体应采用 11 系列低损耗产品,它的空载损耗低 20%,负载损耗低 26%,所以发热量低,而且,油面温升控制在 45K 以内,远低于国标要求的 60K。

(2) 地下式变压器器身绕组采用的绝缘材料耐热等级均由 A 级(耐热 105℃)提高到 B 级(耐热 130℃)或以上,使变压器在地坑内的油面温升和绕组温升不超过现行国家标准《电力变压器 第 2 部分:液浸式变压器的温升》GB/T 1094.2 的要求,从而提高了变压器的过载能力。

(3) 地下式变压器的油箱散热片采用平板式设计,有效增强辐射散热能力,并采用绝缘介质的环烷基变压器油。因为环烷基变压器油无须加入添加剂就能在极低温度下连续流动,而其良好的黏度时间特性使得在温度升高时油的流动速度加快,确保产品具有良好的散热能力。

(4) 地坑基础的通风在配电柜与基础地坑之间、广告灯箱内,设置了通风散热口实现变压器的自然通风散热,需要时也可增加进风及出风风机,当地下式变压器长期超负荷运行致使温度达到设定值时,可进行强送或排风降温,确保地下式变压器的正常运行。通风散热结构必须进行温升试验的验证。

(5) 采用变压器温度控制器或智能控制器对地下式变压器运行温度进行监控。当采用智能控制器时,可通过光纤、计算机 RS485 接口、GPRS 或 GSM 等通信方式对地下变压器的运行温度异地监控,以便对器身异常情况及时采取应对措施。

2. 地坑基础的防水、排水和地下式变压器的防浸水

(1) 地下式变电站本体高压电缆连接采用全密封、全绝缘电缆插头,低压防水密封箱进行整体密封,能满足在水下运行 90 天的要求。

(2) 地坑下部箱体采用钢板焊接结构,采取整体喷涂防腐面漆处理,应按现行国家标准《埋地钢质管道腐蚀防护工程检验》GB/T 19285 的要求进行防腐处理。地坑顶部采用全密封的钢筋混凝土结构盖板,盖板与地坑基础之间采用硅橡胶密封条进行防水处理,确保地表水、地下水及其他杂物不进入地坑内。

(3) 地坑内设置进口潜水泵和安装自动排水系统。当因暴雨、洪涝等意外情况而引起地坑内部进水,会自动启动潜水泵进行排水。

3. 基础施工时应注意几个问题:

(1) 开挖基坑必须按照现行标准《建筑基坑工程技术规范》YB 9258、《建筑基坑支护技术规程》JGJ 120 的技术要求进行。

(2) 基坑开挖施工之前应编制施工组织方案,开挖时如遇土质达不到设计要求时,必须通知有关设计人员到现场会同进行处理,并注意对四周已有建筑结构、道路、地下室、管线等相邻地下设施的安全进行检测和防护。

(3) 开挖时基坑的支护结构应采用打设钢板桩加设支撑,待施工箱体安装好后,先回填部分素土,再起出钢板桩,应避免地面塌陷。

（4）对于在地坑基础挖土时产生的积水，应按土建的相关施工方法不断把积水抽干。

（5）地坑基础应采用 C25 混凝土现浇，基底承载力应按 $f_K \geqslant 50 kN/m^2$ 设计，钢筋 I 级：$f_y = 210 N/mm^2$、II 级 $f_y = 310 N/mm^2$，垫层为 C15 现浇混凝土。地下式变电站基础图如图 2-15 所示。

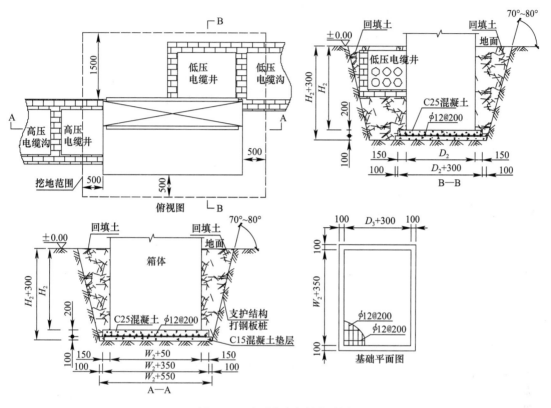

图 2-15 地下式变电站基础图

4. 地下箱式变电站安装施工质量及验收应符合下列规定：

（1）地下式变电站绝缘、耐热、防护性能应符合下列规定。

1）变压器绕组绝缘材料耐热等级达 B 级以上；

2）绝缘介质、地坑内油面温升和绕组温升应符合现行国家标准《电力变压器 第 1 部分：总则》GB/T 1094.1、《地下式变压器》JB/T 10544 要求；

3）设备应为全密封防水结构，防护等级应为 IP68；

4）高低压电缆连接采用双层密封，可浸泡在水中运行。

（2）地下式变电站应具备自动感应和手动控制排水系统，应具备自动散热系统及温度监测系统。

（3）地下式变电站地坑的开挖应符合设计要求，地坑面积大于箱体占地面积的 3 倍，地坑内混凝土基础长、宽分别大于箱体底边长、宽的 1.5 倍；地坑承重应根据地质勘测报告确定，承重量不应小于箱式变电站自身重量的 5 倍。

（4）地坑施工时应对四周已有的建（构）筑物、道路、管线的安全进行监测，开挖时产生的积水，应按要求把水抽干，确保施工质量和安全。吊装地下式变压器，应同时使用箱沿下方的四个吊环，吊环可以承受变压器总重量，绳与垂线夹角不应大于30°。

（5）地坑上盖宜采用热镀锌钢板或钢筋混凝土板，并留有检修门孔。

5. 地下式变电站送电前应进行检查，并应符合下列规定：

（1）顶盖上无遗留杂物，分接头盖封闭应紧固。

（2）箱体密封良好，防腐保护层应完整无损，接地可靠，无裸露金属。

（3）高、低压电缆与所要连接电缆及电器设备连接相位应正确，接线可靠、不受力。外层护套完整、防水性能良好。

（4）监测系统和电缆分接头接线正确。

（5）地上设施完整、井口、井盖、通风装置等安全标识明显。

6. 地下式变电站的主要技术参数见表2-1～表2-3。

地下式变电站的主要参数　　　　　　　　　　　　　　表 2-1

名称	单位	高压侧	变压器	低压侧
额定电压	kV	10		0.4
最高工作电压	kV	12		
额定容量	kVA		30～2500	
额定电流（元件）	A	5～630		50～4000
额定短时耐受电流	kA	12.5/16/20		15～75
额定短路耐受时间	s	2		1
峰值耐受电流	kA	20/31.5/40		30～165
额定工频耐受电压	kV	42		5
额定雷电冲击耐受电压	kV	75		
高压限流熔断器额定开断电流	kA	50		
噪声水平	dB		≤48	
额定频率	Hz		50	

10kV 级 5～160kVA 单相无励磁调压配电用地下式变压器性能参数　　表 2-2

额定容量（kVA）	D13 系列		短路阻抗（%）	D15 系列		负载损耗（W）(75℃)	短路阻抗（%）
	空载损耗（W）	空载电流（%）		空载损耗（W）	空载电流（%）		
5	24	1.2		15	2.0	130	
10	36	1.1		18	2.0	235	
16	44	1.0	3.0	22	1.8	330	
20	52	0.9		25	1.8	385	
30	64	0.8		30	1.4	560	
40	80	0.8		35	1.4	700	
50	96	0.7		40	1.0	855	3.5
63	116	0.6		50	1.0	1020	
80	128	0.6	3.5	60	0.8	1260	
100	152	0.6		70	0.8	1485	
125	184	0.5		85	0.6	1755	
160	232	0.5		100	0.6	2130	

注：额定电压：高压：6kV、6.3kV、10kV、10.5kV、11kV；低压：0.22kV、0.24kV；
　　连接组别：Ii0、Ii6。

10kV 级 30～630kVA 双绕组无励磁调压配电用地下式变压器性能参数 表 2-3

额定容量 (kVA)	S13 系列			S15 非晶系列			负载损耗 (W)(75℃)
	空载损耗 (W)	空载电流 (%)	短路阻抗 (%)	空载损耗 (W)	空载电流 (%)	短路阻抗 (%)	
30	80	1.5	4	33	1.5	4	600
50	100	1.3	4	43	1.2	4	870
63	110	1.2	4	50	1.1	4	1040
80	130	1.2	4	60	1.0	4	1250
100	150	1.1	4	75	0.9	4	1500
125	170	1.1	4	85	0.8	4	1800
160	200	1.0	4	100	0.6	4	2200
200	240	1.0	4	120	0.6	4	2600
250	290	0.9	4	140	0.6	4	3050
315	340	0.9	4	170	0.5	4	3650
400	410	0.8	4	200	0.5	4	4300
500	480	0.8	4	240	0.5	4	5150
630	570	0.6	4.5	320	0.3	4.5	6200

注：额定电压：高压：6kV、6.3kV、10kV、10.5kV、11kV；低压：0.4kV、0.69kV；
　　连接组别：D yn11（S13 系列、S15 非晶系列）。

第 3 章　配电装置与控制安装工程

3.1　配电室建筑工程

1. 配电室的建筑工程要求

（1）配电室的位置应接近负荷中心并靠近电源，宜设在尘少、无腐蚀、无振动、干燥、进出线方便的地方。并符合现行国家标准《20kV及以下变电所设计规范》GB 50053的相关规定。

（2）配电室的耐火等级不应小于二级，屋顶承重的构件耐火等级不应小于二级。其建筑工程质量，应符合国家现行建筑工程施工及验收规范中的有关规定。

（3）配电室门应向外开启，门锁牢固可靠。相邻配电室之间有门时，应采取双向开启门。

（4）低压配电室可设能开启的自然采光窗，应避免强烈日照，高压配电室窗台距室外地坪不宜低于1.8m，当高度低于1.8m时，窗户应采用不易破碎的透光材料或加装格栅。

（5）当配电室内有采暖时，暖气管道上不应有阀门和中间接头，管道与散热器的连接应采用焊接。严禁通过与其无关的管道和线路。

（6）配电室内宜适当留有发展余地。

2. 电器设备安装前配电室土建应具备的条件

（1）结束屋顶、楼板工作，房屋无渗漏现象。

（2）混凝土基础、预埋件、预留孔的位置和尺寸符合设计要求，并达到允许安装强度。

（3）室内模板、脚手架等杂物清理干净。

3. 电缆沟和进出线的要求

（1）配电室内电缆沟深度宜为0.6m，电缆沟盖板宜采用热镀锌花纹钢板盖板或钢筋混凝土盖板。电缆沟应有防水、排水措施。

（2）配电室的架空进出线应采用绝缘导线，进户支架对地距离不应小于2.5m，导线穿越墙体时应采用绝缘套管。

（3）配电室应设置防雨、雪和小动物进入的防护设施。

4. 配电设备安装投入运行前，建筑工程应符合下列规定

（1）建筑物、构筑物应具备设备进场安装条件，变压器、配电柜等基础、构架、预埋件、预留孔等应符合设计要求，室内所有金属构件应采用热镀锌处理。

（2）门窗及通风等设施应安装完毕。

（3）室内外场地平整、干净，保护性网门、栏杆和电气消防设备等安全设施齐全。

（4）高低压配电装置前后通道应设置绝缘胶垫。

（5）影响运行安全的土建工程应全部完成。

高低压架空线穿墙体做法如图 3-1～图 3-8 所示。配电室建筑结构样图如图 3-9～图 3-14 所示。

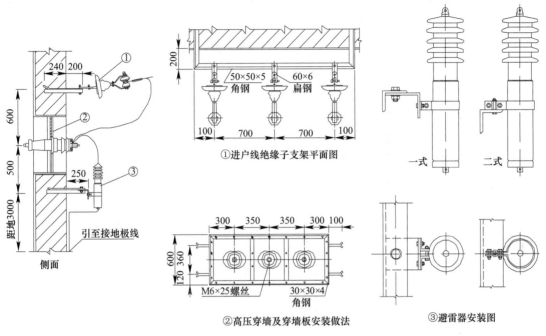

①进户线绝缘子支架平面图

②高压穿墙及穿墙板安装做法

③避雷器安装图

图 3-1　高压（10kV）架空引入线穿墙做法图（一）

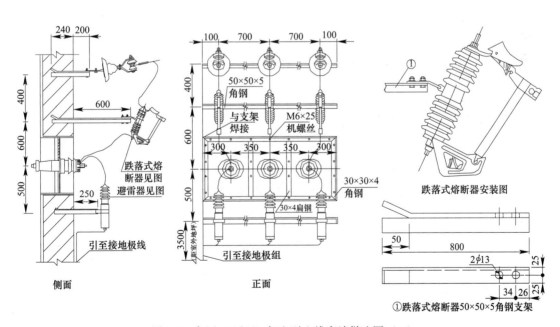

侧面

正面

跌落式熔断器安装图

①跌落式熔断器50×50×5角钢支架

图 3-2　高压（10kV）架空引入线穿墙做法图（二）

49

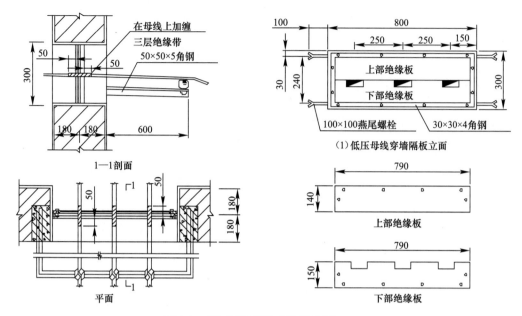

图 3-3　低压母线铜排穿墙做法图（一）

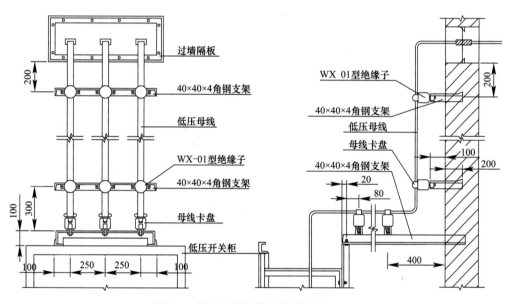

图 3-4　低压母线铜排穿墙做法图（二）

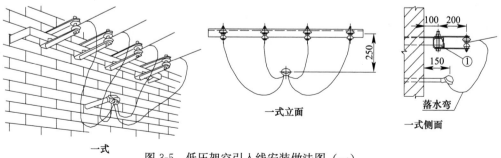

图 3-5　低压架空引入线安装做法图（一）

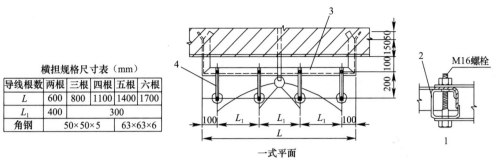

横担规格尺寸表（mm）

导线根数	两根	三根	四根	五根	六根
L	600	800	1100	1400	1700
L₁	400	300			
角钢	50×50×5		63×63×6		

一式平面

1为曲形垫总成，2为曲形垫，3门形角钢支架，4为绝缘子扁钢拉板

图 3-5 低压架空引入线安装做法图（二）

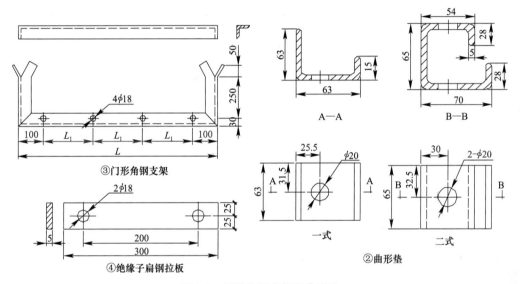

③门形角钢支架

④绝缘子扁钢拉板

A—A

B—B

一式

二式

②曲形垫

图 3-6 门形角钢支架和曲形垫

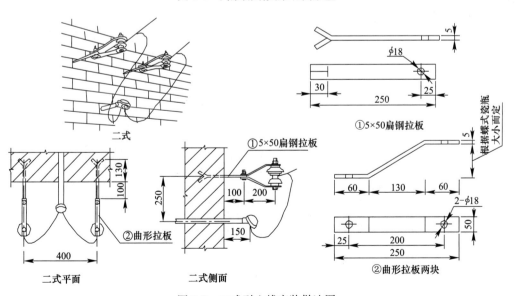

二式

①5×50扁钢拉板

二式平面

②曲形拉板

二式侧面

①5×50扁钢拉板

②曲形拉板两块

图 3-7 二式引入线安装做法图

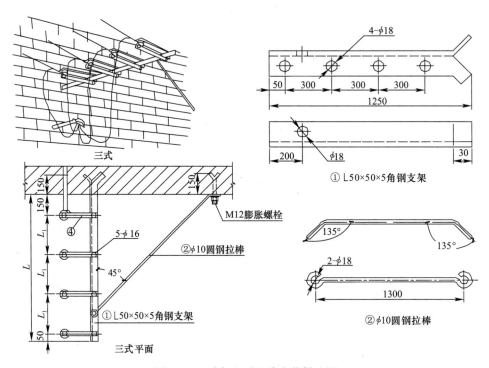

图 3-8　三式架空引入线安装做法图

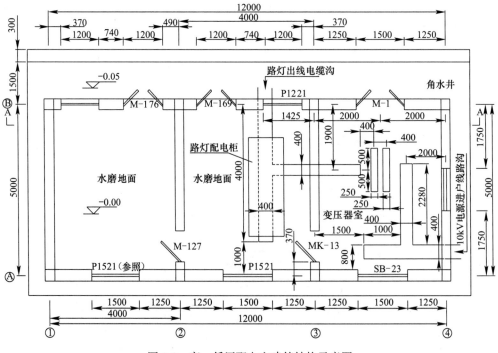

图 3-9　高、低压配电室建筑结构示意图

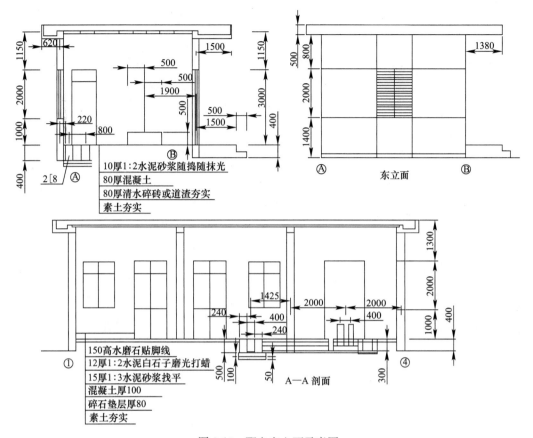

图 3-10 配电室立面示意图

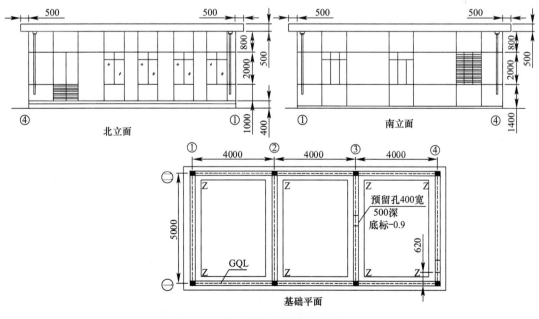

图 3-11 基础平断面配筋示意图（一）

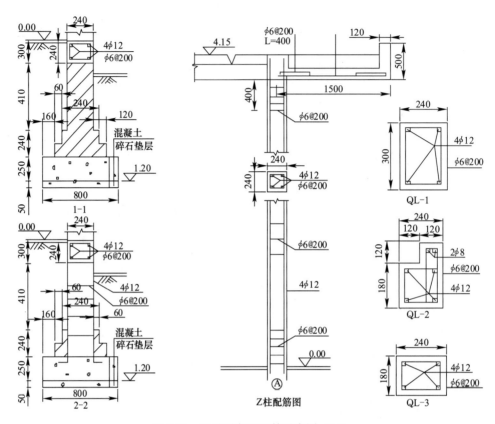

图 3-11　基础平断面配筋示意图（二）

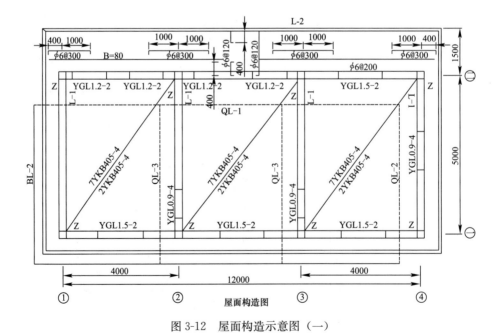

图 3-12　屋面构造示意图（一）

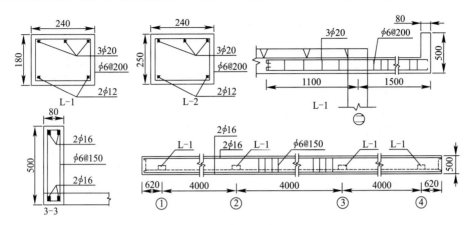

图 3-12 屋面构造示意图（二）

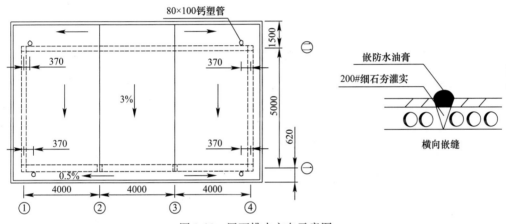

图 3-13 屋面排水方向示意图

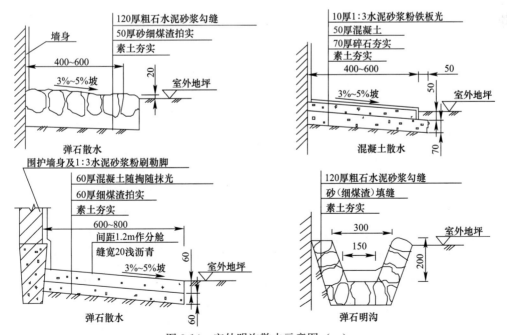

图 3-14 室外明沟散水示意图（一）

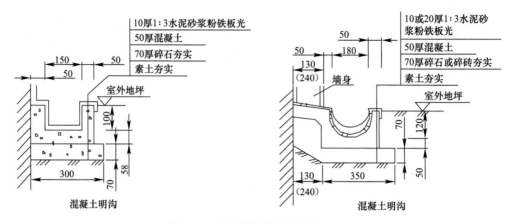

图 3-14 室外明沟散水示意图（二）

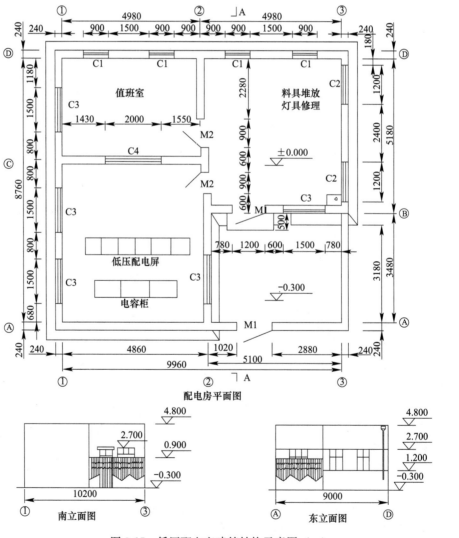

图 3-15 低压配电室建筑结构示意图（一）

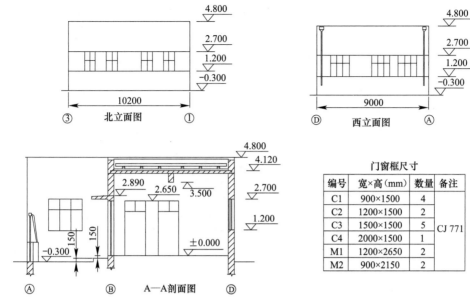

图 3-15 低压配电室建筑结构示意图（二）

（6）低压配电室建筑结构应符合下列要求（图 3-15）：

1）本路灯配电室占地面积为 98m²，总建筑面积为 76m²。

2）本工程室内地坪设计标高为±0.000，室内外地坪高差为 0.30m。

3）建筑物耐火等级为二级。

4）砖砌体采用标准砖，地圈梁以上采用 M5 混合砂浆，地圈梁以下采用 M5 水泥砂浆砌筑。

5）屋面用 400mm×400mm×30mm 架空板隔热，用 60mm 厚焦渣混凝土保温，有良好的防水和排水措施。

6）地面为水磨石地面，用 5mm 厚玻璃条等分分格，分格尺寸为 1000mm×1000mm。

7）内墙面做 900mm 高 1∶3 水泥砂浆墙裙，不做踢脚线，其余均做一般纸筋灰粉刷，再刷两遍白涂料，外墙贴红褐色缸砖。

8）大门安装防盗门，围墙用钢栏杆制作，颜色为银灰色。其余内外墙门窗均用木门钢窗，木门立樘位置与开启方向平刷调和漆两遍（外面为紫红色，里面为淡黄色）。钢窗用防锈漆打底，再刷油漆两遍，颜色与木门相同。外墙窗装铁栅栏（颜色为银灰色），门窗开启方向一律朝外，开启角度为 180°。

9）门窗洞口过做砖过梁，跨度小于 10m 时用 3φ6 钢筋和 M5 砂浆砌筑，跨度在 1.0～1.5m 时用 4φ6 钢筋和 M5 砂浆砌筑。

10）女儿墙顶做钢筋混凝土压顶，放 3φ6 和 φ4@200 钢筋。

11）散水宽 600mm，坡度 5%，面层用 50mm 厚混凝土砂浆抹平，垫层用 70mm 厚碎石素土夯实。

12）考虑工人维护工作后洗手、洗脸等需要，路灯配电室应安装自来水。

13）水电施工应与土建施工相互配套，严禁有后凿现象。

14）路灯配电室距供电开闭所不得远于 100m。

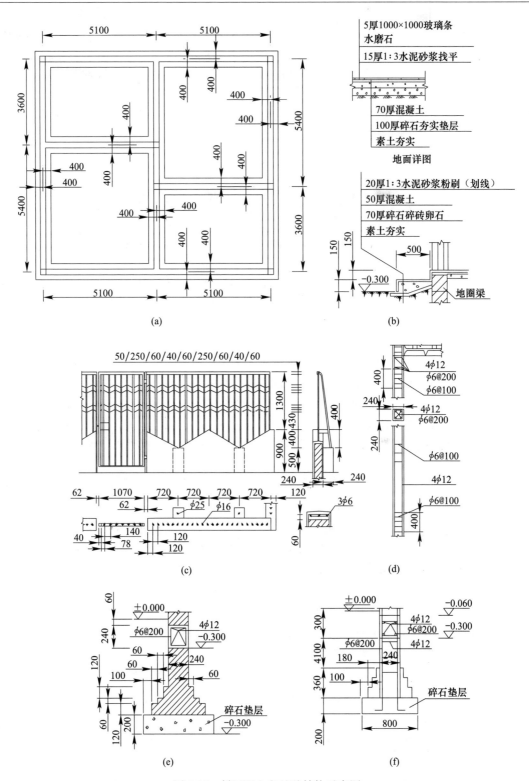

图 3-16　低压配电室基础结构示意图

（a）基础平面图；（b）混凝土踏步；（c）院门围墙图；（d）柱配筋图；（e）基础详图；（f）柱基础配筋图

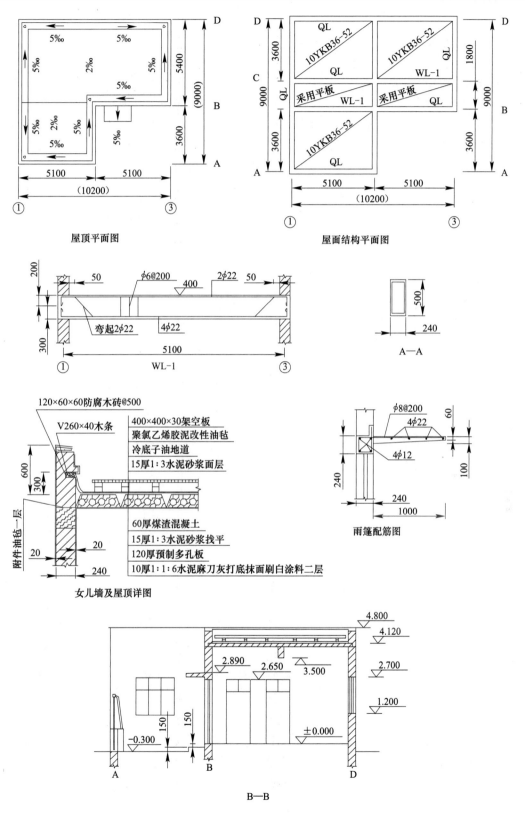

图 3-17 低压配电室屋面结构示意图

3.2　配电柜（箱、屏）的安装

1. 高、低压配电装置排列

（1）在同一配电室内单列布置高、低压配电装置时，高压配电柜和低压配电柜的顶面封闭外壳防护等级符合 IP2X 级时，两者可靠近布置。

（2）高压配电装置在室内布置时通道最小宽度应符合表 3-1 的规定，高压配电柜前后最小通道如图 3-18 所示。

高压配电装置在室内布置时通道最小宽度（mm）　　　　　表 3-1

配电柜布置方式	柜后维护通道	柜前操作通道	
		开关柜	移开式
单排布置	800	1500	单车长度＋1200
双排面对面布置	800	2000	双车长度＋900
双排背对背布置	1000	1500	单车长度＋1200

注：1. 固定式开关柜为靠墙布置时，柜后与墙净距离应大于 50mm，侧面与墙净距离宜大于 200mm；
　　2. 通道宽度在建筑物的墙面有柱类局部凸出时，凸出部位的通道宽度可减少 200mm；
　　3. 当开关柜侧面需设置通道时，通道宽度不应小于 800mm；
　　4. 对全绝缘密封式成套配电装置，可根据厂家安装使用说明书减少通道宽度。

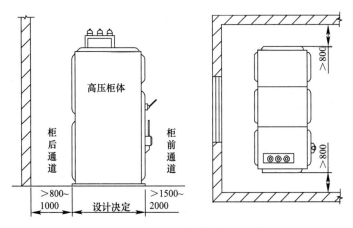

图 3-18　高压配电柜前后最小通道

（3）低压配电装置在室内布置时四周通道的宽度，应符合表 3-2 的规定，低压配电室配电柜四周最小通道如图 3-19 所示。

低压配电装置在室内布置时通道最小宽度（m）　　　　　表 3-2

配电屏		单排布置			双排面对面布置			双排背对背布置			多排同向布置			屏侧通道
		屏前	屏后		屏前	屏后		屏前	屏后		屏间	前后排屏距墙		
			维护	操作		维护	操作		维护	操作		前排屏前	后排屏后	
固定式	不受限制时	1.5	1.1	1.2	2.1	1.0	1.2	1.5	1.5	2.0	2.0	1.5	1.0	1.0
	受限制时	1.3	0.8	1.2	1.8	0.8	1.2	1.3	1.3	2.0	1.8	1.3	0.8	0.8

续表

配电屏		单排布置			双排面对面布置			双排背对背布置			多排同向布置			屏侧通道
		屏前	屏后		屏前	屏后		屏前	屏后		屏间	前后排屏距墙		
			维护	操作		维护	操作		维护	操作		前排屏前	后排屏后	
抽屉式	不受限制时	1.8	1.0	1.2	2.3	1.0	1.2	1.8	1.0	2.0	2.3	1.8	1.0	1.0
	受限制时	1.6	0.8	1.2	2.1	0.8	1.2	1.6	0.8	2.0	2.1	1.6	0.8	0.8

注：1. 受限制时是指受到建筑平面的限制、通道内有柱等局部突出物的限制；
　　2. 屏后操作通道是指需在屏后操作运行的开关设备的通道；
　　3. 背靠背布置时屏前通道宽度可按本表中双排面对背的屏前尺寸确定；
　　4. 控制屏、控制柜、落地式动力配电箱前后的通道最小宽度可按本表确定；
　　5. 挂墙式配电箱的箱前操作通道宽度，不宜小于 1m。

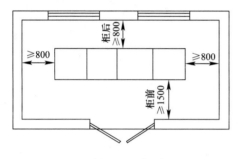

配电柜（屏）单列布置

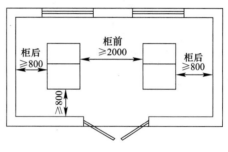

配电柜（屏）双列布置

图 3-19　低压配电室配电柜四周最小通道

（4）配电柜（箱、屏）单独或成列安装的允许偏差应符合表 3-3 的规定。

配电柜（箱、屏）安装的允许偏差　　　　　表 3-3

项目		允许偏差（mm）
垂直度		＜1.5
水平偏差	相邻两盘顶部	＜2
	成列盘顶部	＜5
盘面偏差	相邻两盘边	＜1
	成列盘面	＜5
柜间接缝		＜2

（5）配电柜（箱、屏）安装在振动场所，应采取防振措施。设备与各构件间连接应牢固。主控制盘、分路控制盘、自动装置盘等不宜与基础型钢焊死。

2. 配电柜（箱、屏）的基础型钢安装

配电柜（箱、屏）的基础型钢安装允许偏差应符合表 3-4 的规定。基础型钢安装后，其顶部宜高出抹平地面 10mm；手车式成套柜应按产品技术要求执行。基础型钢应有明显可靠的接地装置。配电柜（箱、屏）柜体型钢安装如图 3-20 所示。

3. 配电柜（箱、屏）的柜门安装

（1）配电柜（箱、屏）的柜门应向外开启，可开启的门应以裸铜软线与接地的金属构

架可靠连接。柜体内应装有供检修用的接地连接装置。配电室内配电柜体示意图如图 3-21
所示。

项目	允许偏差	
	mm/m	mm/全长
不直度	<1	<5
水平度	<1	<5
位置误差及不平行度	—	<5

配电柜（箱、屏）的基础型钢安装的允许偏差　　　　　表 3-4

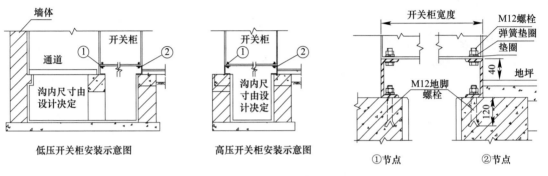

图 3-20　配电柜（箱、屏）柜体型钢安装

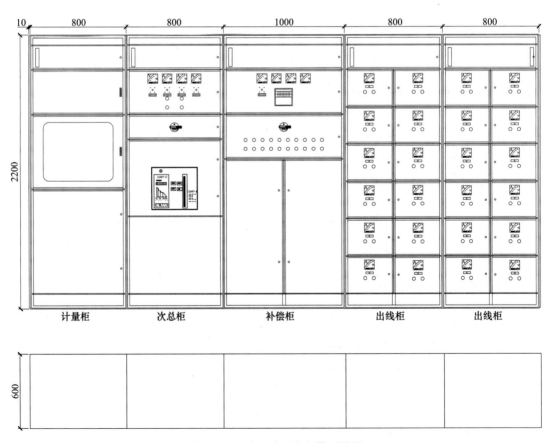

图 3-21　配电室内配电柜体示意图

（2）配电柜（箱、屏）的安装应符合下列规定：

1）机械闭锁、电气闭锁动作应准确、可靠。

2）动、静触头的中心线应一致，触头接触紧密。

3）柜门和锁开启灵活，应急照明装置齐全。

4）柜体进出线孔洞应做好封堵。

5）控制回路应留有适当的备用回路。

（3）配电柜（箱、屏）的漆层应完整无损伤。安装在同一室内的配电柜（箱、屏）其盘面颜色宜一致。

4. 室外配电箱安装

（1）室外配电箱应有足够强度，箱体薄弱位置应增设加强筋，在起吊、安装中防止变形和损坏。箱顶应有一定落水斜度，通风口应按防雨型制作。

（2）落地配电箱基础应用砖砌或混凝土预制，混凝土强度等级不得低于C20，基础尺寸应符合设计要求，基础平面应高出地面200mm。进出电缆应穿管保护，并留有备用管道。配电箱外形尺寸示意图和配电箱砖砌基础示意图，如图3-22、图3-23所示。

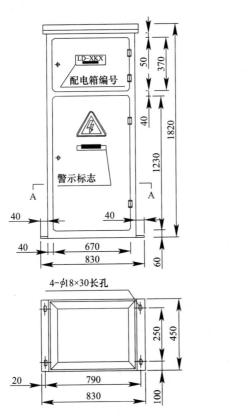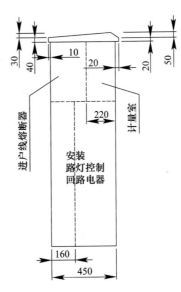

图 3-22　配电箱外形尺寸示意图

注：1. 配电箱壳采用镀锌钢板（$\delta=2.0$）或不锈钢板加工；

2. 外形尺寸安装孔应与砖砌基础尺寸配合；

3. 路灯控制回路可根据需要设置。

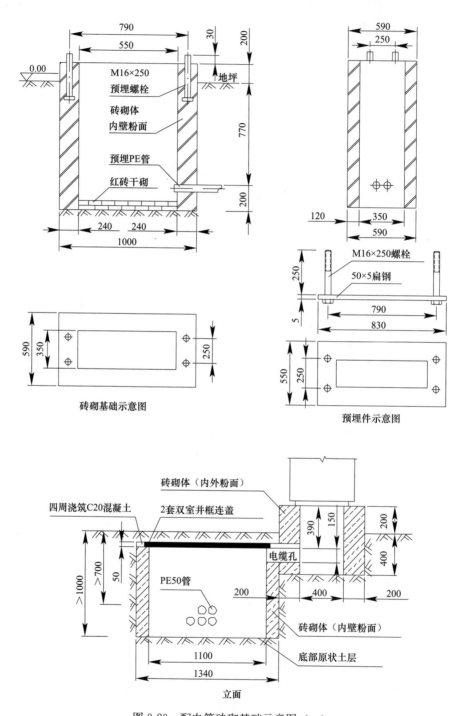

图 3-23　配电箱砖砌基础示意图（一）

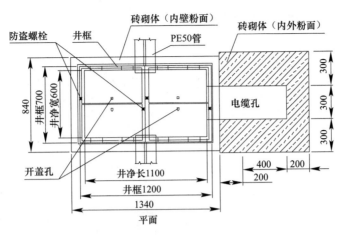

图 3-23 配电箱砖砌基础示意图（二）

注：1. 配电箱的外尺寸应与基础的尺寸配合，配电箱正面用钢化玻璃设置窗口，能看清电表显示的数据，便于抄表；

2. 为防盗窃，手孔井顶面距地面 0.1m。井框用 50mm×50mm×5mm 角钢，井盖用厚 3mm 钢板折弯成有撑板的盖板，配防盗螺栓和专用铰链，制成后热镀锌；

3. 各手孔井管道根数各不相同，本图不逐一表示。

（3）配电箱的接地装置应与基础同步施工，并应符合本书第 6 章第 6.3 节接地装置的要求。配电箱体宜采用喷塑、热镀锌处理，所有箱门把手、锁、铰链等均应用防锈材料，并应具有相应的防盗功能。

5. 杆上配电箱安装

（1）杆上配电箱箱底至地面高度不应低于 2.5m，横担与配电箱应保持水平，进出线孔应设在箱体侧面或底部，所有金属构件应热镀锌。

（2）配电箱应在明显位置悬挂安装警示标志牌，并符合现行国家标准《安全标志及其使用导则》GB 2894 的规定。杆上配电箱安装和警示牌示意图、警示标志的基本形式如图 3-24 和图 3-25 所示。

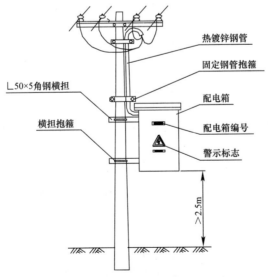

图 3-24 杆上配电箱安装和警示牌示意图

65

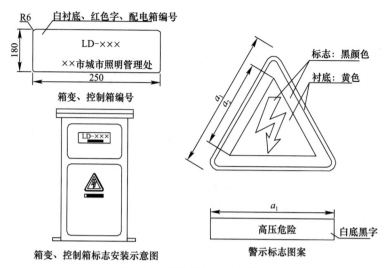

图 3-25　警示标志的基本形式

3.3　配电柜（箱、屏）的电器安装

1. 电器安装应符合下列规定：

（1）型号、规格应符合设计要求，外观完整，附件齐全，排列整齐，固定牢固。

（2）各电器应能单独拆装更换，不影响其他电器和导线束的固定。

（3）发热元件应安装在散热良好的地方；两个发热元件之间的连线应采用耐热导线或裸铜线套瓷管。

（4）信号灯、电铃、故障报警等信号装置工作可靠，各种仪器仪表显示准确，应急照明设施完好；二次回路辅助切换接点应动作准确、接触可靠。

（5）柜面装有电气仪表设备或其他有接地要求的电器其外壳应可靠接地，柜内应设置零（N）排、接地保护（PE）排，并应有明显标识符号。

（6）熔断器的熔体规格、自动开关的整定值应符合设计要求。

六路配电箱电器安装示意图和六路带遥控配电箱电器安装示意图如图 3-26 和图 3-27 所示。

2. 配电柜（箱、屏）内两导体间及电器安装

（1）配电柜（箱、屏）内两导体间、导电体与裸露的不带电的导体间允许最小电器间隙及爬电距离应符合表 3-5 的规定。裸露载流部分与未经绝缘的金属体之间，电气间隙不得小于 12mm，爬电距离不得小于 20mm。

（2）引入柜（箱、屏）内的电缆及其芯线应符合下列规定：

1）引入柜（箱、屏）内的电缆应排列整齐、避免交叉、固定牢靠，电缆回路编号清晰。

2）铠装电缆在进入柜（箱、屏）后，应将钢带切断，切断处的端部被绑扎紧，并应将钢带接地。

3）橡胶绝缘芯线应采用外套绝缘管保护。

4）柜（箱、屏）内的电缆芯线应横平竖直有规律地排列，不得任意歪斜、交叉连接。备用芯线长度应留有余量。

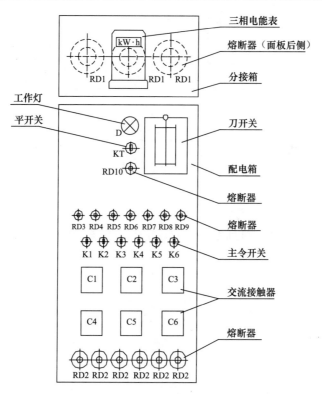

图 3-26 六路配电箱电器安装示意图

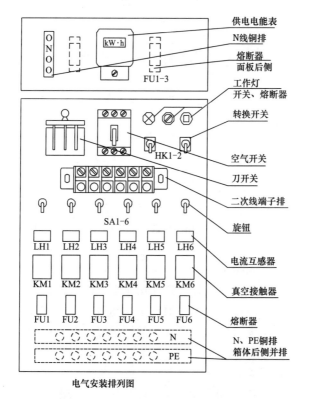

电气安装排列图

图 3-27 六路带遥控配电箱电器安装示意图

允许最小电器间隙及爬电距离（mm）　　　表 3-5

额定电压 U（V）	电气间隙		爬电距离	
	额定工作电流		额定工作电流	
	≤63A	>63A	≤63A	>63A
U≤60	3.0	5.0	3.0	5.0
60<U≤300	5.0	6.0	6.0	8.0
300<U≤500	8.0	10.0	10.0	12.0

3.4　二次回路接线

1. 端子排的安装应符合下列规定：

（1）端子排应完好无损，排列整齐、固定牢固、绝缘良好。配电箱端子排安装示意图如图 3-28 所示。

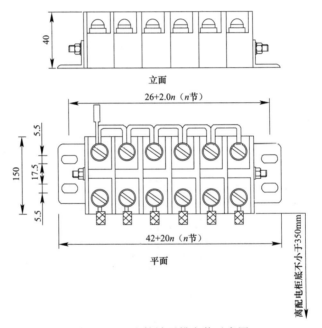

图 3-28　配电箱端子排安装示意图

（2）端子应有序号，并应便于更换且接线方便；离地高度宜大于 350mm。

（3）强、弱电端子宜分开布置；当有困难时，应有明显标志并设空端子隔开或加设绝缘板。

（4）潮湿环境宜采用防潮端子。

（5）接线端子应与导线截面匹配，严禁使用小端子配大截面导线。

（6）每个接线端子的每侧接线宜为一根，不得超过两根。对插接式端子，不同截面的两根导线不得接在同一端子上。螺栓连接端子接两根导线时，中间应加平垫片。

2. 二次回路接线应符合下列规定：

（1）应按图施工，接线正确。

（2）导线与电气元件均应采用铜制品，螺栓连接、插接、焊接或压接等均应牢固可靠，绝缘件应采用阻燃材料。

（3）柜（箱、屏）内的导线不应有接头，导线绝缘良好，芯线无损伤。

（4）导线的端部均应标明其回路编号，编号应正确，字迹清晰且不宜褪色。

（5）配线应整齐、清晰、美观。

（6）强、弱电回路不应使用同一根电缆，应分别成束分开排列，二次接地应设专用螺栓。二次回路接地专用螺栓示意图如图 3-29 所示。

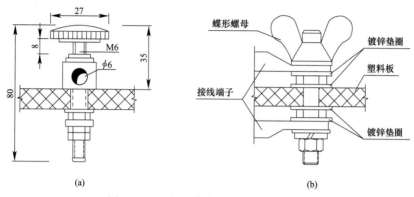

图 3-29　二次回路接地专用螺栓示意图

（a）633 型地线接线柱；（b）地线接线柱

3. 配电柜（箱、盘）内的配线

（1）配电柜（箱、盘）内的配线电流回路应采用铜芯绝缘导线，其耐压不应低于 500V，其截面面积不应小于 2.5mm²，其他回路截面面积不应小于 1.5mm²。当电子元件回路、弱电回路采取锡焊连接时，在满足载流量和电压降及有足够机械强度的情况下，可采用不小于 0.5mm² 的绝缘导线。

（2）对连接门上的电器、控制面板等可动部位的导线应符合下列规定：

1）应采用多股软导线，敷设长度应有适当裕度。

2）线束应有外套塑料管等加强绝缘层。

3）与电器连接时，端部应加终端紧固附件绞紧，不得松散、断股。

4）在可动部位两端应用卡子固定。

配电柜排线、引入电缆及盘后配线各个示意图见图 3-30～图 3-32。

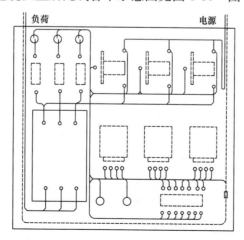

图 3-30　配电柜（箱）盘背面排线示意图

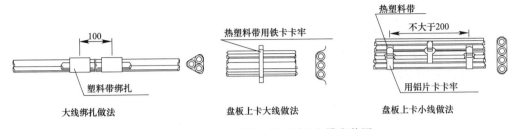

图 3-31 配电柜（箱、盘）引入电缆安装图

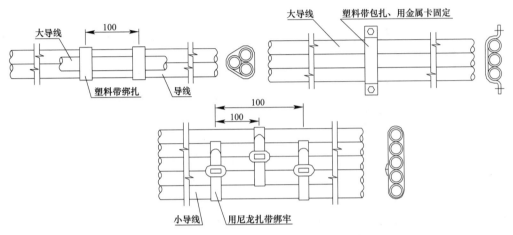

图 3-32 配电柜（箱、盘）盘后配线做法示意图

3.5 城市照明控制系统

城市照明控制与管理系统由调度端的微机系统、数据传输系统、现场智能终端以及路灯开关箱组成。系统根据本地日出日落时间和光照度值，采用时控或时控与光控相结合的控制方案，通过数据传输信道自动遥控开关路灯，遥测现场的工作参数（电压、电流、有功功率和功率因数等数据），可对采集的数据进行分析，自动计算亮灯率，从而判断照明系统的运行情况。系统可实现各种故障报警、防盗报警等，全面提高城市照明系统运行的可靠性。

随着物联网技术和节能技术的发展，单灯控制与照明节电技术已经在很多城市应用，进一步增强了系统功能，提升了城市照明管理水平。

3.5.1 城市照明智能控制系统

（1）城市照明智能控制系统原理

照明控制系统是一个无线或者总线形式或局域网形式的智能控制系统。所有的单元器件（除电源外）均内置微处理器和存储单元，由信号总线或者无线通信方式连接成网络。每个单元均设置唯一的单元地址，通过软件设定其功能，输出单元控制各回路负载，输入单元通过群组地址和输出组件建立对应联系。当有输入时，输入单元将其变为总线信号在控制系统总线上传播，所有的输出单元接收并做出判断，控制相应回路输出。特征就是系统通过总线或者无线通信方式连接成网。

（2）城市照明智能控制系统构成

城市照明智能控制系统是按照城市照明的控制逻辑关系和照明线路拓扑而成的，如图3-33所示。城市照明智能控制系统的架构主要由中心级系统、中间级系统和终端级系统形成三级逻辑层，三级逻辑层之间通过两级通信层联络。

系统的最小架构可由中心级系统和中间级系统组成，也可由中心级系统和终端级系统组成。

中心级系统由硬件、软件和计算机网络组成。

中间级系统是由所有中间控制器集合的系统，中间控制器安装在城市照明配电柜内。中间级根据中心级系统下发的运行参数和命令，负责城市照明配电柜内的路灯线路的数据采集、控制和管理，并作为中心级与终端级之间的数据中继转发通信信道。

终端级系统是指城市照明自动智能控制系统中的所有集中器及其所辖的终端模块等设备集合的系统，集中器安装在城市照明配电柜内，终端模块安装在灯杆位置处或灯具内。终端级根据中心级系统下发的或中间级系统转发的运行参数和命令，对灯具运行进行监测、控制、调光管理。

通信层1是指中心级与中间级之间的远程通信信道，包括公用无线数据传输信道和专用无线数据传输信道。

通信层2是指中间级与终端级之间的本地通信信道，也指终端级直接和中心级通信时的远程通信信道。本地通信信道可采用RS485接口的有线信道，远程通信信道宜采用公用无线数据传输信道或无线专用数据传输信道。

（3）城市照明智能控制系统功能要求

城市照明智能控制系统通过遥测、遥信、遥感、遥控、遥调和遥视技术，来实现城市照明的远程集中监控和综合管理。主要功能有：

1）遥测：系统能对照明设施的运行参数如电流、电压、功率、功率因数、防盗终端数据等进行远程测量和采集。测量分自动巡查和手动巡查，自动巡测根据需要设定巡测间隔，对象可灵活设置；手动巡测可随时获取即时数据。

2）遥信：将测量获得的数据、语音信息、视频图像、各站点或单灯开关状态和故障信息通过有线或无线传输方式反馈到指定终端，进行信息监视以及非正常状态下的实时报警。

3）遥控：一般包括各种情况（如正常、故障、特殊时刻等）下自动或手动遥控全、半夜灯和景观灯的开关，可扩展物联网模式下的单灯控制，各种控制方式、模式、对象、要求的自由组合和设定等。

4）遥调：远程对两个以上远端设备的工作参数、标准参数等进行手动或自动测试、调整、设置。

5）遥视：在重点地段或全段安装摄像机等影像设备，在监控中心监视其控制情况。

（4）城市照明智能控制系统数据传输方式

城市照明控制系统主要数据传输方式分有线与无线两大类。

1）有线数据传输方式

① 光纤传输方式：由光纤传输信息，需单独敷设线路。光缆具有传输速率高、抗干扰性强、防雷击、误码率低以及敷设方便的优点。

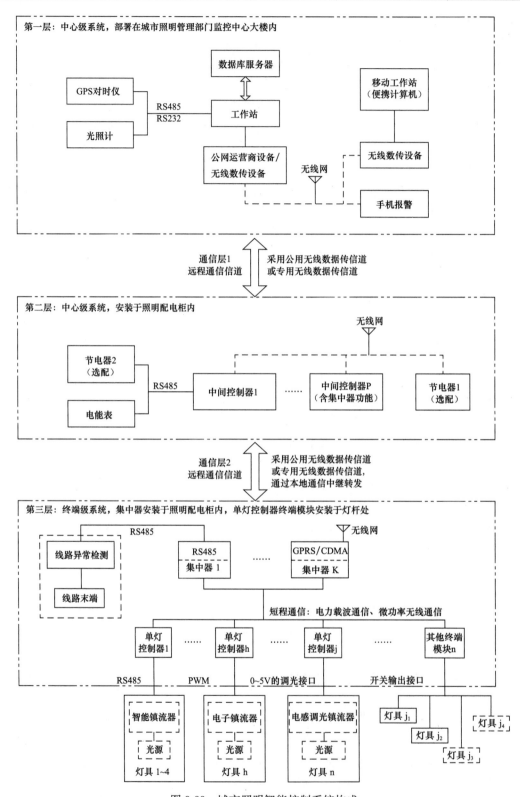

图 3-33　城市照明智能控制系统构成

② 双绞线传输方式：以一根五类数据通信线（四对双绞线）传输信息，需单独敷设线路，具有下列特点：

软硬件协议完全开放、完善，通用性好。

线路两端变压器隔离，抗干扰性强，防雷性能好。

速度快，网络速度可达到数千兆。双向传输，可传输高速的反馈信息。

系统容量几乎无限制，不会因系统增大而出现不可预料的故障。

作为信息传输介质，有大量成熟的通用的设备可以选用。

2）无线数据传输方式

① 无线射频传输方式：

远距离无线通信方式，可采用传统的无线专网数据传输、GPRS、CDMA、4G、5G、LORA、NB-IoT 等不同通信方式和通信协议，方便实现升级换网。

短距离无线通信方式，利用无线射频传输信息，如 WiFi、Zigbee（是一种应用于短距离和低速率下的无线通信技术）等。

该方式在功能上能满足要求，室内无需布线，施工简单，可以节省施工投资。

② 低压电力载波传输方式（PLC）：利用电力线路本身作为传输介质，将信号通过电力线传输到目标设备，实现数据通信和控制，不用单独敷设线路就可以实现数据信号的传输。电力载波传输方式由于受电力线中电流波动、线路负载、电源干扰因素的影响，导致数据传输速率及数据传输的可靠性受到较大影响，当监控设备增多时，数据传输可能会导致系统瘫痪。

照明控制系统数据传输方式要根据该城市经济和实际运行状况而确定。

（5）城市照明监控终端的组成和工作原理

城市照明监控终端是城市照明监控管理系统重要设备之一，它安装于路灯控制柜或变电箱内，用于对路灯或其他灯光设备运行情况的监控与管理。城市照明监控终端由无线数据模块、电源板、主机板及采样板等组成（图3-34），同时可外接液晶显示器。终端安装在路灯控制柜内，它与路灯箱内电能表、电流互感器和开关元件相连接（图3-35），按主站的命令完成遥测、遥控、遥信等功能。

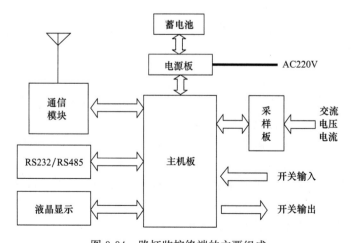

图 3-34 路灯监控终端的主要组成

73

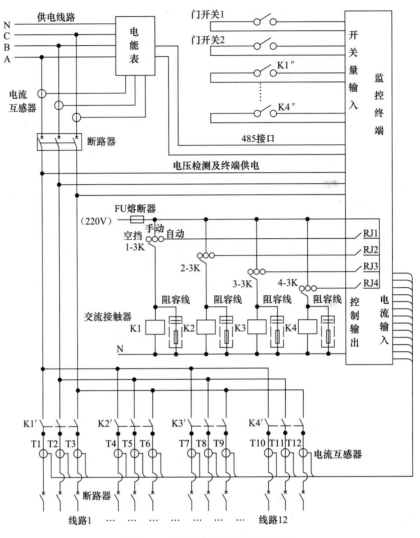

图 3-35　路灯控制柜接线原理图

3.5.2　城市照明单灯控制系统

1. 概述

单灯控制器是一款具有灯联网接口的单灯控制器。其与 AC40xC 系列单灯控制主机配合使用，实现单灯控制的功能。系统采用工业级硬封装芯片完成系统控制，具有可操作性强、集成度高、稳定性好等特点。

单灯控制器集成了开关量输出、PWM 调光接口输出、0～10V 模拟量调光接口输出，以及 RS485 通信接口，它能够满足广大群众的调光需求。

单灯控制器的工作原理是通过控制电流来调节灯具的亮度，常见的控制方式包括调光和开关控制。它通常具有多种输入和输出接口，如无线遥控、红外遥控、WiFi、蓝牙等，可以通过智能手机、平板电脑等进行控制和设置。

2. 技术参数

（1）工作电压：85～265VAC

(2) 额定功率：＜10W

(3) 输出方式：继电器有源输出/PWM 调光/0～10V 调光（任选）

(4) 负载电流：16A

(5) 输出回路：1/2（可选）

(6) 通信端口：RS485、PLC 电力载波

(7) 工作温度：－10～55℃

(8) 工作湿度：＜90%

(9) 尺寸：L165(mm) ×W85(mm) ×H65(mm)

(10) 重量：约 100g

3. 系统功能

(1) 单灯控制系统通过公网或自组网通信的方式，实现单灯控制、调光节能、状态监测、参数设置、数据处理、GIS 应用、系统管理等功能。

(2) 开关量输出功能。系统通过内置继电器，有源输出开关量信号，控制设备的开关灯、镇流器的调光。输出电压为输入电压源，负载不超过 16A。在开关量输出时，系统具有三级调光功能，即全开、节能、关三种状态。可以通过 FAC40xC 主机控制使用。

(3) 通过远程通信能自动或手动实现单个灯具的状态监测（电压、电流、功率、功率因数、开关灯状态）、能耗和亮灯时长统计和故障报警，能监测单灯控制器的实时通信现状，在线率不低于 97%。

(4) PWM 调光接口输出系统内置隔离电路，保护设备的安全和稳定性。PWM 输出信号周期为 400Hz。

(5) 0～10VDC 输出系统具有 0～10VDC 模拟量输出，用于模拟调光。灯具根据输入电流的大小调节亮度。

(6) RS485 通信接口系统（未外接）可以读写系统参数，完成模拟控制。

(7) PLC 电力载波通信与 FAC40xC 单灯控制主机的通信由 PLC 电力载波完成。系统具有自组网功能，安装完设备后通过单灯主机发出组网命令，可以完成末端查找。

4. 控制中心

(1) 控制中心由计算机、数据库服务器、路由器、照度采集器、不间断电源 UPS、打印机、报修电话等硬件和平台软件组成。

(2) 控制中心应满足机房环境条件、计算机软件、硬件、UPS 电源、系统运行、防火墙等相应的要求。

(3) 系统平台应能支持 GIS 电子地图的定位显示、无级缩放、平滑浏览、查询及漫游等功能，并具备相应的管理功能。

5. 报警及维护

(1) 系统由于电网不稳产生瞬间高压，当大于 250V 时报警，出现报警时，可以查看当前电压，检查高压是否持续。

(2) 系统输入电流大于额定输入，出现此故障请核实电流。如电流持续过高，请检测线路和设备。

(3) 系统内置温度传感器，当温度过高时，系统会主动发出报警信号。出现此问题时，先查询温度，若为 255，则表示温度传感器损坏，否则请暂停使用。

3.5.3 城市景观照明控制系统

为确保城市夜景照明工程施工质量优良，确保整个照明系统安全运行，同时促进照明系统施工技术水平的提高，达到环保节能与城市光环境的最优化，智能配电控制系统与效果控制系统是关键性组成部分。建筑节能的 LEED 认证是重要的技术指标。

（1）智能配电控制系统安装技术

智能配电控制系统主要是对景观照明灯具进行配电控制。通过对配电箱内交流接触器进行开关式的回路电源开通与关断，将景观照明划成不同区域、不同色调，简单的回路开闭使景观整体上形成不同的效果，回路的接通量不同使整个照明的用电量不同。根据人们对夜晚的灯光需求调节模式，起到整体能耗的节省。一般设计常采用半夜模式、平日模式、周末模式和节日模式等。

1）智能配电联机控制设备的安装

设备组成主要有配电箱的继电器型开关模块、参数输入模块、网络耦合模块、网络信号线、控制室的开关面板、时间模块、网络电源模块、计算机接口模块和控制计算机及控制软件。远程控制（一般超过300m）还需增加光纤收发器和光纤。系统的组成随着品牌不同略有差异，有的系统需增加逻辑模块，名称也略有差异。

供电系统为单相三线制 AC220V，主要给控制计算机、网络电源模块和继电器型开关模块供电。其他系统由网络电源模块和继电器型开关模块的网络电源口供电。

网络耦合模块有信号光电隔离作用，网络电源也是电磁隔离。保护主干网、子网相互间隔离避雷保护，同时，网络耦合模块有信号转接、放大的作用，可以增加信号传输距离。由于网络耦合模块对网络形成分区，各分区内必须有网络电源配置，具体带载量参照厂商的相关说明书。网络结构示意如图3-36所示。

2）安装方法及技术要求

继电器型开关模块、参数输入模块、网络耦合模块、时间模块、网络电源模块，基本上都是标准配电导轨安装。控制室的开关面板应配置专用线盒，计算机接口模块和控制计算机及控制软件等按常规计算机使用安装。

控制网络为串行接法，分支线路必须从网络耦合模块进行分支，其他接法都会影响网络的工作或稳定性。网络的接线定义，具体要参照系统厂商的使用说明书。

网络信号线，多数厂家采用超五类网线，也有个别厂家声明只能采用厂家专用信号线。

安装完成后，由调试工程师在计算机中安装软件，进行系统模块搜索、参数设置、功能设定和逻辑编程等，并编制出计算机操作界面。

使用时，系统按设定的时间功能、逻辑功能进行运作，也可以通过控制面板按调试设定的方式进行人工控制，或采用计算机的操作界面进行使用。调整系统逻辑和时间，应由调试工程师进行。

在大系统、多楼宇的控制组网，应与通信供应商协商，采用 VPN 技术将互联网上的本系统设备组成局域网，设立控制中心及控制主机，进行统一控制。

3）其他注意事项

一个系统只能用同一厂家的系统配件，虽然各厂家的系统宣称都可兼容，但实际使用中协调困难很大，对其他系统一般采用输入、输出模块的信号传递模式比较可靠。

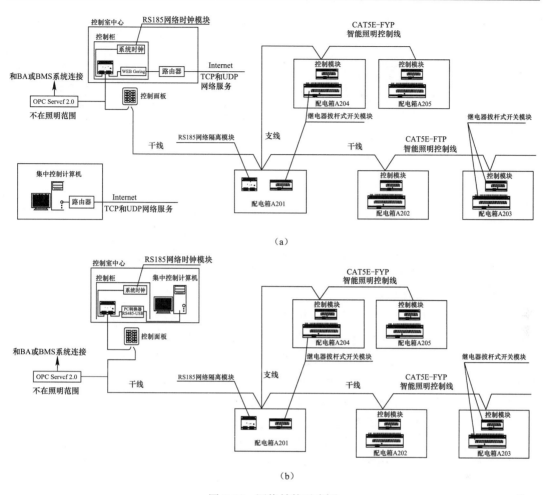

图 3-36　网络结构示意图

（a）互联网＋智能配电联机控制系统拓扑图；（b）智能配电联机控制系统拓扑图

模块 AC220V 电源的输入前应接 1～2A 的快速熔断器保护。对于雷击频繁的区域，网络数据线应接数据专用快速浪涌保护器，远距离网络的两端分别采用网络耦合模块进行电气隔离，或采用光纤、光纤收发器进行电气隔离。

多栋建筑的大型配电控制系统应采用主干网和分支网的方案，特别是多高压配电供电系统，防止个别配电系统检修，而采用无分支的网络影响整个系统运行。

（2）智能配电脱机控制设备的安装

智能配电脱机控制系统与智能配电联机控制系统的区别是：智能配电脱机控制系统内没有固定的计算机接口模块、控制计算机及控制软件，而实际应用中，均由调试工程师携带计算机接口模块、便携式控制计算机及控制软件，进行系统参数设置，并保存在系统各个模块中。

使用时，系统按设定的时间功能、逻辑功能进行运作，也可以通过控制面板按调试设定的方式进行人工控制。调整系统逻辑和时间均需采用调试的方法进行。智能配电脱机控制系统拓扑图如图 3-37 所示。

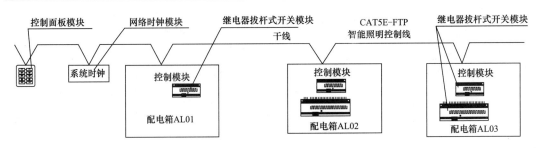

图 3-37　智能配电脱机控制系统拓扑图

1）效果控制系统安装技术

效果控制系统，主要指对 LED 灯具进行灰度、彩色调节，LED 灯具可调节灰度等级，目前有 8Bit、10Bit、12Bit、16Bit 等，大功率 LED 灯珠必须采用 16Bit 灰度控制等级，否则会出现明显的低灰时抖动现象。对于幻彩灯、城市之光灯则采用 DMX512 控制，可参照舞台灯光相关控制要求。

2）效果联机控制系统的安装

常用的效果联机控制设备主要有：因特网接入系统、中央控制计算机、数据交换机、主控制器、分控制器、信号中继器、光纤收发器、光纤、网线，不同品牌略有差异。在使用功能上，可增加环境光感应器。分控制器一般有：串行分控制器、DMX512 分控制器，根据分控制器随输出端口数量的不同，有 8 口、4 口、12 口，以 8 口为常用规格。

因特网接入系统，中央控制计算机、视频服务器、数据交换机、主控制器、分控制器、信号中继器、光纤收发器的供电一般是单相三线制 AC220V，而信号中继器有 AC220V 供电和 DC24V 供电两种，以 DC24V 供电为常用，与 LED 灯具的电源配套方便。DMX512 信号中继器有光电隔离和非隔离之分，有一般和信号重整形功能之分，输出端口有 1、2、4、8 等多种规格。

串行分控制器，一般与灯具直接连接的可靠通信距离为 5m，为增大通信距离，在距灯具控制连线 5m 内，加设 RS485/TTL 转接器，将控制器输出的 RS485 差分信号转换成灯具控制芯片能识别的 TTL 信号。控制器与差分信号放大器间采用双绞带屏蔽网络线，正常连接距离可达 100m 以上，随 IC 的通信频率的降低而增加。串行通信灯具的通信频率与波形主要由灯具内所用控制 IC 决定。

DMX512 分控制器一般与标准 DMX512 信号控制灯具配用，但随着控制技术的发展，标准 DMX512 的协议在景观视频照明系统中控制点数少、编址麻烦、调试难度大，许多厂家在标准 DMX512 的协议上进行了扩展：①增加了串行编址线，一次性可将成串连接的灯具完成编址。②将灯具 IC 控制信号输入阻抗从常见的 3.8kΩ 设计加大到 128kΩ，灯具连接数从 32 套增加到 1024 套；采用标准双绞屏蔽信号线，正常控制通信距离可达 300m。③将 IC 通信速率提高，标准速率是 250kHz，将速率提高到 500kHz，每串（端口）灯具可在同样的刷新下，近成倍地增加受控灯具的数量。网络结构示意如图 3-38 所示。

3）安装方法及技术要求

因特网接入系统、中央控制计算机、视频服务器、数据交换机、主控制器安装在控制中心，对多栋可独立的景观区域也可将多台主控制器安置在区域的数据接入口处。对于简

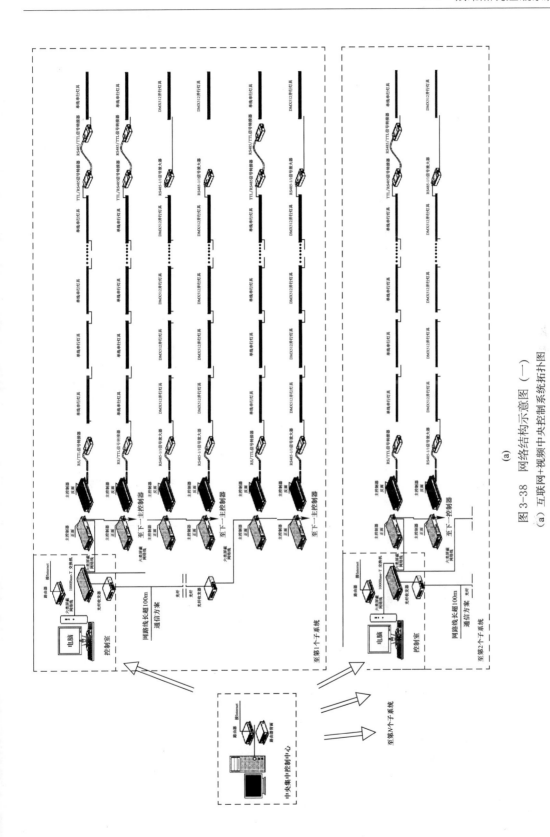

图 3-38 网络结构示意图（一）

(a) 互联网+视频中央控制系统拓扑图

(a)

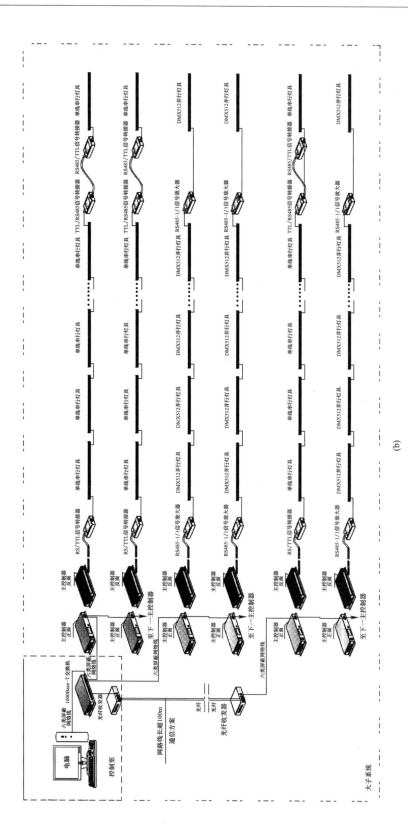

图 3-38 网络结构示意图 (二)

(b) 视频中央控制系统拓扑图

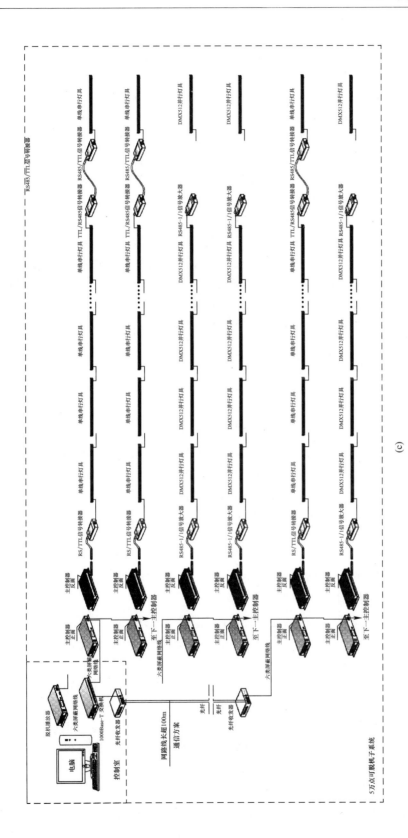

图 3-38　网络结构示意图（三）

(c)　视频脱机备份控制系统拓扑图

(c)

单的小规模景观视频系统，可以省略因特网接入系统、视频服务器、数据交换机、主控制器等，但灯光控制时控制计算机必须正常工作。上述器件采用台式安装。

分控制器是灯光控制系统的关键环节，是灯光效果控制系统连接灯具不可少的器件。分控制器接收系统网络的信号，按设定读取本控制器所需的控制数据，并按各端口所控的灯具通信协议进行转换格式，通过端口控制灯具。由于通信距离和经济性的原因，分控制器一般安装在距灯具较近处，采用台式、落地式安装。

信号中继器一般安装在分控制器附近，主要是对分控制器的端口信号进行分支。对于端口与灯具的控制距离较远，信号弱的情况，在控制信号线的中部增加信号中继器，对信号放大、整形，延长灯具控制网络的可控距离。

网络的接线定义，具体参照系统厂商的产品使用说明书。

光纤收发器主要是远距离网络中的器件间通信，光纤收发器尺寸小，一般外接电源适配器。采用 4 芯户外光纤，由于户外光纤防护性能好，比较适合景观照明的使用特点。

控制系统安装连接完成后，由调试工程师在中央控制计算机中安装软件，对灯光系统的各设备进行 IP 的分布、界面设定、灯具布局布线、灯具功能设定和分控器所带灯具的控制协议设定等，便可以从中央控制计算机测试灯具的可控性能，载入动画文件完成效果实时控制。

使用时，载入不同的动画文件，可以实现不同的动画效果。

通过因特网接入系统可以实现远程控制和远程节目更换。

在特大型灯光控制系统中，通过因特网接入系统可以与灯光效果控制服务器连接，使用终端通过灯光效果控制服务器，可以组成更大的灯光表演系统，上传超大型节目给灯光效果控制服务器，由灯光效果控制服务器将节目按设定的各区域进行切分，并通过因特网接入系统下载至各区域的中央控制计算机，并进行同步播放控制，形成超大规模的灯光表演秀，可以把几个楼的动态景观控制扩展到整个城市或超越城市范围。

上述效果控制系统器件，除个别厂商分控器有防雨安装外，其余不防雨，户外使用时，应另装入防雨箱内。

4）其他注意事项

对于主控器、分控器、控制软件，一个系统应为同一厂家的系统产品，虽然各厂家的系统都可兼容，但实际使用中协调困难很大。

控制系统设备的金属外壳均应接地，且接地电阻小于 1Ω。

分控器与灯具、分控器与主控器可以分段进行调试，采用分段调试，可以及时发现问题加以应对，缩短调试周期。

常见问题是：网络水晶头的接触不良，应选择优质水晶头。水晶头插入后，应对网线适当固定，防止水晶头长时受拉、扭、弯等力而变形，造成接触不良。

灯具与分控器间的地线联通，对于 DMX512 系统，短距离通信，即使没有互联地线也可以实现控制，但较长距离通信若没有互联地线，极有可能造成控制不稳定现象。

（3）效果脱机控制系统的安装

1）基本性能与结构示意图

常用的效果脱机控制设备有：主控制器、分控制器、信号中继器、光纤收发器、光纤、网线等。分控制器一般分为串行分控制器和 DMX512 分控制器，分控制器根据输出端口数量的不同，有8口、4口、12口，其中，以8口为常用规格。

主控制器带SD、TF卡插槽，播放的动画文件和配置文件（若有）存在卡中。主控制器可以设置开机、关机时间，设置播放节目的方式。SD、TF卡的节目是采用本系统软件编制并录入的，故各系统间可能有不兼容情况。由于主播放器性能，其带载灯具数量有限，一般是5万个像素点左右。另有带GPS校时的脱机主控，用于多机同步播放。

主控制器、分控制器、信号中继器、光纤收发器的供电，一般是单相三线制AC220V。而信号中继器有AC220V供电和DC24V供电两种，其中以DC24V供电为常用，主要是为了与LED灯具的电源配套方便。DMX512信号中继器有光电隔离和非隔离之分，有一般和信号重整形功能之分，输出端口有1、2、4、8等多种规格。网络结构示意如图3-39所示。

2）安装方法及技术要求

安装和调试、使用方法与效果联机控制设备的相同，且更简单。

3）其他注意事项

其他注意事项与效果联机控制设备的相同，区别在于脱机文件的录制。脱机文件的录制前，应按联机方式对于整个系统进行设置，并对效果与灯具表演进行核对，符合效果要求后再录制节目，转为脱机文件，将脱机文件存于脱机控制器中进行脱机运行。

（4）控制系统分部、分段安装、检验与调试

本节由安装前的设备检验，分部、分段安装，分部、分段检验与调试部分组成。其中，安装前的设备检验是关键，而通过分部、分段检验与调试是目的。

安装前的景观照明设备检验与夜景照明样板制作一样重要，由于灯具厂家物料、技艺更新等原因，批量产品的生产时，往往在样品的基础上进行了适当的改进，可能会在某些方面与样品不一致，经过安装前的景观照明设备检验，才能在后续施工中不会返工，不易出现安装未注意事项造成损失；由于现场条件的限制，一般按下列方式进行检验。

1）串灯测试联控

串联控制或串联写址的灯具，应使用两个以上灯具，进行串联控制测试或串联写址测试，同时测试串联灯具的信号输入和信号输出。

串联电源的灯具（手拖手接线模式），应按厂家说明的最大串联灯具套数进行串联测试。测试接线规格、项目实际的最大灯具连接数、电源线长度。

信号线不能作为电源线。施工中若将信号线作为电源线或将电源线作为信号线，连接单个灯具后没发生问题，但会给后续调试、维修以及系统寿命产生不良影响。必须杜绝此类情况发生。

2）分部、分段检验与调试

准备工作：分部、分段的灯具已安装完毕，接线已连通，手拖手灯具的尾部已绝缘。

临时电源箱已按标准准备，检验、调试用表已打印，已组织检验、调试人员并分工明确。需用直流供电的开关电源已接入，开关电源符合线路负荷要求。测量仪表完好，并在有效检验周期内，控制器、分控器、写址器、差分器、信号放大器等配件及临时线缆已齐备。

分部、分段检验与调试：对有控制线的灯具临时通电，并执行测试程序。

分段可控性检验：测试程序一般为七彩色、黑白、灰度变化及横向扫描和纵向扫描等多种方式。一是校对控制点是否错位，二是判定灯光色彩品质是否符合要求，三是检查控

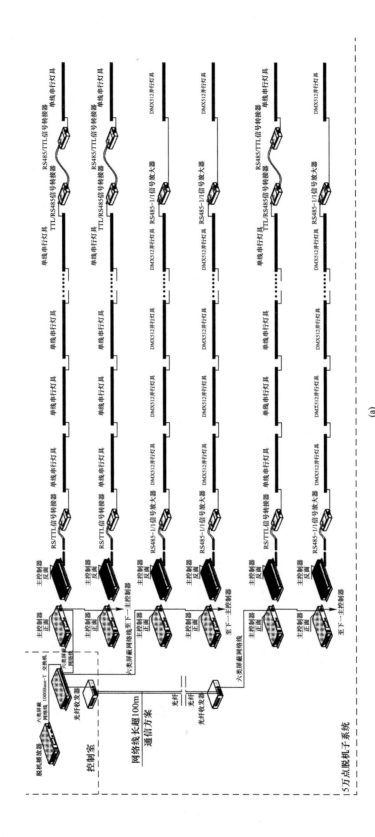

图 3-39 网络结构示意图（一）

（a）全脱机 5 万点视频控制系统拓扑图

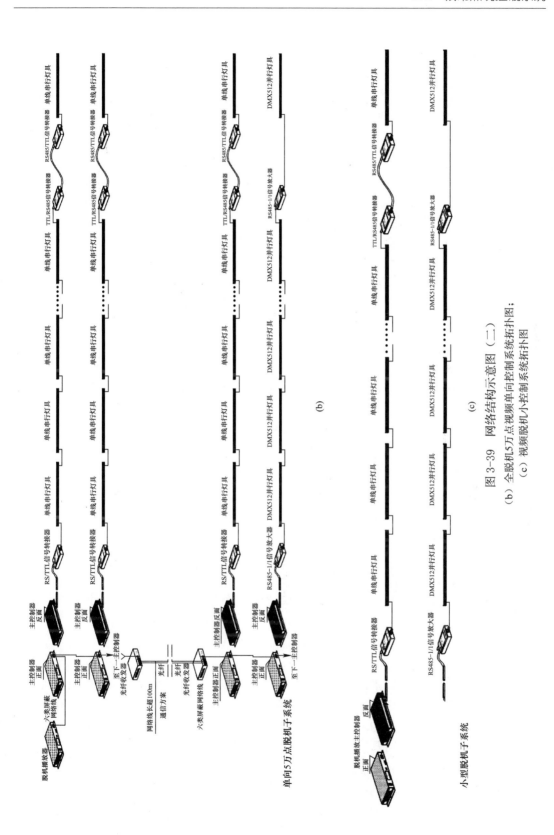

图 3-39 网络结构示意图（二）

(b) 全脱机 5 万点视频单向控制系统拓扑图；
(c) 视频脱机小控制系统拓扑图

制系统的稳定可控性。从灰度变化可以检查效果的细腻性。

3）注意事项

严禁带电接插线路，明确区分电源线和控制线，不得将信号线错接电源线，损坏控制系统。

对于串行灯具，注意控制信号线的输入和输出，不得接反。

差分信号线的 D＋(A)、D－(B) 不能接反。地线必须连接，灯具地线和控制器地线未连接，系统会出现时而受控、时而不受控现象。

由于厂商不同，DMX512 灯具的编址方法不同。应使用有通用效果控制器支持编址的 DMX512 灯具，且编址线无须连接控制器。灯具只执行 DMX512 标准中的通信协议，而未执行 DMX512 标准中的电气协议。DMX512 灯具的编址线必须连接控制器，否则不能正确编址，或编址后可能会在使用中丢失数据。DMX512 灯具厂家选用通信芯片不同，其输入阻抗不同，形成控制线路负载能力不同。一个控制端口的驱动最小是 32 的负载点，多的可驱动 1024 个，此参数须事前与厂商沟通到位。对于扩展驱动能力，可采用一进多出的信号放大器，对于复杂电磁环境下的信号干扰问题，可采用增加信号放大器数量和增强终端阻抗匹配的方法解决。

（5）控制系统调试与试运行

1）系统调试与试运行的准备

灯具安装前已经通过到货测试，安装后已进行分部、分段检验与调试，回路分端口控制测试完成。

供电系统已正式供电，供电质量符合要求。

调试人员组织机构已构建，人员资质、能力及调试指挥员经验满足本系统调试要求。

参与调试的人员已组织对本系统的学习，并熟悉整个系统的具体安装位置。

参与调试的人员已组织本系统调试与试运行的技术措施、流程、注意事项的学习，并考试合格。

参与调试的人员已组织分工明确，职责清晰；通信和移动照明器械已到位，参与调试的人员均已熟悉使用。

调试方案、调试计划及申请已经审批通过。

其他调试用仪表、工具、安全与消防保护器材、备用灯具与控制器材、记录表格等已齐备，仪表在检验期内并完好。

交通工具（如：电梯等）已联系安排到位。

2）系统调试与试运行的技术措施、流程

系统调试与试运行的技术措施：灯具安装的布灯位置图（展开）与控制连线走向图与实际安装情况相符，组屏区域效果方案已确定。根据灯具安装的布灯位置图（展开）与控制连线走向图，明确控制器的端口接入、控制器间的走向图，明确控制器各端口的灯具类型和控制 IC 型号或通信协议，明确设计控制器软件的布线文件。

3）系统调试与试运行的流程

完成系统调试与试运行的准备：调试区域的配电系统已经通过测试和试运行，能正常操作和运行。根据灯具安装的布灯位置图（展开）与控制连线走向图，控制器的端口接入、控制器间的走向图，控制器各端口的灯具类型和控制 IC 型号或通信协议，设计控制器软件的布线文件。控制系统各设备上电，进行联通；由计算机主控制软件，设定所联网卡 IP，进入控制器联机界面查看所有分控连接情况，进行网络通信检查。

控制系统设备通信正常后，再依次分区域、分配电箱、分回路给灯具供电；进入测试界面，再进入行、列扫描，并与外场观察实际灯具受控与扫描像素对应关系，不符的应及时做好记录，修改布线文件或调整实际控制接线。

将对应修改后的布线文件，对应实际区域情况，交与动画设计师，进行动画控制效果设计。将设计好的动画导入播放软件，设定播放时间、循环次数、动画播放顺序等，进行播放。

观察播放效果，进行参数调整，动画本身调整，由动画设计师进行，重复上述过程，达到设计方与业主要求。

编制系统使用说明书及使用培训教程。对管理单位人员进行实物介绍、系统理论介绍、操作培训，实际独立操作，讲解常见故障分析和排除，明确技术咨询和联络方式等。

4）系统调试与试运行的注意事项

调试时，应明确时间段、调试范围。对不在调试范围内却与系统电气关联，或在本系统配电箱内取电，应及时断线处理并粘贴标识。

将调试范围内的电气系统设备、电箱，挂调试标牌，防止其他人员误操作造成事故。因灯具、电气线路故障需要检修时，应通知全体调试人员。禁止带电作业。检修区域的配电系统断电处应派人值守，确保用电安全。

调试时，严禁大范围频繁开关灯光系统，避免对电网产生用电大冲击；检修灯具时，必须避免断开回路上的接地连线。

维修、检查、调整线路后，应及时做好线路绝缘、规整和工作记录，调整相关图纸。

（6）编制及修改运行控制效果文件

本节由编制测试效果文件的一般要求和编制及修改运行效果文件的技巧两部分组成。其中样板段测试效果文件主要由灯具厂家进行编制，充分表现灯具及控制系统的技术能力，特别是灰度变化的柔和性能，彩色表现的趋真性。调试中测试效果文件由工程施工单位进行编制，文件表演便于调试人员对布线文件与实际布灯位置进行核对，便于对故障点的位置确认。竣工及移交所用的效果文件由设计单位进行编制，用工程实景，真实表现出最终的设计效果。

1）编制测试效果文件的一般要求

① 样板段测试效果文件编制

样板段施工完成，按设计图纸进行线路连接，通过电气交接试验，临时用电能满足样板段用电的需要。

根据样板段的布灯布线情况进行测试效果文件的编制，由于样板段的范围小，选择的动画图案应简单，图案中色彩过渡应柔和。动画中应有体现全彩色的七彩跳变，全彩色渐变，灰度变化，拖尾效果及简单的文字移动。

将编制好的动画导入控制系统的播放软件中，播放视窗的长宽比与效果视窗的长宽比应相同，避免加大效果调试的观察和分析难度；观察播放效果，进行参数调整，由于样板段范围小，控制器中亮度参数尽可能调至最大值；通过效果观察结果，进行效果修正；表演的效果不仅要表现出灯具的表演性能，还要体现出控制系统的动态控制能力，同时与设计方沟通，贴合设计意图，要避免出现地区、宗教、民俗所忌讳的图案和色彩。

② 调试中测试效果文件编制

该控制系统区域内的照明施工已完成，按设计图纸进行所有线路连接，电气交接试验通过，系统使用的正式供电已到位，试运行文件已得到业主审批通过。

根据控制系统区域内的布灯布线情况，进行测试效果文件的编制，由于区域的范围大，测试文件应以分控制器为单元区，分控制器各端口为行或列，相邻行列间以可识别的不同色彩或可识别灰度进行效果区分；以静态片段和动态片段两种方式来检查灯具的受控性能，并能观察到灯具故障点的位置；以整体同步变化来检查控制系统的控制性能，以单元区片段效果，来观察到故障控制点的位置。

以夜晚记录故障位置点坐标，核对图纸，进行白天检修寻灯和修理。

2）编制及修改运行效果文件的技巧

① 效果文件的组屏

由于建筑的不同，布灯效果不同，灯的局部布线展开往往有横向一条线或纵向一条线，而效果控制计算机的显示屏具有一定的规格，按展开的一条线选择显示屏，势必造成显示器资源的浪费，因而将一条线的情况，按建筑的分界面，进行折断，换行（列）布置，设计效果时，也按此区域进行动画连接；区域布线，可以进行组合，不规则区域应按矩形区域来进行组合。这样可以节省视频设备资料，同时节省视频资讯的传输量，提高图像的刷新率和效果。

② 效果文件的文字

由于建筑设计的布灯情况不同，在业主和设计方有考虑需显示一定量的文字，应考虑汉字横向和竖向的基本点阵，一般较清晰地表现一个汉字的最少点阵为 24×24，且同一方向的点间距为均匀布置，横向和间距比在 0.6～1.7，否则显示出来字体难以被识别。上述点阵以建筑立面图布灯来识别，对于一个方向较密布灯，则该方向的显示点阵间距可按另一方向间距的 0.6 倍来计算。

③ 布线文件与效果文件的匹配

一般情况下，布线文件的灯位与建筑实际布灯展开面，横向与竖向成 1:1 的比例，效果文件也应按此比例进行设计，但在特殊情况下，如：大厦每层以横向密集布灯，层间布灯间距较大，而层数较多，若按横竖 1:1 的比例，布线图形往往一个屏幕难以容纳，故可以按横竖非 1:1 的比例布置，同样效果动画的屏幕也被压缩，与布线图形有相同的比例。竖向线状布置的灯位也可横向布置，只需将灯光效果竖向设计图转成横向设计图，且转向与灯具布线图一致。

3.5.4　城市照明控制系统技术要求

城市照明控制系统必须按照住房和城乡建设部颁布的《城市道路照明工程施工及验收规程》CJJ 89 中有关规定，要求如下：

（1）道路照明控制模式宜采用具有光控和时控结合的智能控制器和远程监控系统等。

（2）道路照明开灯、关灯时的天然光照度水平，快速路和主干路宜为 30lx，次干路和支路宜为 20lx。

（3）道路照明控制器应符合下列规定：

1）工作电压宜为 180～250V。

2）照度调试应为 0～50lx，在调试范围内应无死区。

3）时间精度应为±1s/d。

4）应具有分时段控制开、关功能。

5）工作温度宜在−35～65℃。

6）防水防尘性能应符合现行标准《外壳防护等级（IP 代码）》GB/T 4208 中 IP43 级的规定。

7）性能可靠、操作简单、易于维护。具有较强的抗干扰能力，存储数据不丢失。

（4）城市道路照明监控系统应具有经济性、可靠性、兼容性和可拓展性，具备系统容量大、通信质量好、数据传输速率快、精确度高、覆盖范围广等特点。宜采用无线公网通信方式。

（5）监控系统终端采用无线专网通信方式。应具有智能路由中继能力，路由方案可调，可以实现灵活的通信组网方案。同时，可实现数/话通信的兼容设计。

（6）监控系统功能应满足设计要求，可根据不同功能需求实现群控、组控，实现自动或手动巡测、选测各种电参数的功能。并应能自动检测系统的各种故障，发出语音声光、防盗等相应的报警，系统误报率应小于1%。

（7）智能终端应满足对电压、电流、用电量等电参数的采集需求，并应有对采集的各种数据进行分析、运算、统计、处理、存储、显示的功能。

（8）监控系统具有软、硬件相结合的防雷、抗干扰多重保护措施，确保监控设备运行的可靠性。

（9）监控系统具有运行稳定、安装方便、调试简单、系统操作界面直观、可维护性强等特点。

（10）城市照明监控系统无线发射塔设计应符合现行标准《钢结构设计标准》GB 50017 的规定。

（11）发射塔应符合下列规定：

1）塔的金属构件必须全部热镀锌。

2）接地装置应符合现行标准《电气装置安装工程 接地装置施工及验收规范》GB 50169 的要求，接地电阻不应大于10Ω。

3）避雷装置设计应符合现行标准《交流电气装置的过电压保护和绝缘配合设计规范》GB/T 50064 的要求，避雷针的设置应确保监控系统在其保护范围之内。

第4章　架空线路及杆上设备安装工程

城市道路照明的架空线路大体上可分高压架空线路、低压架空线路两类，这两类线路在电力网中又称配电线路。配电线路中1～10kV线路为高压架空线路、1kV以下线路为低压架空线路。在路灯线路中又有专用架空线路和与供电共杆架空线路两种。

架空线路主要由电杆、金具、导线、绝缘子、拉线等器材构成。路灯钢筋混凝土电杆装置示意图如图4-1所示。

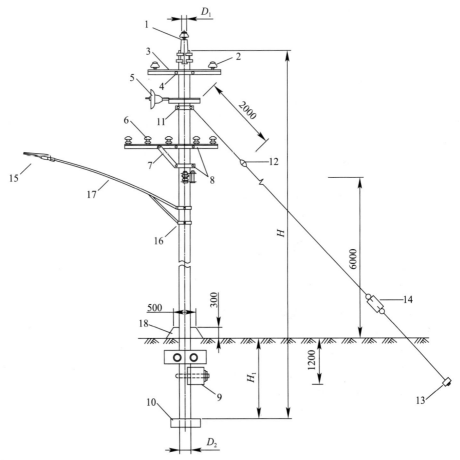

图 4-1　路灯钢筋混凝土电杆装置示意图

D_1—电杆梢径；D_2—电杆根径；

1. 杆顶支座；2. 高压针式绝缘子；3. 高压角钢横担；4. 横担抱箍；5. 高压悬式绝缘子；6. 低压蝶式绝缘子；
7. 横担支撑；8. 横担和支撑抱箍；9. 卡盘；10. 底盘；11. 拉线抱箍；12. 拉线绝缘子；13. 拉线盘；
14. 花篮螺栓；15. 路灯灯具；16. 灯抱箍；17. 路灯架；18. 防沉土台

4.1　电杆与横担

城市道路照明架空线路施工前必须根据设计提供的线路平面图、断面图等图纸要求，确定电杆位置。若因设计所标定的位置受现场地理位置影响，应通知设计人员到现场查看原因，并做变更设计。开始对直线杆、转角杆、拉线（杆）的杆坑定位，电杆的基坑有圆形坑和梯形坑，通常挖圆形坑的土方量小，对电杆的稳定性较好，施工也方便。因土质松软等问题需采用卡盘或底盘稳固电杆，基坑相应开挖大一些，将底盘放平、找正，与电杆中心线垂直，并将填土夯实至底盘表面。卡盘一般情况下都可不用，仅在土层不好或较陡斜坡上立杆时，为减少电杆埋深才考虑使用。卡盘装设位置在自地面到电杆埋设深度的1/3处，深度偏差±50mm，当设计无要求时，上平面距地面不应小于500mm，并与电杆紧密连接。

横担组装应根据架空线路的导线排列方式而定。一般在地面上将电杆顶部横担、金具等全部组装完毕后整体立杆，如果电杆竖起后再组装，则应从电杆的最上端开始。电杆与横担安装的具体质量要求应按下列规定施工。

1. 基坑施工前的定位应符合下列规定：

（1）直线杆顺线路方向位移不得超过设计档距的3％；直线杆横线路方向位移不得超过50mm。

（2）转角杆、分支杆的横线路、顺线路方向的位移均不得超过50mm。

2. 电杆基坑深度应符合设计规定，当设计无规定时，应符合下列规定：

（1）对一般土质，电杆埋深应符合表4-1的规定。对特殊土质或无法保证电杆的稳固时，应采取加卡盘、围桩、人字拉线等加固措施。

（2）电杆基坑深度的允许偏差应为+0.1m，-0.05m。

（3）基坑回填土应分层夯实，每回填0.5m应夯实一次。地面上宜设不小于0.3m的防沉土台。

卡盘、底盘安装、加工示意图如图4-2和图4-3所示。

电 杆 埋 深　　　　　表 4-1

杆长（m）	8	9	10	11	12	13	15
梢径（mm）	150	150	150	190	190	190	190
根径（mm）	257	270	283	337	350	363	390
埋深（mm）	1500	1600	1700	1800	1900	2000	2300

注：表4-1中埋深为一般土质情况。

3. 环形钢筋混凝土电杆应符合下列规定：

（1）表面应光洁平整、壁厚均匀，无露筋、跑浆、硬伤等缺陷。

（2）电杆应无纵向裂缝，横向裂缝的宽度不得超过0.1mm，长度不得超过电杆周长的1/3。环形预应力混凝土电杆不允许有纵向裂缝和横向裂缝。

（3）杆身弯曲度不得超过杆长的1/1000，杆顶应封堵。

1:75常用钢筋混凝土锥形杆外径图如图4-4所示。

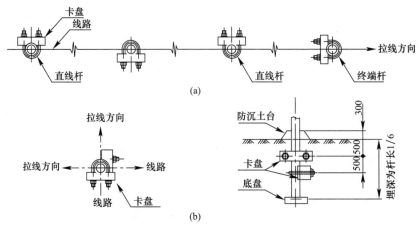

图 4-2　卡盘安装示意图

（a）直线杆；（b）转角杆

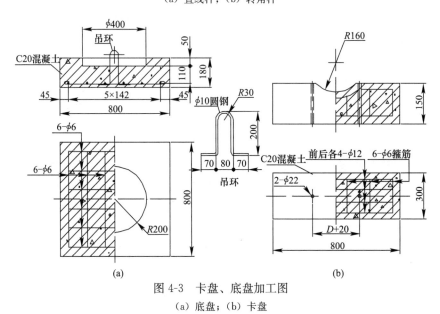

图 4-3　卡盘、底盘加工图

（a）底盘；（b）卡盘

4. 钢管电杆应符合下列规定：

（1）焊缝应均匀、无漏焊。杆身弯曲度不得超过杆长的 2/1000。

（2）应热镀锌，镀锌层应均匀、无漏镀，厚度不得小于 $65\mu m$。

5. 电杆立好后应垂直，允许的倾斜偏差应符合下列规定：

（1）直线杆的倾斜不得大于杆梢直径的 1/2。

（2）转角杆宜向外角预偏，紧好线后不得向内角倾斜，其杆梢向外角倾斜不得大于杆梢直径。

（3）终端杆宜向拉线侧预偏，紧好线后不得向受力侧倾斜，其杆梢向拉线侧倾斜不得大于杆梢直径。

6. 高低压角钢横担、抱箍安装

线路横担应为热镀锌角钢，高压横担的角钢截面不得小于 63mm×6mm；低压横担的角钢截面不得小于 50mm×5mm。高低压角钢横担、抱箍加工图如图 4-5 所示。

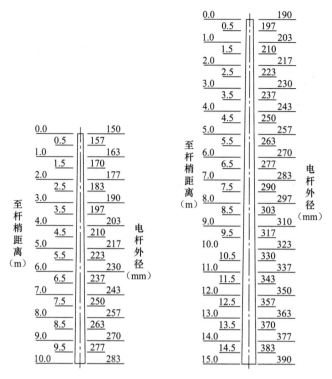

图 4-4　1：75 常用钢筋混凝土锥形杆外径图

7. 线路单横担的安装应符合下列规定：

（1）直线杆应装于受电侧；分支杆、十字形转角杆及终端杆应装于拉线侧。

（2）横担安装应平正，端部上下、左右偏差不得大于 20mm，偏支担端部应上翘 30mm。

（3）导线为水平排列时，最上层横担距杆顶：低压担不得小于 200mm，高压担不得小于 300mm。

8. 架设铝导线的电杆应符合下列要求：

（1）直线杆导线截面在 240mm² 及以下时，可采用单横担。

（2）终端杆、耐张杆、断连杆，导线截面面积在 50mm² 及以下时可采用单横担，导线截面面积在 70mm² 及以上时可采用抱担。

（3）采用针式绝缘子的转角杆，角度在 15°～30° 时，可采用抱担；角度在 30°～45° 时，可采用抱担断连型；角度在 45° 时，可采用十字形双层抱担。

路灯三相四线架空线安装如图 4-6 所示。

9. 安装横担

（1）安装横担各部位的螺母应拧紧。螺杆丝扣露出长度，单螺母不得少于两个螺距，双螺母可与螺母持平。螺母受力的螺栓应加弹簧垫或用双螺母，长孔必须加垫圈，每端加垫圈不得超过 2 个。

（2）同杆架设的多回路线路，横担之间的最小垂直距离见表 4-2。

高压直线转角杆与低压线路同杆架设附件如图 4-7 所示，路灯单相配电与电力线同担安装如图 4-8 所示。

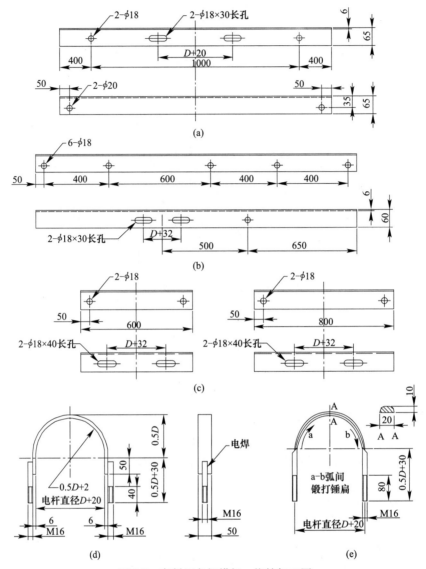

图 4-5 高低压角钢横担、抱箍加工图

（a）高压角钢横担；（b）四线、五线横担（档距小于 50m）；（c）两线横担；（d）扁钢抱箍；（e）圆钢抱箍

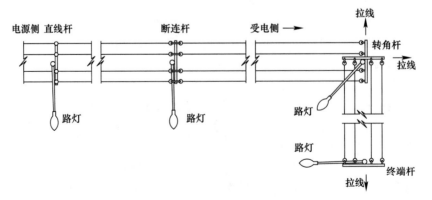

图 4-6 路灯三相四线架空线安装

横担之间的最小垂直距离（mm） 表 4-2

架设方式及电压等级	直线杆		分支杆或转角杆	
	裸导线	绝缘线	裸导线	绝缘线
高压与高压	800	500	450/600	200/300
高压与低压	1200	1000	1000	—
低压与低压	600	300	300	200

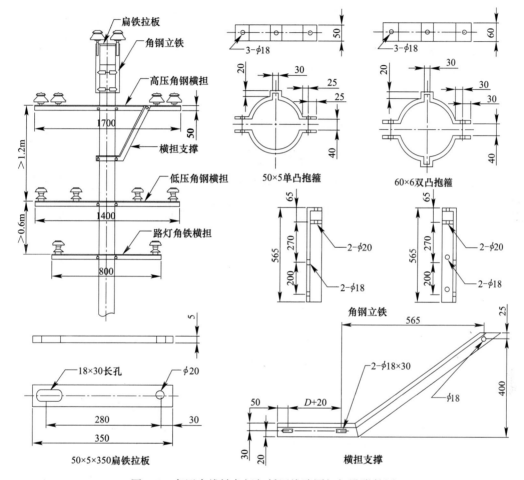

图 4-7　高压直线转角杆与低压线路同杆架设附件图

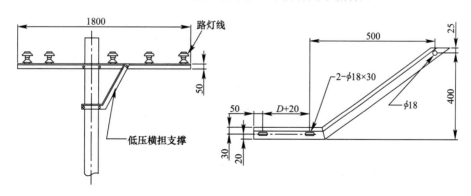

图 4-8　路灯单相配电与电力线同担安装

95

4.2　绝缘子与拉线

1. 安装绝缘子及瓷横担前应对其进行质量检查，且应符合下列规定：

（1）瓷件与铁件组合紧密、无歪斜，铁件镀锌良好无锈蚀、硬伤。

（2）瓷釉光滑，无裂痕、缺釉、斑点、烧痕、气泡等缺陷。

（3）弹簧销、弹簧垫完好，弹力适宜。

（4）绝缘电阻符合设计要求。

绝缘子的种类如图 4-9 所示。

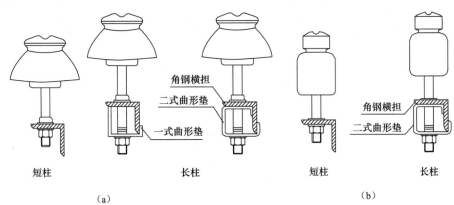

图 4-9　绝缘子的种类

（a）P-15 针式绝缘子；（b）P-10 针式绝缘子

（5）绝缘子安装应符合下列规定：

1）安装时，应清除表面污垢和各种附着物。

2）安装应牢固、连接可靠，与电杆、横担及金具无卡压。

3）悬式绝缘子裙边与带电部位的间隙不得小于 50mm，固定用弹簧销子、螺栓应由上向下穿；闭口销子和开口销子应使用专用品，开口销子的开口角度应为 30°～60°。

绝缘子安装图如图 4-10 和图 4-11 所示。

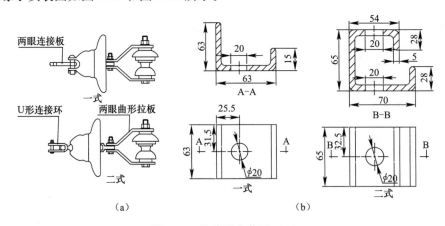

图 4-10　绝缘子安装图（一）

（a）X-4.5 悬式碟式绝缘子；（b）针式绝缘子典型垫加工图

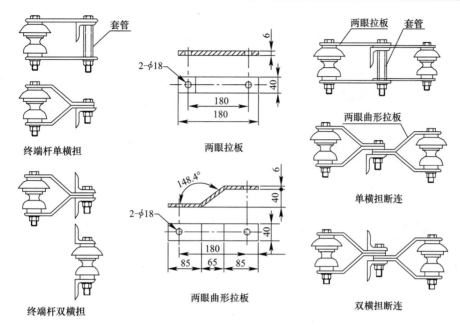

图 4-11 绝缘子安装图（二）

4）绝缘子的使用应符合表 4-3 的规定。

绝缘子的使用规定 表 4-3

电压等级	裸线		绝缘线
	直线	耐张	
高压	P-15 针式、瓷横担	双 X-4.5C 悬式 X-4.5 悬式和 E-10 碟式	P-10 针式 P-15 针式
低压	PD-3 针式 P-6 针式 P-10 针式 瓷横担	X-3 悬式和低压蝶式	

2. 瓷横担安装应符合下列规定：

（1）当直立安装时，顶端顺线路歪斜应不大于 10mm。

（2）当水平安装时，顶端宜向上翘起 5°～15°；顶端顺线路歪斜应不大于 20mm。

（3）当安装于转角杆时，顶端竖直安装的瓷横担支架应安装在转角的内角侧。

（4）全瓷横担绝缘子的固定处应加软垫。

混凝土电杆（梢径 1500mm）瓷横担的组装方法如图 4-12 所示。

3. 拉线安装应符合下列规定：

（1）终端杆、丁字杆及耐张杆的承力拉线应与线路方向的中心线对正，分角拉线应与线路分角线方向对正。防风拉线应与线路方向垂直；拉线应受力适宜、无松弛。

（2）拉线抱箍应安装在横担下方，靠近受力点。拉线与电杆的夹角宜为 45°，受环境限制时，可调整夹角，但不得小于 30°。

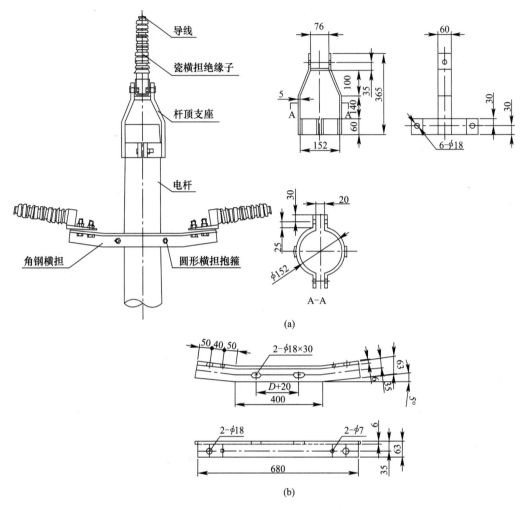

图 4-12　混凝土电杆（梢径 150mm）瓷横担组装方法
(a) 杆顶支座；(b) 瓷横担安装用角钢横担

（3）拉线盘的埋深应符合设计要求，拉线坑应有斜坡，使拉线棒与拉线成一直线，并与拉线盘垂直。拉线棒与拉线盘的连接应使用双螺母并加专用垫。拉线棒露出地面宜为 500~700mm。回填土应每回填 500mm 夯实一次，并宜设防沉土台。

（4）同杆架设多层导线时，宜分层设置拉线，各条拉线的松紧程度应一致。

（5）在有人员、车辆通行场所的拉线，应装设具有醒目标识的防护管。

（6）制作拉线的材料可采用镀锌钢绞线、聚乙烯绝缘钢绞线，以及直径不小于 4mm 且不少于三股绞合在一起的镀锌铁线。

拉线规格与埋深应符合表 4-4 的规定，路灯常用拉线示意图如图 4-13 所示。

拉线规格与埋深（mm）　　　　　　　　　　　　　　　　表 4-4

拉线规格	钢绞线	拉线盘（长×宽）	埋深
φ16（2000~2500）	25	500×300	1300
φ19（2500~3000）	35	600×400	1600
φ19（3000~3500）	50	800×600	2100

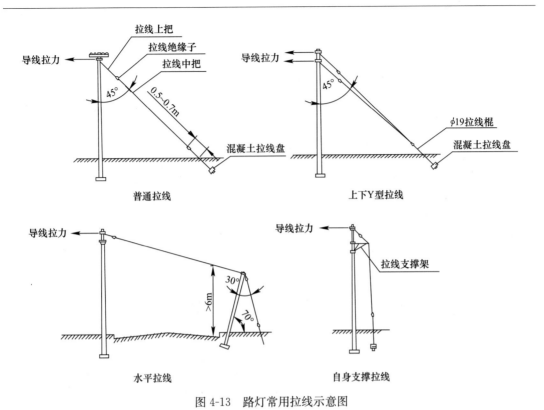

图 4-13　路灯常用拉线示意图

（7）当拉线穿越带电线路时，距带电部位距离不得小于 200mm，且必须加装绝缘子或采取其他安全措施。当拉线绝缘子自然悬垂时，距地面不得小于 2.5m。

（8）跨越道路的横向拉线与拉线杆的安装应符合下列规定：

1）拉线杆埋深不得小于杆长的 1/6。

2）拉线杆应向受力的反方向倾斜 10°～20°。

3）拉线杆与坠线的夹角不得小于 30°。

4）坠线上端固定点距拉线杆顶部宜为 250mm。

5）横向拉线距车行道路面的垂直距离不得小于 6m。

4. 采用 UT 形线夹及楔形线夹固定安装拉线，应符合下列规定：

（1）安装前丝扣上应涂润滑剂。

（2）安装时不得损伤线股，线夹凸肚应在尾线侧，线夹舌板与拉线接触应紧密，受力后无滑动现象。

（3）拉线尾线露出楔形线夹宜为 200mm，并应采用直径 2mm 的镀锌铁线与拉线主线绑扎 20mm；UT 形线夹尾线露出线夹宜为 300～500mm，并应采用直径 2mm 的镀锌铁线与拉线主线绑扎 40mm。

（4）当同一组拉线使用双线夹时，其尾线端的方向应一致。

（5）拉线紧好后，UT 形线夹的螺杆丝扣露出长度不宜大于 20mm，双螺母应并紧。

钢绞线和拉线棍组装示意图如图 4-14 所示。

拉线金具和拉线图如图 4-15 所示。拉线盘加工图如图 4-16 所示。

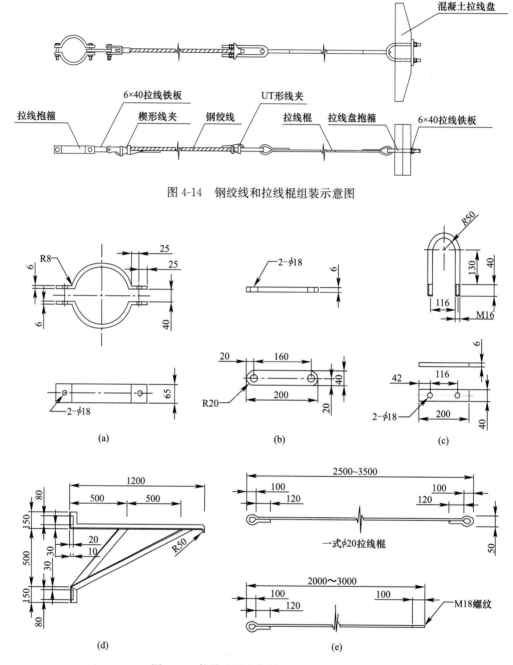

图 4-14 钢绞线和拉线棍组装示意图

图 4-15 拉线金具和拉线图（GT-35 以内）

（a）拉线抱箍；（b）6×40 拉板扁铁；（c）拉线盘抱箍；（d）∟50×50×6 拉线支撑架；（e）二式 φ20 拉线棍

5. 采用绑扎固定拉线应符合下列规定：

（1）拉线两端应设置心形环，如图 4-17 所示。

（2）拉线绑扎应采用直径不小于 3.2mm 的镀锌铁线。绑扎应整齐、紧密，绑完后将绑线头拧 3～5 圈小辫压倒。拉线最小绑扎长度应符合表 4-5 的规定。

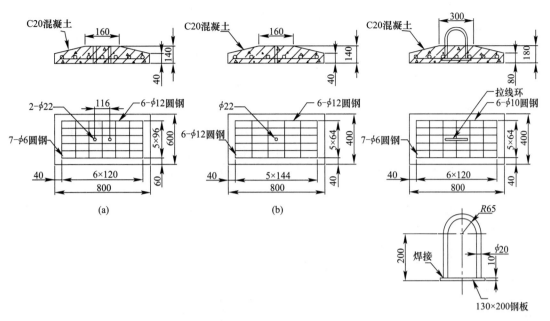

图 4-16 拉线盘加工图

（a）一式混凝土拉线盘；（b）二式混凝土拉线盘

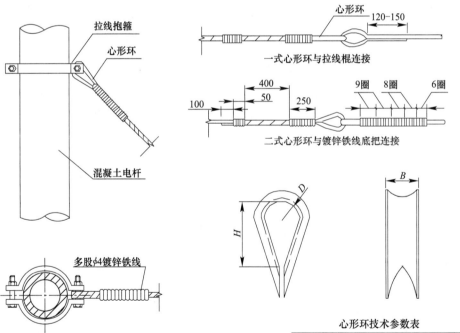

心形环技术参数表

编号	许用负荷（kg）	主要尺寸（mm）		
		D	H	B
1	600	35	56	18
2	1000	45	72	23
3	1700	55	88	27
4	3000	75	120	38

图 4-17 心形环示意图

拉线最小绑扎长度　　　　　　　　　　　　表 4-5

钢绞线截面面积（mm²）	上段（mm）	中段（mm）（拉线绝缘子两端）	下段（mm）		
			下端	花缠	上端
25	200	200	150	250	80
35	250	250	200	250	80
50	300	300	250	250	80

6. 没有条件做拉线可做戗杆，戗杆应符合下列规定：

（1）戗杆底部埋深不宜小于 0.5m，且应设有防沉措施。

（2）与主干之间的交角应满足设计要求，允许偏差为±5°。

（3）与主杆连接应紧密、牢固。

混凝土自身支撑拉线及戗杆安装示意图如图 4-18、图 4-19 所示。

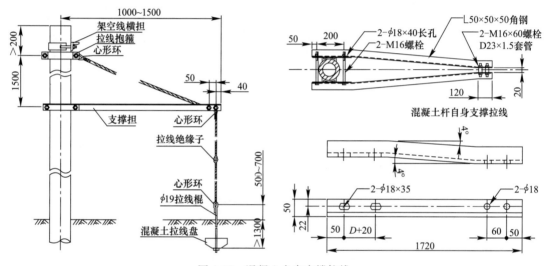

图 4-18　混凝土自身支撑拉线

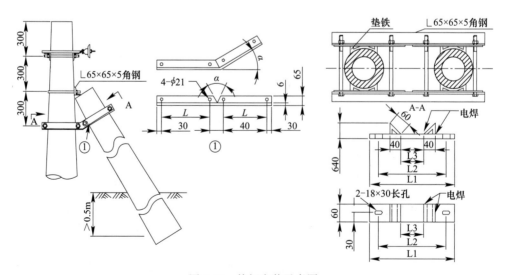

图 4-19　戗杆安装示意图

注：L 及 α 由电杆直径与高度决定。

4.3 导线架设安装工程

架空线路架设导线前，应将沿线路地面障碍物清除，以免拖线时受阻或磨损导线，通常放线时按每个耐张段进行。在放线段内的电杆上挂一个可开口的放线滑轮，滑轮直径应不小于导线直径的 10 倍，铝导线必须选用铝滑轮。放线前，应选择合适位置放置放线架和线盘，线盘在放线架上要使导线从上方引出。线盘处应有专人看守，负责检查导线的质量和防止放线架倾倒。放线速度应均匀，不宜时快时慢拖拉导线。当发现导线有磨伤、断股、扭曲、金钩、断头等现象时，而又不能及时进行处理，应做显著标记，如缠绕红布条，以便导线展放停止后，根据导线的不同损伤情况进行修补处理。如绝缘导线被发现绝缘层损坏，应对破口处进行绝缘处理。

1. 导线展放应符合下列规定：

（1）导线在展放过程中应进行导线外观检查，不得有磨损、断股、扭曲、金钩等现象，如图 4-20 所示。

（2）放、紧线过程中，应将导线放在铝制或塑料滑轮的槽内，导线不得在地面、杆塔、横担、架构、瓷瓶或其他物体上拖拉。

（3）展放绝缘导线宜在干燥天气进行，气温不宜低于-10℃。

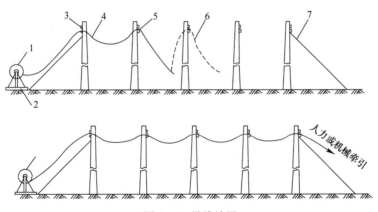

图 4-20 导线放展
1. 线盘；2. 放线架；3. 横担；4. 导线；5. 放线滑轮；6. 牵引线；7. 拉线

2. 导线损伤修补的处理

导线损伤修补的处理应符合现行国家标准《电气装置安装工程 66kV 及以下架空电力线路施工及验收规范》GB 50173 的规定，导线损伤补修处理标准和处理方法应符合表 4-6 和表 4-7 的规定。

3. 绝缘导线损伤补修处理

绝缘导线损伤补修处理应符合表 4-8 的规定。

4. 导线与接续管应采用钳压连接，并应符合下列规定：

（1）导线的连接部分及钳压管内应先用汽油清洗干净，涂上一层电力复合脂。

（2）钳压钢芯铝胶线时，应在两线之间加垫片。

导线损伤补修处理标准 表4-6

导线损伤情况		处理方法
钢芯铝绞线与钢芯铝合金绞线	铝绞线铝合金绞线	
导线在同一处的损伤同时符合下列情况时: 1. 铝、铝合金单股损伤深度小于股直径的1/2。 2. 钢芯铝绞线及钢芯铝合金绞线损伤截面面积为导电部分截面面积的5%及以下，且强度损失小于4%。 3. 单金属绞线损伤截面面积为4%及以下		不做修补，只将损伤处棱角与毛刺用0号砂纸磨光
导线在同一处损伤程度已超过不作修补的规定，但因损伤导致强度损失不超过总拉断力5%，且截面面积损伤又不超过总导电部分截面面积的7%时	导线在同一处损伤的程度已超过不作修补的规定，但因损伤导致强度损失不超过总拉断力的5%时	以缠绕或补修预绞丝修理
导线在同一处损伤的强度损失已经超过总拉断力的5%，但不足17%，且截面面积损伤也不超过导电部分截面面积的25%时	导线在同一处损伤，强度损失超过总拉断力的5%，但不足17%时	以补修管补修
1. 导线损失的强度或损伤的截面面积超过采用补修管补修的规定时。 2. 连续损伤的截面面积或损失的强度都没有超过以补修管补修的规定，但其损伤长度已超过补修管的能补修范围。 3. 复合材料的导线钢芯有断股。 4. 金钩、破股已使钢芯或内层铝股形成无法修复的永久变形		全部割去，重新以接续管连接

导线损伤补修处理方法 表4-7

补修方式	处理方法
采用缠绕处理	1. 将受伤处线股处理平整。 2. 缠绕材料应为铝单丝，缠绕应紧密，回头应绞紧，处理平整，其中心应位于损伤最严重处，并应将受伤部分全部覆盖；其长度不得小于100mm
采用预绞丝处理	1. 将受伤处线股处理平整。 2. 补修预绞丝长度不得小于3个节距，或符合现行国家标准规定。 3. 补修预绞丝应与导线接触紧密，其中心应位于损伤最严重处，并应将损伤部位全部覆盖
采用补修管处理	1. 将损伤处的线股先恢复原绞制状态。股线处理平整。 2. 补修管的中心应位于损伤最严重处。需修补的范围应位于管内各20mm。 3. 补修管可采用钳压或液压，其操作应符合第4条中有关压接的要求。 4. 补修管如图4-21所示

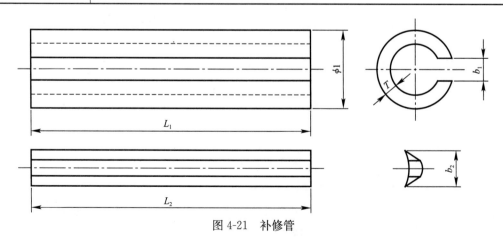

图4-21 补修管

绝缘导线损伤补修处理方法 表 4-8

绝缘导线损伤情况	处理方法
在同一截面内，损伤面积超过线芯导电部分截面的 17%，或钢芯断一股	锯断重接
1. 绝缘导线截面损伤不超过导电部分截面的 17%，可敷线修补，敷线长度应超过损伤部分，每端缠绕长度超过损伤部分不小于 100mm。 2. 若截面损伤在导电部分截面的 6% 以内，损伤深度在单股线直径 1/3 之内，应用同金属的单股线在损伤部分缠绕，缠绕长度应超出损伤部分两端各 30mm	敷线修补
1. 绝缘层损伤深度在绝缘层厚度的 10% 及以上时应进行绝缘修补。可用绝缘自粘带缠绕，每圈绝缘自粘带间搭压带宽的 1/2，补修后绝缘自粘带的厚度应大于绝缘层损伤深度，且不少于两层；也可用绝缘护罩将绝缘层损伤部位罩好，并将开口部位用绝缘自粘带缠绕封住。 2. 一个档距内，单根绝缘线绝缘层的损伤补修不宜超过 3 处	绝缘自粘带缠绕

（3）钳压时铝绞线应从接续管的一端开始，上下交错地压向另一端；钢芯铝绞线应从管的中间开始，依次上下交错地压向另一端。压口位置、操作顺序如图 4-22 所示。

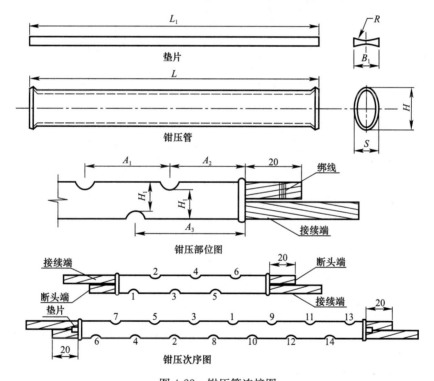

图 4-22 钳压管连接图

A_1. 同侧压口与压扣之间的距离；A_2. 钳压管端部至其最近的压口中心的距离；A_3. 在与所在侧相反的一侧，钳压管端部至其最近的压口中心的距离；1、2、3……表示压接操作顺序

（4）钳压压口数及压后尺寸应符合表 4-9 的规定。
（5）钳压后导线端头露出长度，应不小于 20mm。
（6）压接后接续管两端出口处、合缝处及外露部分应涂刷电力复合脂。

5. 架空线的连接
不同金属、不同规格、不同绞向的导线严禁在档距内连接。

钳压压口数及压后尺寸　　　　　　　　　　　　　表 4-9

导线型号及规格			铝制钳压管垫片型号及规格（mm）												钳压部位及尺寸 H_1（mm）	钳压次数	钳压模型号
型号	截面面积（mm²）	外径	型号	钳压管				垫片			A_1	A_2	A_3				
				B	H	L	S	B_1	L_1	R							
铝绞线	16	5.13	QL-16	1.7	12.0	110	6.0	—	—	—	28	20	34	10.5	6	QML-16
	25	6.39	QL-25	1.7	14.0	120	7.2	—	—	—	32	20	36	12.5	6	QML-25
	35	7.5	QL-35	1.7	17.0	140	8.5	—	—	—	36	25	43	14.0	6	QML-35
	50	9.0	QL-50	1.7	20.0	190	10.0	—	—	—	40	25	45	16.5	8	QML-50
	70	10.8	QL-70	1.7	23.2	210	11.6	—	—	—	44	28	50	19.5	8	QML-70
	95	12.5	QL-95	1.7	26.8	280	13.4	—	—	—	49	32	56	23.0	10	QML-95
	120	14.3	QL-120	2.0	30.0	300	15.0	—	—	—	52	33	59	26.0	10	QML-120
	150	15.8	QL-150	2.0	34.0	320	17.0	—	—	—	56	34	62	30.0	10	QML-150
	185	17.5	QL-185	2.0	38.0	340	19.0	—	—	—	60	35	65	33.5	10	QML-185
钢芯铝绞线	16	5.55	QLC-16	1.7	14	210	6	5	220	5	28	14	28	12.5	12	—
	25	6.90	QLC-25	1.7	16	270	7.5	6.5	280	6.5	32	15	31	14.5	14	—
	35	8.16	QLC-35	2.1	19	340	8.0	8.0	350	8.0	34	42.5	93.5	17.5	14	QMG-35
	50	9.6	QLC-50	2.3	22	420	10.5	9.5	430	9.5	38	48.5	105.5	20.5	16	QMG-50
	70	11.4	QLC-70	2.6	26	500	12.5	11.5	510	11.5	46	54.5	123.5	25.0	16	QMG-70
	95	13.6	QLC-95	2.6	31	690	15.0	14.0	700	14.0	54	61.5	142.5	29.0	20	QMG-95
	120	15.1	QLC-120	3.1	35	910	17.0	15.5	920	15.5	61	67.5	160.5	33.0	24	QMG-120
	150	17.1	QLC-150	3.1	39	910	19.0	17.5	950	17.5	64	70	166	36.0	24	QMG-150
	185	18.9	QLC-185	3.4	43	1040	21.0	19.5	1000	18.0	66	74.5	173.5	39.0	26	QMG-185

6. 架空线路展放、绑扎固定

（1）架空线宜采用绝缘线，展放时不应损伤导线的绝缘层和出现弯扭等现象，接头应符合有关规定，对破口处应进行绝缘处理。

（2）架空线路在同一档内导线的接头不得超过一个，导线接头距横担绝缘子、瓷横担等固定点不得小于 500mm。

（3）架空线路导线间的最小水平距离应符合表 4-10 的规定，靠近电杆的两条导线间的水平距离不得小于 500mm。

架空线路导线间的最小水平距离（mm）　　　　　　　表 4-10

电压	档距（m）	40 以下	50	60	70	80	90	100
高压	裸导线	600	650	700	750	850	900	1000
	绝缘线	500	500	500	—	—	—	—
低压		300	400	450	500	—	—	—

（4）导线固定应符合下列规定：

1）对直线转角杆，当使用针式绝缘子时，导线应固定在绝缘子转角外侧的颈槽内；当使用瓷横担绝缘子时，导线应固定在第一裙内。针式绝缘子绑扎图如图4-23所示。

2）绑扎应选用与导线同材质的、直径不小于2.0mm的单股导线作为绑线。绑扎应紧密、平整。

3）裸铝导线在绝缘子或线夹上应紧密缠绕铝包带，缠绕长度应超出接触部位30mm。铝包带的缠绕方向应与外层线股的绞制方向一致。缠绕铝包带示意图如图4-24所示。

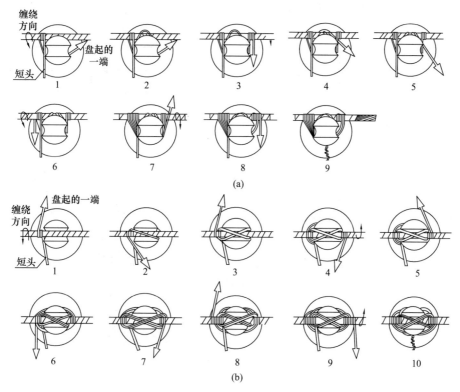

图4-23　针式绝缘子绑扎图

（a）针式绝缘子颈扎法操作程式图；（b）针式绝缘子顶扎法操作程式图

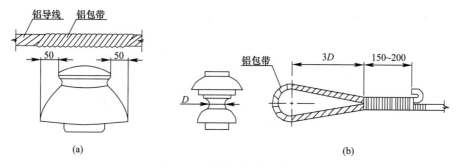

图4-24　缠绕铝包带示意图

（a）针式绝缘子顶扎法方式；（b）蝶式绝缘子耐张扎法方式

（5）导线在针式绝缘子上固定应符合下列规定：

1）直线杆：导线应固定在绝缘子的顶槽内。低压裸导线可固定在绝缘子靠近电杆侧的颈槽内。

2）直线跨线杆：导线应双固定。

3）直线转角杆：导线应固定在绝缘子转角外侧的颈槽内。

4）固定低压导线可按十字形绑扎，固定高压导线应绑扎双十字。

（6）导线在蝶式绝缘子上固定应符合下列规定：

1）导线套在绝缘子上的套长，以不解套即可摘掉绝缘子为宜。

2）绑扎长度应符合表 4-11 的规定。

导线在蝶式绝缘子上的绑扎长度 表 4-11

导线截面面积（mm²）	绑扎长度（mm）
JL-50、JL/G-50 及以下	≥150
JL-70 JL/G-70	≥200
低压绝缘线 50mm² 及以下	≥150

7. 架空线路的引流线绑扎

架空线路的引流线或跨接线之间、引流线与主干线之间的连接应符合下列规定：

（1）不同金属导线的连接应有可靠的过渡金具。

（2）同金属导线，当采用绑扎连接时，引流线绑扎长度应符合表 4-12 的规定。

（3）绑扎连接应接触紧密、均匀、无硬弯，引流线应呈均匀弧度。

（4）当不同截面导线连接时，其绑扎长度应以小截面导线为准。

架空线断连与 T 接用并沟线夹示意图如图 4-25 所示。

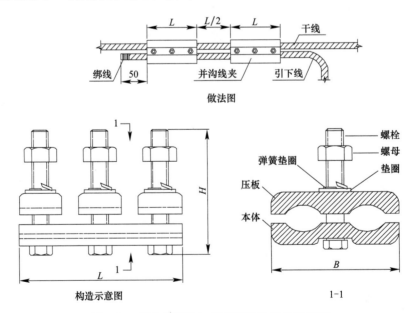

图 4-25 架空线断连与 T 接用并沟线夹示意图

（5）引流线对相邻导线及对地（电杆、拉线、横担）的净空距离不得小于表 4-13 的
规定。

引流线绑扎长度　　　　　　　　　　　　　　　　表 4-12

导线截面面积（mm²）	绑扎长度（mm）
35 及以下	≥150
50	≥200
70	≥250

引流线对相邻导线及对地的最小距离　　　　　　　表 4-13

线路电压等级		引流线对相邻导线（mm）	引流线对地（mm）
高压	裸导线	300	200
	绝缘线	200	200
低压	裸导线	150	100
	绝缘线	100	50

8. 导线紧线应符合下列规定：

（1）导线弧垂应符合设计规定，允许误差为±5%。当设计无规定时，可根据档距、导线材质、导线截面和环境温度查阅弧垂表确定弧垂值。

（2）架设新导线宜对导线的塑性伸长采用减小弧垂法进行补偿，弧垂减小的百分数为：铝绞线 20%，钢芯铝绞线为 12%，铜绞线为 7%～8%。

（3）导线紧好后，同档内各相导线的弧垂应一致，水平排列的导线弧垂相差不得大于 50mm，用等长法测定导线弧垂如图 4-26 所示。

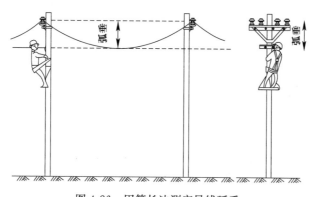

图 4-26　用等长法测定导线弧垂

9. 架空线与各种线路、树木和建筑物等之间最小距离

（1）沿墙架设的低压线路，当采用绝缘线时，除应符合设计要求外，尚应符合下列规定：

1）支持物牢固可靠，破口处缠绕绝缘带。

2）设计无要求时，中性线在支架上的位置应安装在靠墙侧。

（2）路灯线路与电力线路之间，在上方导线最大弧垂时的交叉距离和水平距离不得小于表 4-14 的规定。

路灯线路与电力线路之间的最小距离（m）　　　　　表 4-14

项目	线路电压	≤1kV		10kV		35～110kV	220kV	500kV
		裸导线	绝缘线	裸导线	绝缘线			
垂直距离	高压	2.0	1.0	2.0	1.0	3.0	4.0	6.0
	低压	1.0	0.5	2.0	1.0	3.0	4.0	6.0
水平距离	高压	2.5	—	2.5	—	5.0	7.0	—
	低压							

（3）路灯线路与弱电线路交叉跨越时，必须路灯线路在上，弱电线路在下。在路灯线路有最大弧垂时，路灯高压线路与弱电线路的垂直距离不得小于 2m，路灯低压线路与弱电线路的垂直距离不得小于 1m。

（4）导线在最大弧垂和最大风偏时，对建筑物的净空距离不得小于表 4-15 的规定。

导线对建筑物的净空距离（m）　　　　　表 4-15

类别	裸导线		绝缘线	
	高压	低压	高压	低压
垂直距离	3.00	2.50	2.50	2.00
水平距离	1.50	1.00	0.75	0.20

（5）导线在最大弧垂和最大风偏时，树木的净空距离不得小于表 4 16 的规定，当不能满足时，应采取隔离保护措施。

导线对树木的最小距离（m）　　　　　表 4-16

类别		裸导线		绝缘线	
		高压	低压	高压	低压
公园、绿化区、防护林带	垂直	3.0	3.0	3.0	3.0
	水平	3.0	3.0	1.0	1.0
果林、经济林、城市灌木林		1.5	1.5	—	
城市街道绿化树木	垂直	1.5	1.0	0.8	0.2
	水平	2.0	1.0	1.0	0.5

（6）导线在最大弧垂时对地面、水面等跨越物的垂直距离不得小于表 4-17 的规定。

导线对地面、水面等跨越物的最小垂直距离（m）　　　　　表 4-17

线路经过地区	电压等级	
	高压	低压
居民区	6.5	6.0
非居民区	5.5	5.0
交通困难地区	4.5	4.0
至铁路轨顶	7.5	7.5

续表

线路经过地区		电压等级	
		高压	低压
城市道路		7.0	6.0
至电车行车线承力索或接触线		3.0	3.0
至通航河流最高水位		6.0	6.0
至不通航河流最高水位		3.0	3.0
至索道距离		2.0	1.5
人行过街桥	裸导线	宜入地	宜入地
	绝缘线	4.0	3.0
步行可以达到的山坡、峭壁、岩石		4.5	3.0

（7）配电线路中的路灯专用架空线安装应符合下列规定：

1）可与其他架空线同杆架设，但必须是同一个配变区段的电源，且应与同杆架设的其他导线同材质。

2）架设的位置不应高于其他相同或更高电压等级的导线。

4.4 电杆、导线和金具技术参数

随着供配电技术的不断发展和进步，本节中所提供的电杆、导线和具体技术参数仅供参考，由于作者修编水平有限，书中可能存在一些缺点和错误，如提供的技术参数与国家现行标准内容存在差异，以国家现行标准内容为准。

1. 城市道路照明常用的钢筋、预应力混凝土锥形电杆开裂检验弯矩表 4-18 和表 4-19。
2. GJ 型镀锌钢绞线的技术参数见表 4-20。

钢筋混凝土锥形电杆开裂检验弯矩表（kN·m）　　　　表 4-18

杆长（m） \ 标准荷载（kN）	梢径（mm）											
	+150						+190					
	B 1.25	C 1.50	D 1.75	E 2.00	F 2.25	G 2.50	G 2.50	I 3.00	J 3.50	K 4.00	L 5.00	M 6.00
7	6.94	8.33	9.71	11.10	12.49	13.88						
8	8.06	9.68	11.29	12.90	14.51	16.13	16.13					
9		10.88	12.69	14.50	16.31	18.13	18.13	21.75	25.38	29.00	36.25	43.50
10		12.08	14.09	16.10	18.11	20.13	20.13	24.15	28.18	32.20	40.25	48.30
12								29.25	34.13	39.00	48.75	58.50
15								36.75	42.88	49.00	61.25	73.50

注：1. 数值摘自现行国家标准《环形混凝土电杆》GB/T 4623。

2. 标准检验弯矩即支撑点断面处弯矩，等于标准荷载乘以荷载点高度；

3. 破坏弯矩为标准弯矩的两倍。

预应力混凝土锥形电杆开裂检验弯矩表（kN·m） 表 4-19

标准荷载（kN） 杆长（m）	梢径（mm）										
	+150						+190				
	B 1.25	C 1.50	C1 1.65	D 1.75	E 2.00	F 2.25	G 2.50	I 3.00	J 3.50	K 4.00	L 5.00
7	6.94	8.33	9.16	9.71	11.10	12.49					
8	8.06	9.68	10.64	11.29	12.90	14.51	16.13	19.35			
9		10.88	11.96	12.69	14.50	16.31	18.13	21.75	25.38	29.00	36.25
10		12.08	13.28	14.09	16.10	18.11	20.13	24.15	28.18	32.20	40.25
12							24.38	29.25	34.13	39.00	48.75
15								36.75	42.88	49.00	

注：1. 数值摘自现行国家标准《环形混凝土电杆》GB/T 4623。
　　2. 标准检验弯矩即支撑点断面处弯矩，等于标准荷载（kN）乘以荷载点高度（m）。
　　3. 破坏弯矩为标准弯矩的两倍。

GJ 型镀锌钢绞线技术参数 表 4-20

型号	计算截面面积（mm²）	股数/股径（mm）	计算外径（mm）	计算质量（kg/km）	公称抗拉强度（MPa）			
					1270	1370	1470	1570
					钢绞线最小破断拉力（kN）			
GJ-16	17.81	7/1.80	5.4	141.0	20.81	22.45	24.09	25.72
GJ-25	26.61	7/2.20	6.6	210.00	31.10	33.55	36.00	38.45
GJ-35	37.17	7/2.60	7.8	295.00	43.43	46.85	50.27	53.69
GJ-50	48.35	19/1.80	9.0	385.00	55.26	59.62	63.97	68.32
GJ-70	72.20	19/2.20	11.0	569.00	82.58	89.00	95.58	102.09
GJ-95	94.15	37/1.80	12.6	753.00	101.60	109.60	117.60	125.60
GJ-120	116.20	37/2.00	14.0	930.00	125.40	135.30	145.20	155.10

注：1. 镀锌钢绞线钢丝镀层级别分为 3 级：特 A、A 和 B。镀层级别应在合同中注明，未注明由供方决定。
　　2. 订单示例：如需订购 GJ—70 镀锌钢绞线、其结构为 19 股，每股直径 2.20mm，计算外径为 11.0mm，抗拉强度 1370MPa，A 级镀层。

3. 拉线用预绞式耐张线夹的技术参数见表 4-21。

拉线用预绞式耐张线夹技术参数 表 4-21

型　号	钢绞线		拉线预绞丝主要参数				线夹质量（kg）
	截面面积（mm²）	外径（mm）	参考长度（mm）	线径（mm）	根数	节距数不小于	
NL-25/G	25	6.6	635	2.2	5	10	0.2
NL-35/G	35	7.8	711	2.5	5	10	0.3
NL-50/G	50	9.0	901	3.0	5	10	0.5
NL-70/G	70	11.0	1016	3.5	5	10	0.8
NL-95/G	95	12.5	1333	4.4	5	10	1.7
NL-100/G	100	13.0	1333	4.4	5	10	1.7
NL-120/G	120	14.0	1460	4.8	5	10	2.2

注：1. N—耐张线夹，L—螺旋预绞式，G—钢绞线。
　　2. 配套心形环可采用 NHK—1（N—耐张线夹，H—环，K—卡子），极限强度为 120kN。

4. 耐张线夹、钢绞线、拉线棒、拉线盘的配置见表 4-22、表 4-23。

拉线楔形耐张线夹、UT 楔形耐张线夹与钢绞线及绝缘钢绞线配置表　　　表 4-22

线夹型号		适用于钢绞线截面面积（mm²）	适用于绝缘钢绞线截面面积（mm²）
楔形线夹	NUT 线夹		
NE-1	NUT-1	GJ-25～35	
NE-2	NUT-2	GJ-50～70	YGJ-35～50
LX-3	NUT-3	GJ-95～120	YGJ-70
LX-4	NUT-4	GJ-135～150	YGJ-95

注：N—耐张线夹，E—楔形（NE 系列原为 NX 系列），LX 型为〈74〉定型产品，U—U 形，T—可调。

镀锌钢绞线、拉线棒、拉线盘配置表　　　表 4-23

钢绞线型号	镀锌钢绞线				拉线棒				拉线与水平地面夹角（°）	拉线盘规格（mm）土壤分类						拉线盘有效埋深（m）
	股数/股线直径（mm）	计算截面面积（mm²）	最大允许拉力（kN）		拉线棒规格（直径×长）（mm）	有效直径（mm）	有效截面面积（mm²）	最大允许拉力（kN）		大块碎石	粗砂	中砂	细砂	坚硬黏土	硬塑黏土	
GJ-25	7×2.2	26.61	16.775		16×2000	14	154	24.14	45	500×300						1.3
									60	500×300	600×400			500×300	600×400	
GJ-35	7×2.6	37.17	23.425		16×2000	14	154	24.14	45	500×300	600×400	800×600		500×300	800×600	1.3
									60	600×300	600×400	800×600		600×400	800×600	
GJ-50	19×1.8	48.35	29.81		18×2500	16	201	31.52	45	600×400						1.6
									60	600×400	800×600	600×400			800×600	
GJ-70	19×2.2	72.20	44.50		22×3300	20	314	49.26	45	800×600						2.1
									60	800×600						
GJ-95	37×1.8	94.15	54.80		24×3300	22	380	59.58	45	800×600						2.1
									60	800×600						

注：1. 表 4-23 拉线强度安全系数、基础稳定安全系数均为≥2。
　　2. 遇有粉砂、可塑黏性、软塑黏性土，选用拉线盘应另行稳定计算。
　　3. 镀锌钢绞线最大允许拉力系指采用公称拉力强度 1370MPa 时钢绞线的最大允许拉力。

5. 常用单股镀锌铁线的技术参数见表 4-24。

常用单股镀锌铁线主要技术参数　　　表 4-24

直径（mm）	直径公差（mm）	计算截面面积（mm²）	20°时直流电阻不大于（Ω/km）	抗拉强度（N）	计算质量（kg/km）
1.6	0.05	2.011	65.95	690	15.69
2.0	0.06	3.142	42.21	1078	24.51
2.6	0.06	5.309	24.98	1820	41.41
3.2	0.08	8.042	16.49	2759	62.73
4.0	0.10	12.57	10.55	4312	98.05

6. 各种类型中把拉线的规格见表 4-25。

各种类型中把拉线的规格表　　　　　　　　表 4-25

每层横担导线数量	二　　线				四　　线				五　　线			
受拉侧横担条数	一	二	三	四	一	二	三	四	一	二	三	四
适应拉线类型	普通型		Y 形		普通型		Y 形		普通型		Y 形	
架空导线截面面积（mm²）	采用直径为 4mm 镀锌铁线合成时的中股数											
16～25	3	3	3	3	3	5	3	3	5	7	5	5
35	3	3	3	3	5	5	5	5	5	7	5	5
50～70	5	7	5	5	5	7	5	7	7	9	7	9
90～120	7	9	7	7	7	9	7	9	9	11	9	11
架空导线截面面积（mm²）	采用钢绞线时中把的拉线截面面积（mm²）											
16～25	GJ-25		GJ-25×2		GJ-25		GJ-25×2		GJ-35		GJ-35×2	
35	GJ-25		GJ-25×2		GJ-35		GJ-35×2		GJ-35		GJ-35×2	
50～70	GJ-35		GJ-35×2		GJ-35		GJ-35×2		GK-35		GJ-35×2	
90～120	GJ-35		GJ-35×2		GJ-50		GJ-50×2		GJ-50		GJ-50×2	

注：1. 表 4-25 中拉线均是中把规格股数，是指 ϕ4mm 镀锌铁线的合成股数。GJ 为钢绞线。
　　2. 拉线的底把可用圆钢拉线棍，如选用 ϕ4mm 镀锌铁线时，底把股数应为中把股数加两股（例如三股拉线，则底把应为 3 股＋2 股＝5 股）。选用 Y 形共用一底把，则底把拉线合成股数之外再加一股（即 Y5 股时为 10 股＋1 股＝11 股）。
　　3. 当受拉侧的横担上所架设导线截面及导线条数不一致时，应按其中最大的作为选用标准。
　　4. 拉线应在上把与中把之间加装拉线绝缘子。混凝土电杆的拉线可不加绝缘子，但穿越导线的拉线，应在带电导线上、下方各装一个拉线绝缘子。

7. 各种形式绝缘子的技术参数见表 4-26～表 4-31。

高压针式绝缘子技术参数　　　　　　　　表 4-26

产品型号	额定电压（kV）	爬电距离不小于（mm）	工频耐压不小于（kV）			50％全波冲击闪络电压不小于（kV）	瓷件弯曲破坏负荷（kN）	铁脚抗弯强度（kN）
			干闪	湿闪	击穿			
P-6	6	150	50	28	65	70	13.7	1.6
P-10	10	185	60	32	78	80	13.7	1.6
P-15	15	280	75	45	98	118	13.7	2.5

注：铁脚抗弯强度指铁脚受力时，中心轴线偏移 5°时的荷载值。

低压针式瓷绝缘子技术参数　　　　　　　　表 4-27

型号	机械破坏负荷不小于（kN）	工频耐压不小于（1min/kV）	
		干闪	湿闪
PD-1T	8	35	15
PD-2T	5	30	12

注：PD—低压针式瓷绝缘子，T—铁担直脚。根据用户要求瓷件顶部线槽亦可制成十字槽。

悬式绝缘子技术参数　　　　　　　　表 4-28

产品型号		爬电距离 不小于（mm）	工频耐压不小于（kV）			50%全波冲击闪络 电压不小于（kV）	机电试验负荷不小于（kN）	
			干闪	湿闪	击穿		1h	破坏值
老系列产品	X-3	225	60	30	90	—	30	40
	X-4.5	300	75	45	110	120	45	60
	X-7	320	80	50	120	130	70	95
	X-3C	220	60	30	90	100	30	40
	X-4.5C	270	75	45	110	120	45	60
新系列产品	XP-60	290	75	45	110	120	45	60
	XP-70	300	75	45	110	120	52	70
	XP-100	300	75	45	110	120	75	100
	XP-160	310	75	45	110	120	120	160
	XP-40C	200	60	30	90	100	30	40
	XP-60C	290	75	45	110	120	45	60
	XP-70C	300	75	45	110	120	52	70

注：1. 老系列产品：X—悬式绝缘子，破折号后数字表示 1h 机电试验负荷（t），即先在绝缘子轴线方向施加拉力
至规定值，然后加 75%～80% 的额定工频电压，时间为 1h，在此机电负荷条件下不应损坏、击穿。
　　2. 新系列产品：C—槽形连接（球型连接不表示）。XP—悬式绝缘子，破折号后数字表示机电破坏负荷
（kN），即将电压和拉力同时施加在绝缘子上，电压约为 75%～80% 的额定工频电压，加大拉力直到损坏
或者击穿为止，发生击穿或损坏时的拉力不应低于规定值。

高压蝴蝶式瓷绝缘子技术参数　　　　　　表 4-29

产品型号		额定电压 （kV）	爬电距离不小于 （mm）	工频耐压不小于（kV）			抗弯破坏负荷 （kN）	质量 （kg）
				干闪	湿闪	击穿		
新产品	E-1	10	—	45	27	78	20	3.3
	E-2	6	—	38	23	65	20	2.0
老产品	E-6	6	135	50	28	65	19.6	2.0
	E-10	10	190	60	35	78	19.6	3.5

注：E—蝴蝶式瓷绝缘子，—后数字：老产品表示电压，新产品表示外形尺寸序号。

低压蝴蝶式瓷绝缘子技术参数　　　　　　表 4-30

型号	机械破坏负荷不小于 （kN）	工频耐压不小于（1min/kV）	
		干闪	湿闪
ED-1	12	22	10
ED-2	10	18	9
ED-3	8	16	7
ED-4	5	14	6

注：ED—低压蝴蝶式瓷绝缘子。

8. 螺栓型铝合金耐张线夹的技术参数见表 4-31。

拉线瓷绝缘子技术参数 表 4-31

型号	工频耐压不小（1min/kV）		机械破坏负荷（kN）	质量（kg）
	干闪络	湿闪络		
J-20	6	2.8	20	0.2
J-45	20	10	45	1.1
J-54	25	12	54	—
J-70	—	15	70	—
J-90	30	20	90	2.0
J-160	—	—	160	

注：J—拉紧瓷绝缘子；横线后的数字表示机械破坏负荷值（kN）。

螺栓型铝合金耐张线夹技术参数表 表 4-32

型号	适用 10kV 交联聚乙烯绝缘线		适用铝绞线截面面积（mm²）	适用钢芯铝绞线截面面积（mm²）	U 形螺栓		极限强度（N）
	普通型截面面积（mm²）	轻型截面面积（mm²）			数量	规格	
HD 160			16～70	16～70	2	M12	3200
HD 190	35	35	50～120	35～120	2	M12	6800
HD 220	35～70	35～95	50～185	50～150	2	M12	6800
HD 285	35～120	35～150	95～240	70～240	2	M12	6800
HD 320	35～185	35～240			2	M12	8200
HD 415	120～240				3	M16	11400

（9）各种型号铝绞线和钢芯铝绞线的技术参数见表 4-33、表 4-34。

JL 型铝绞线技术参数 表 4-33

标称截面面积（铝）	计算面积（mm²）	单线根数	直径		单位长度质量（kg/km）	额定拉断力（kN）	20℃直流电阻（Ω/km）
			单线（mm）	绞线（mm）			
16	16.1	7	1.71	5.13	44.0	3.05	1.7812
25	24.9	7	2.13	6.39	68.3	4.49	1.1480
35	34.4	7	2.50	7.50	94.1	6.01	0.8333
50	49.5	7	3.00	9.00	135.5	8.41	0.5787
70	71.3	7	3.60	10.8	195.1	11.40	0.4019
95	95.1	7	4.16	12.5	260.5	15.22	0.3010
120	121	19	2.85	14.3	333.5	20.61	0.2374
150	148	19	3.15	15.8	407.4	24.43	0.1943
185	183	19	3.50	17.5	503.0	30.16	0.1574
240	239	19	4.00	20.0	657.0	38.20	0.1205

表 4-34

JL、JL1、JL2、JL3 系列钢芯铝绞线技术参数

标称面积 铝/钢 (mm²)	钢比 (%)	计算面积 (mm²)			单线根数		单线直径 (mm)		直径 (mm)		单位长度质量 (kg/km)	额定拉断力 (kN)						20℃直流电阻 (Ω/km)			
		铝	钢	总和	铝	钢	铝	钢	钢芯	绞线		JL、JL1			JL2、JL3			L	L1	L2	L3
												G1A	G2A	G3A	G1A	G2A	G3A				
16/3	16.7	16.1	2.69	18.8	6	1	1.85	1.85	1.85	5.55	65.2	6.13	6.51	6.88	5.89	6.26	6.64	1.7791	1.7646	1.7504	1.7364
25/4	16.7	24.9	4.15	29.1	6	1	2.30	2.30	2.30	6.90	100.7	9.10	9.68	10.22	8.97	9.56	10.10	1.1510	1.1417	1.1325	1.1234
35/6	16.7	34.9	5.81	40.7	6	1	2.72	2.72	2.72	8.16	140.9	12.55	13.36	14.12	12.55	13.36	14.12	0.8230	0.8163	0.8097	0.8033
50/8	16.7	48.3	8.04	56.3	6	1	3.20	3.20	3.20	9.60	195.0	16.81	17.93	19.06	16.81	17.93	19.06	0.5946	0.5898	0.5850	0.5804
70/10	16.7	68.0	11.3	79.3	6	1	3.80	3.80	3.80	11.4	275.0	23.36	24.16	26.08	23.36	24.16	26.08	0.4217	0.4182	0.4149	0.4116
95/15	16.2	94.4	15.3	110	26	7	2.15	1.67	5.01	13.6	380.5	34.93	37.08	39.22	33.99	36.13	38.28	0.3059	0.3034	0.3010	0.2986
120/20	16.3	116	18.8	134	26	7	2.38	1.85	5.55	15.1	466.4	42.26	44.89	47.53	41.68	44.31	46.95	0.2496	0.2476	0.2456	0.2436
150/25	16.3	149	24.2	173	26	7	2.70	2.10	6.30	17.1	600.5	53.67	57.07	60.46	53.67	57.07	60.46	0.1940	0.1924	0.1908	0.1893
185/25	13.0	187	24.2	211	24	7	3.15	2.10	6.30	18.9	705.5	59.23	62.62	66.02	59.23	62.62	66.02	0.1543	0.1530	0.1518	0.1506
240/30	13.0	244	31.7	276	24	7	3.60	2.40	7.20	21.6	921.5	75.19	79.62	83.74	75.19	79.62	83.74	0.1181	0.1171	0.1162	0.1153

注：导线型号第一个字母均用 J，表示同心绞合。单一导线在 J 后面为组成导线的单线代号。组合导线在 J 后面为外层线（或外包线）和内层线（或线芯）的代号，两者用"/"分开。

（10）TJ 型铜绞线的技术参数见表 4-35。

TJ 型铜绞线技术参数　　　　　　　　　　　　　表 4-35

导线型号	计算面积 （mm²）	股数/股径 （mm）	导线外径 （m）	直流电阻 不大于 （20℃） （Ω/km）	计算拉断力 （N）	计算质量 （kg/km）	长期允许电流 （A）
TJ-16	15.89	7/1.70	5.10	1.140	5747	143	130
TJ-25	24.71	7/2.12	6.36	0.733	8728	222	180
TJ-35	34.36	7/2.50	7.50	0.527	12131	309	220
TJ-50	49.48	7/3.00	9.00	0.366	17466	445	270
TJ-70	67.07	19/2.12	10.60	0.273	23683	609	340
TJ-95	93.27	19/2.50	12.50	0.196	32931	847	415
TJ-120	116.99	19/2.80	14.00	0.156	41306	1062	485
TJ-150	148.07	19/3.15	15.75	0.123	50965	1344	570
TJ-185	182.62	37/2.50	17.50	0.101	64126	1650	645
TJ-240	236.01	37/2.85	19.95	0.078	83327	2145	770

注：长期允许电流为环境温度为 25℃，导线温度 70℃时的数值。

（11）低压架空绝缘线的技术参数见表 4-36。

低压架空绝缘线技术参数　　　　　　　　　　　表 4-36

导线标称 面积 （mm²）	导体中最少 单线根数	导体外径 （参考值） （mm）	绝缘标称 厚度 （mm）	绝缘线外径 上限 （mm）	20℃时最大导体电阻 （Ω/km）		单芯电缆拉断力（N）	
					硬铜芯	铝芯	铜芯	铝芯
16	6	4.8	1.2	8.0	1.198	1.910	5486	2517
25	6	6.0	1.2	9.4	0.749	1.200	8465	3762
35	6	7.0	1.4	11.0	0.540	0.868	11731	5177
50	6	8.4	1.4	12.3	0.399	0.641	16502	7011
70	12	10.0	1.4	14.1	0.276	0.443	23461	10354
95	15	11.6	1.6	16.5	0.199	0.320	31759	13727
120	18	13.0	1.6	18.1	0.158	0.253	39911	17339
150	18	14.8	1.8	20.2	0.128	0.206	49505	21033
185	30	16.2	2.0	22.5	0.1021	0.164	61846	26732
240	34	18.4	2.2	25.6	0.0777	0.125	79823	34679

第5章 低压电缆线路敷设工程

5.1 一般规定

本章电缆线路的安装敷设是以质量标准和主要施工工艺为主要内容，施工中的安全技术措施应符合国家现行安全施工规范的要求，并事先制定有针对性的安全技术措施，两者对于专业性的施工都不可能面面俱到，规定得非常齐全。同时，由于电缆生产工艺技术的发展，新施工工艺及施工方法不断被采用，施工环境也不相同。因此，要求除应遵守现行规程《城市道路照明工程施工及验收规程》CJJ 89 及现行的各种安全技术规程的规定外，对实际施工过程中的施工工序、施工方法，还应制定出切实可行的安全技术措施。

5.1.1 电缆展放敷设

（1）电缆敷设的最小弯曲半径应符合表 5-1 的规定。

电缆敷设的最小弯曲半径 表 5-1

电缆形式		多芯	单芯
控制电缆	非铠装型、屏蔽型软电缆	6D	—
	铠装型、铜屏蔽型	12D	
	其他	10D	
橡皮绝缘电力电缆	无铅包、钢铠护套	10D	
	裸铅包护套	15D	
	钢铠护套	20D	
塑料绝缘电力电缆	无铠装	15D	20D
	有铠装	12D	15D
自容式充油（铅包）电缆		—	20D
0.6/1kV 铝合金导体电力电缆		7D	

注：1. 表中 D 为电缆外径；
　　2. 本表中"0.6/1kV 铝合金导体电力电缆"弯曲半径值适用于无铠装或联锁铠装电缆。

（2）电缆直埋或在保护管中不得有接头。

（3）电缆敷设时，应从盘的上端引出电缆，不应使电缆在支架上及地面摩擦拖拉。电缆外观应无损伤、绝缘良好，不得有铠装压扁、电缆绞拧、护层折裂等机械损伤。电缆在敷设前应进行绝缘电阻测量，阻值应符合现行国家标准《电气装置安装工程　电气设备交接试验标准》GB 50150 的要求。

（4）电缆敷设和电缆接头预留量宜符合下列规定：

1）电缆的敷设长度宜为电缆路径长度的 110%。

2）当电缆在灯杆内对接时，每座灯杆两侧的电缆预留量宜各不小于 2m。当路灯引上线与电缆 T 接时，每座灯杆电缆的预留量宜不小于 1.5m。

（5）三相四线制应采用四芯电力电缆，不应采用三芯电缆另加一根单芯电缆，不应以金属护套作为中性线。三相五线制应采用五芯电力电缆线，PE 线截面面积应符合表 5-2 的规定。

PE 线截面面积（mm²）　　　　　　　　　　　　　　　表 5-2

相线截面面积（S）	PE 线截面面积
$S \leqslant 10$	S
$16 \leqslant S \leqslant 35$	16
$S \geqslant 50$	$S/2$

（6）直埋电缆在直线段每隔 50～100m 处、电缆接头处、转弯处、进入建筑物等处，应设置明显的方位标志或标桩，如图 5-1～图 5-6 所示。

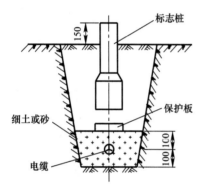

图 5-1　电缆标志桩安装图

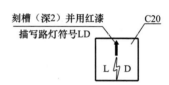

图 5-2　人行道电缆标志板图

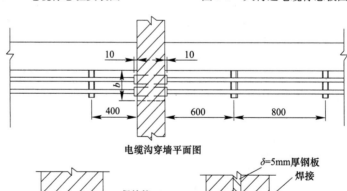

电缆沟穿墙平面图

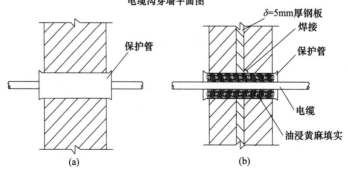

图 5-3　电缆沟穿墙做法示意图
（a）地面以上穿越墙体；（b）地下部分穿越墙体

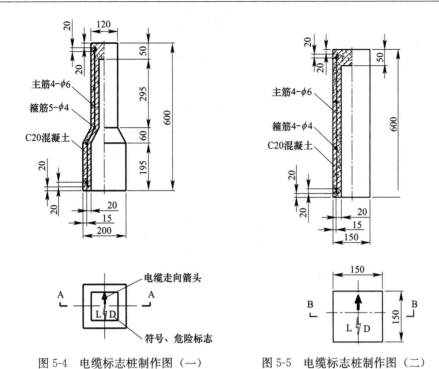

图 5-4　电缆标志桩制作图（一）　　　图 5-5　电缆标志桩制作图（二）

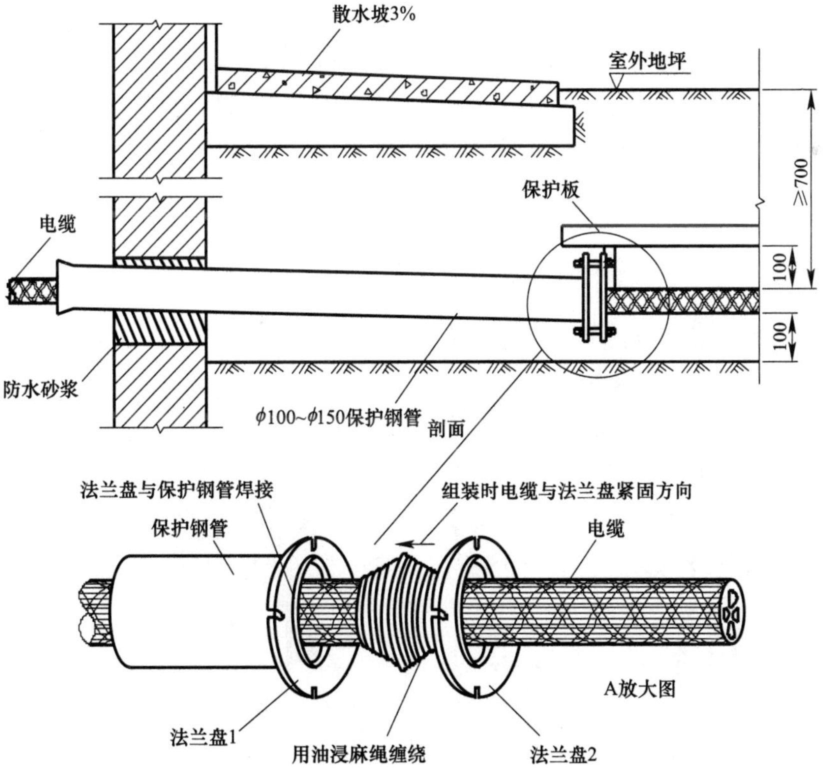

图 5-6　直埋密封式电缆穿墙保护管做法图

（7）电缆埋设深度应符合下列规定：

1）绿地、车行道下不应小于 0.7m。

2）人行道下不应小于 0.5m。

3）在冻土地区，应敷设在冻土层以下。

4）在不能满足上述要求的地段应按设计要求敷设。

5）电缆埋设深度示意图如图 5-7 所示。

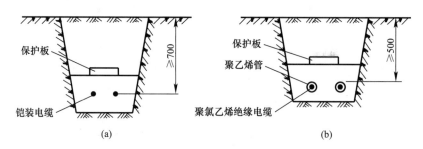

图 5-7 电缆埋设深度示意图

(a) 绿地及车行道下直埋电缆敷设图；(b) 人行道下电缆敷设图

（8）机械敷设电缆时，电力电缆最大允许牵引强度：铜芯电缆不宜大于 70N/mm²；铝芯电缆不宜大于 40N/mm²；严禁用汽车牵引。

5.1.2 电缆接头和终端头制作

电缆接头和终端头制作时应保持清洁和干燥。制作前应将线芯及绝缘表面擦拭干净，塑料电缆宜采用自粘带、粘胶带、胶粘剂、收缩管等材料密封，塑料护套表面应打毛，粘接面应用溶剂除去油污，粘接应良好。塑料电缆终端头做法图及安装图如图 5-8、图 5-9 所示。

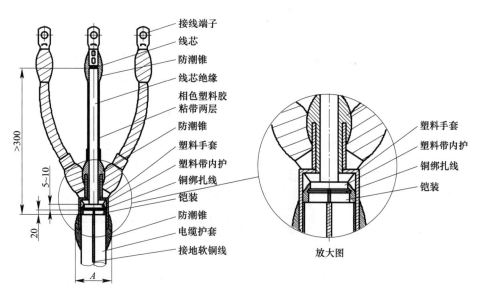

图 5-8 塑料电缆终端头做法图

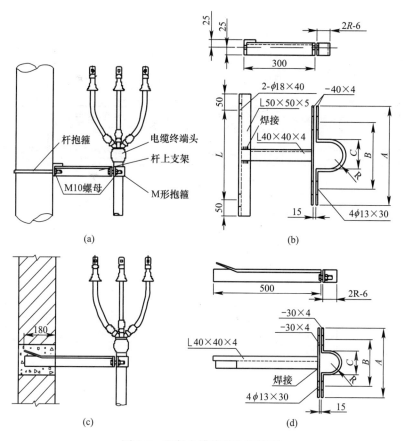

图 5-9　塑料电缆终端头安装图

（a）杆上安装；（b）杆上支架；（c）墙上安装；（d）墙上支架

（1）制作电缆终端与接头，从剥切电缆开始应连续操作直至完成，缩短绝缘层暴露时间。剥切电缆时不应损伤线芯和要保留的绝缘层。

（2）户内终端头一般可不套塑料手套。防潮锥用塑料胶粘带缠包。

（3）图 5-8 中 A 为电缆手套外径加 8mm，手套指部及端部防潮锥外径为指部外径加 8mm。

（4）铠装电力电缆中间接头、终端头接地线应采用软铜绞线或镀锡扁织线与电缆屏蔽层连接，接地线规格应符合本书第 6.3 节接地装置的要求。

（5）电缆芯线的连接宜采用压接方式，压接面应满足电气和机构强度要求。塑料盒式电缆接头如图 5-10 和表 5-3 所示。

（6）电缆中间头连接如图 5-11 所示，电缆接头安装如图 5-12 所示。

5.1.3　电缆标志牌的装设应符合下列规定

（1）在电缆终端、分支处、工作井内有两条及以上的电缆，应设标志牌。

（2）标志牌上应注明电缆编号、型号规格、起止地点。标志牌字迹清晰，不易脱落。

（3）标志牌规格宜统一，材质防腐、经久耐用、挂装应牢固。

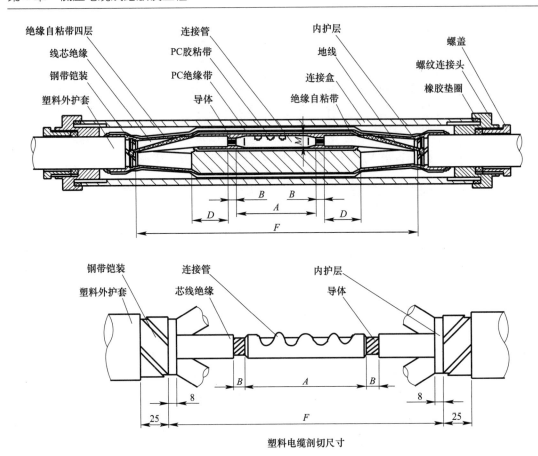

图 5-10　塑料盒式电缆接头

0.6/1kV 塑料盒式电缆接头结构尺寸　　　　表 5-3

导体标称截面面积（mm²）	结构尺寸（mm）						塑料盒型号
	A		B	D	F	M	
	铝	铜					
16	65	56	5	40	320	M 为连接管外径加 6mm	0.6/1.0kV LSV-1
25	70	60					
35	75	64					
50	80	72					
70	90	78	10		350		0.6/1.0kV LSV-2
95	95	82					
120	100	90					

5.1.4　电缆保护管及支架应符合下列规定

（1）电缆从地下或电缆沟引出地面时应加保护管。保护管的长度不得小于 2.5m，沿墙敷设时采用抱箍固定，固定点不得少于 2 处。电缆上杆应加固定支架，间距不得大于 2m，所有支架和金属部件应热镀锌处理。护管做法如图 5-13、图 5-14 所示。

（2）电缆金属保护管和桥架、架空电缆钢绞线等金属管线应有良好的接地保护，系统接地电阻不得大于 4Ω。

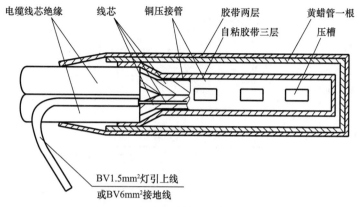

图 5-11 电缆中间头连接（其中一相）示意图

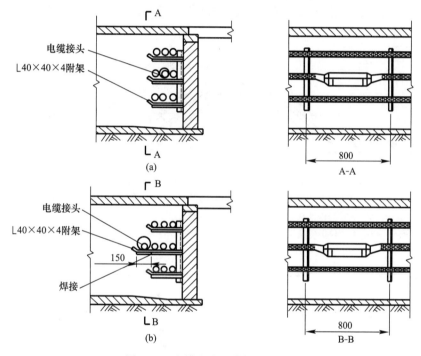

图 5-12 电缆沟内电缆接头安装图

（a）电缆接头安装（一）；（b）电缆接头安装（二）

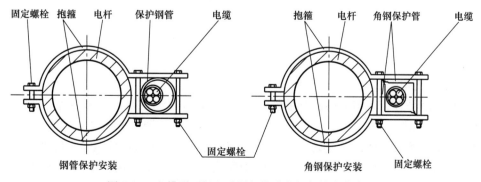

图 5-13 电缆引至杆上采用钢管或角钢保护安装方式

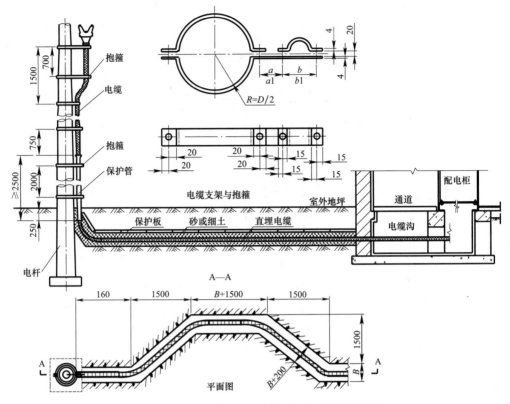

图 5-14　直埋电缆由地下引至杆上的护管做法图

注：1. 电缆的允许高差及弯曲半径应满足规程要求。电缆头按设计要求选择；

　　2. 所有的铁件都应进行热镀锌或防腐处理；

　　3. 电缆保护管及保护管抱箍的尺寸，可根据电缆外径大小按设计要求加工；

　　4. 图中 D 为电杆外径，B 为电缆沟宽度。

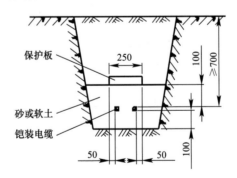

图 5-15　绿地及车行道电缆直埋敷设图

（3）电缆支架的加工应符合下列要求：

1）钢材应平直、无明显扭曲。下料偏差应在 5mm 以内，切口应无卷边、毛刺，靠通道侧应有钝化处理。

2）支架焊接应牢固，无显著变形。各横撑间的垂直净距与设计偏差不应大于 5mm。

3）金属电缆支架应进行防腐处理。位于湿热、盐雾以及有化学腐蚀地区时，应根据设计要求做特殊的防腐处理。

4）电缆支架层间允许最小距离应符合现行国家标准《电气装置安装工程 电缆线路施工及验收标准》GB 50168 的要求。

5.2 电缆敷设

5.2.1 电缆直埋敷设

（1）电缆直埋敷设时，沿电缆全长上下应铺厚度不小于 100mm 的软土或细砂层，并加盖保护，其覆盖宽度应超过电缆两侧各加 50mm，保护可采用混凝土盖板或砖块。电缆沟回填土应分层夯实。电缆直埋敷设如图 5-15，电缆穿管敷设如图 5-16 所示。

（2）直埋电缆应采用铠装电力电缆。电缆保护板如图 5-17 和图 5-18 所示。

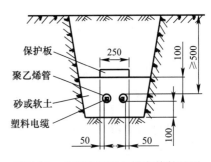

图 5-16 人行道塑料电缆穿管敷设图

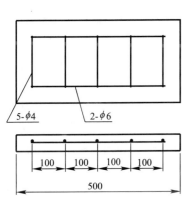

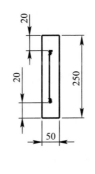

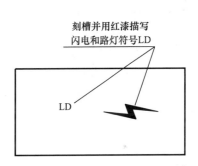

图 5-17 电缆保护板图（一）

（3）电缆直埋敷设穿越铁路、道路、道口等机动车通行的地段时，应将电缆敷设在能满足承压强度的保护管中，应留有备用管道。如图 5-19 和图 5-20 所示。

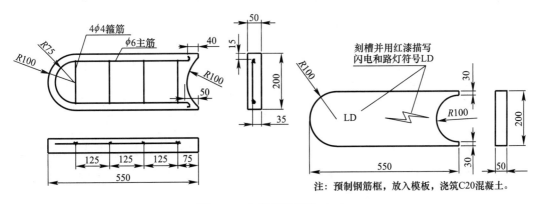

注：预制钢筋框，放入模板，浇筑C20混凝土。

图 5-18 电缆保护板图（二）

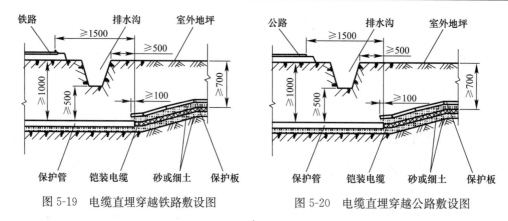

图 5-19　电缆直埋穿越铁路敷设图　　　图 5-20　电缆直埋穿越公路敷设图

（4）在含有酸、碱强腐蚀或有振动、热影响、虫鼠等危害性地段，应采取防护措施。

（5）电缆间，电缆与管道、道路、建筑物间平行和交叉时的最小净距，应符合设计要求。当设计无要求时，应符合下列规定：

1）未采取隔离或防护措施时，应符合表 5-4 规定。

2）当采取隔离或防护措施时，可按下列规定执行：

① 电力电缆间及其与控制电缆间或不同部门使用的电缆间，当电缆穿管或用隔板隔开时，平行净距可为 0.1m。

② 电力电缆间及其与控制电缆间或不同部门使用的电缆间，在交叉点前后 1m 内，当电缆穿入管中或用隔板隔开时，其交叉净距可为 0.25m。

③ 电缆与热管道（沟）、油管道（沟）、可燃气体及易燃液体管道（沟）、热力设备或其他管道（沟）间，虽净距能满足要求，但检修管路可能伤及电缆时，在交叉点前后 1m 内，尚应采取保护措施。当交叉净距离不能满足要求时，应将电缆穿入管中，其净距可为 0.25m。

④ 电缆与热管道（管沟）及热力设备平行、交叉时，应采取隔热措施，使电缆周围土壤的温升不超过 10℃。

⑤ 当直流电缆与电气化铁路路轨平行、交叉其净距不能满足要求时，应采取防电化腐蚀措施。

⑥ 直埋电缆穿越城市街道、公路、铁路，或穿过有载重车辆通过的大门，进入建筑物的墙角处，进入隧道、人井，或从地下引出到地面时，应将电缆敷设在满足强度要求的管道内，并将管口封堵好。

⑦ 当电缆穿管敷设时，与公路、街道路面、杆塔基础、建筑物基础、排水沟等的平行最小间距可按表 5-4 中的数据减半。

电缆之间，电缆与管道、道路、建筑物之间平行和交叉时的最小净距　　　表 5-4

项目		平行（m）	交叉（m）
电力电缆间及其与控制电缆间	10kV 及以下	0.10	0.50
	10kV 以上	0.25	0.50
不同使用部门的电缆间		0.50	0.50
热管道（管沟）及热力设备		2.00	0.50

续表

项目		平行（m）	交叉（m）
油管道（管沟）		1.00	0.50
可燃气体及易燃液体管道（管沟）		1.00	0.50
其他管道（管沟）		0.50	0.50
铁路轨道		3.00	1.00
电气化铁路轨道	非直流电气化铁路路轨交流	3.00	1.00
	直流电气化铁路路轨	10.0	1.00
电缆与公路边		1.00	—
城市街道路面		1.00	—
电缆与1kV以下架空线电杆		1.00	—
电缆与1kV以上架空线杆塔基础		4.00	—
建筑物基础（边线）		0.60	—
排水沟		1.00	0.50

（6）电缆直埋与铁路、公路、各种管道及不同部门电缆间平行、交叉敷设见图5-21～图5-28。

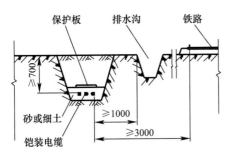
图5-21 电缆直埋与铁路平行敷设图

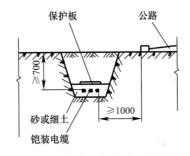
图5-22 电缆直埋与公路平行敷设图

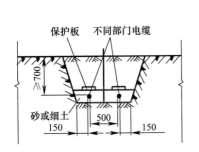
图5-23 不同部门电缆直埋平行敷设间距图

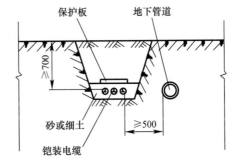
图5-24 电缆直埋与地下管道平行敷设间距

5.2.2 电缆穿管敷设

（1）电缆保护管不应有孔洞、裂缝和明显的凹凸不平，内壁应光滑无毛刺。金属电缆管应采用热镀锌管、铸铁管或热浸塑钢管，直线段保护管内径不应小于电缆外径的1.5倍，有弯曲时不应小于2倍。混凝土管、陶土管、石棉水泥管其内径不宜小于100mm，如图5-29所示。

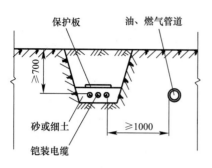

图 5-25　电缆直埋与油、燃气管道
平行敷设间距图

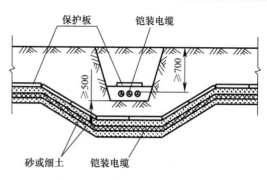

图 5-26　电缆直埋与电缆交叉敷设图

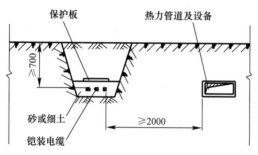

图 5-27　电缆直埋与热力管道及热力
设备平行敷设间距图

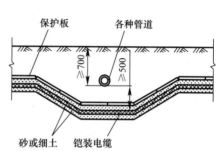

图 5-28　电缆直埋与各种管道
交叉敷设图

（2）电缆保护管的弯曲半径不应小于所穿入电缆的最小允许弯曲半径，弯制后不应有裂缝和显著的凹瘪现象，其弯扁程度不宜大于管子外径的 10%。管口应无毛刺和尖锐棱角，管口宜做成喇叭形，如图 5-30 所示。

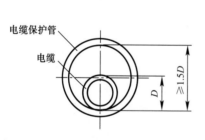

图 5-29　电缆外径与其护管的内径

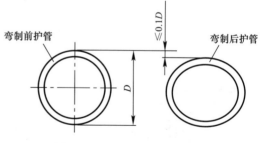

图 5-30　电缆护管的弯扁程度

（3）硬质塑料管连接采用套接或插接时，其插入深度宜为管子内径的 1.1～1.8 倍，在插接面上应涂以胶粘剂粘牢密封；采用套接时套接两端应采用密封措施。

（4）金属电缆保护管连接应牢固，密封良好；当采用套接时，套接的短套管或带螺纹的管接头长度不应小于外径的 2.2 倍，金属电缆保护管不宜直接对焊，宜采用套管焊接的方式。

（5）敷设混凝土、陶土、石棉等电缆管时，地基应坚实、平整，不应有沉降。电缆管连接时，管孔应对准，接缝应严密，不得有地下水和泥浆渗入。预制混凝土电缆管块如图 5-31 所示，敷设做法如图 5-32 和图 5-33 所示。

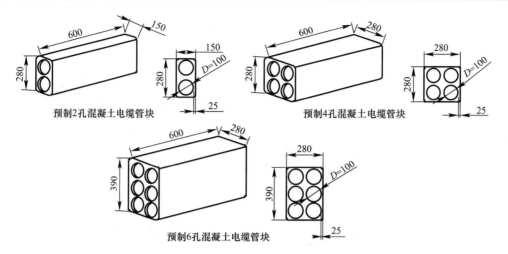

图 5-31 预制混凝土电缆管块

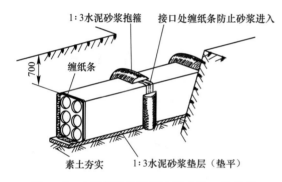

图 5-32 电缆管块敷设做法示意图（普通型）

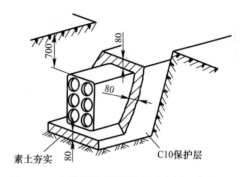

图 5-33 电缆管块敷设做法示意图（加强型）

（6）交流单芯电缆，不得单独穿入钢管内。

（7）在经常受到震动的高架路、桥梁上敷设的电缆，应采取防振措施。桥墩两端和伸缩缝处的电缆，应留有松弛部分。具体做法如图 5-34～图 5-37 所示。

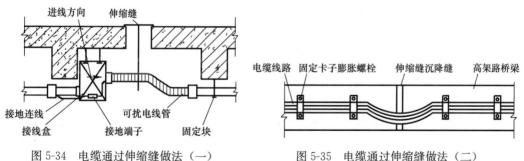

图 5-34 电缆通过伸缩缝做法（一）

图 5-35 电缆通过伸缩缝做法（二）

（8）电缆保护管在桥梁上明敷时应安装牢固，支持点间距不宜大于 3m。当电缆保护管的直线长度超过 30m 时，宜加装伸缩节。

5.2.3 电缆桥架安装

（1）当直线段钢制的电缆桥架超过 30m、铝合金的超过 15m 或跨越桥墩伸缩缝处宜采用伸缩连接板连接。

（2）电缆桥架转弯处的转弯半径，不应小于该桥架上的电缆最小允许弯曲半径。

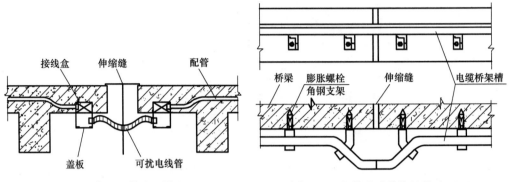

图 5-36　电缆通过伸缩缝做法（三）　　　图 5-37　电缆通过伸缩缝做法（四）

5.2.4　采用电缆架空敷设时应符合下列规定

（1）架空电缆承力钢绞线截面面积不宜小于 $35mm^2$，钢绞线两端应有良好接地和重复接地。

（2）电缆固定在承力钢绞线上应自然松弛，在每一电杆处应留一定的余量，长度不应小于 0.5m。

（3）承力钢绞线上电缆固定点的间距应小于 0.75m，对电缆固定件应进行热镀锌处理，并应加软垫保护。

5.2.5　电缆工作井

过街管道两端、直线段超过 50m 时应设工作井，灯杆处宜设置工作井，工作井应符合下列规定：

（1）工作井不宜设置在交叉路口、建筑物门口、与其他管线交叉处。

（2）工作井宜采用 M5 砂浆砖砌体，内壁粉刷应用 1∶2.5 防水水泥砂浆抹面，井壁光滑、平整。

（3）井盖应有防盗措施，并满足车行道和人行道相应的承重要求。

（4）井深不宜小于 1m，并应有渗水孔。

（5）井内壁净宽不宜小于 0.7m。

（6）电缆保护管伸出工作井壁 30～50mm，有多根电缆管时，管口应排列整齐，不应有上翘下坠现象。

电缆工作井有人孔井和手孔井两种，通用做法如图 5-38 和图 5-39 所示，手孔井、方手孔井如图 5-40～图 5-43 所示，下沉式手孔井如图 5-44～图 5-47 所示。

电缆沟及支架结构尺寸：6 条以下电缆沟断面如图 5-48 所示，电缆沟规格及支架做法如图 5-49、图 5-50 所示。

电缆在挂、支架上的安装如图 5-51～图 5-54 所示，其结构尺寸见表 5-5、表 5-6。

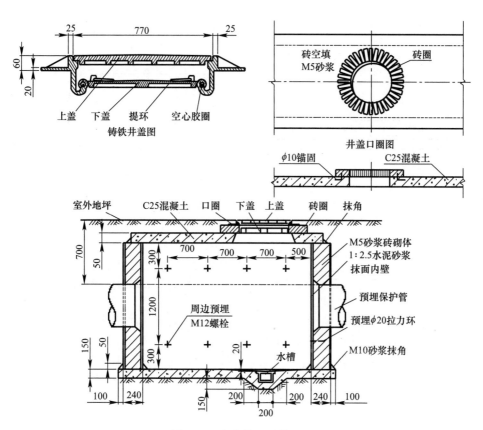

图 5-38 人孔井通用做法图

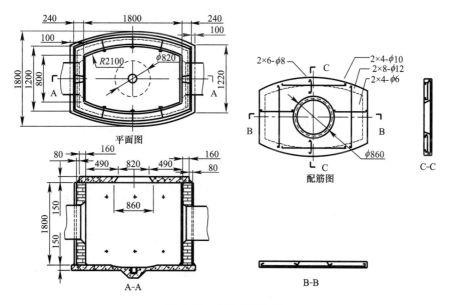

图 5-39 人孔井制作图

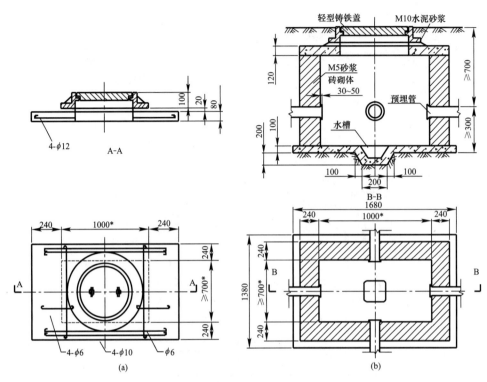

图 5-40　手孔井制作图

（a）工作井盖板配筋图；（b）电缆工作井

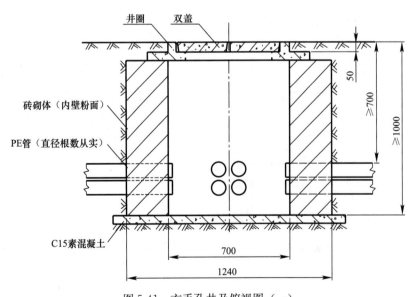

图 5-41　方手孔井及俯视图（一）

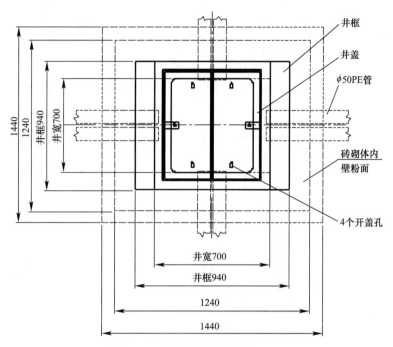

图 5-41 方手孔井及俯视图（二）

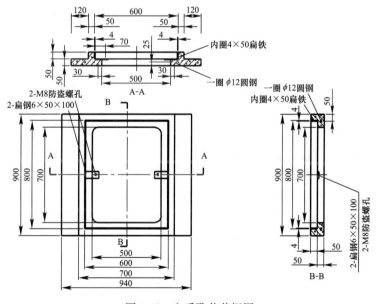

图 5-42 方手孔井井框图

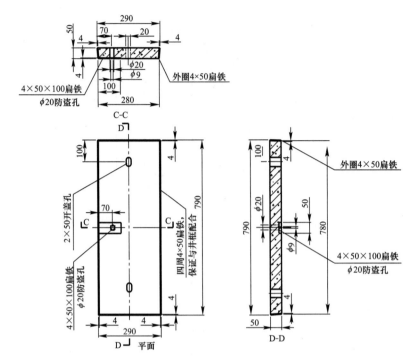

图 5-43　方手孔井井盖图

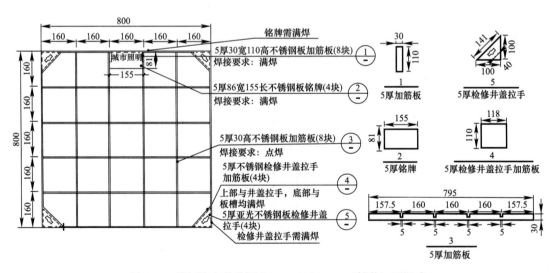

图 5-44　路灯检查井盖图 800mm×800mm（铺装）下沉式

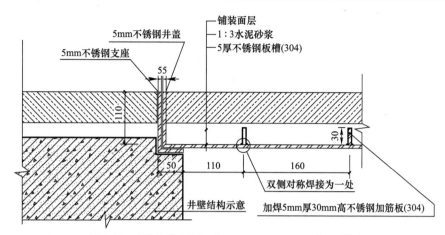

图 5-45　路灯下沉井盖（800mm×800mm）断面详图

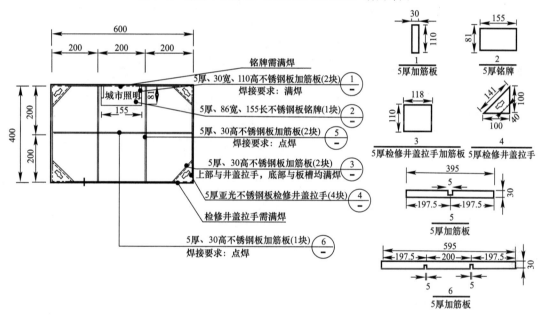

图 5-46　路灯检查井盖 400mm×600mm（铺装）下沉式详图

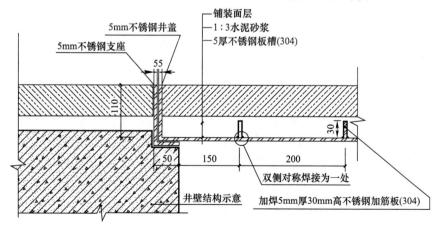

图 5-47　不锈钢下沉井盖（400mm×600mm）断面详图

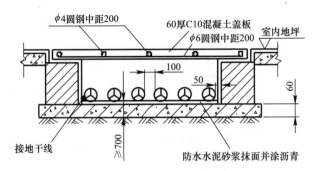

图 5-48　6 条以下电缆沟断面图

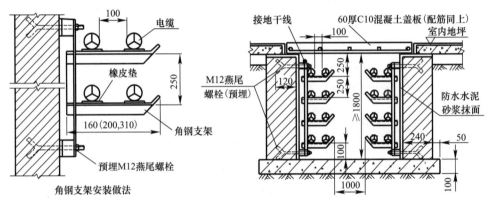

图 5-49　电缆沟规格及支架示意图

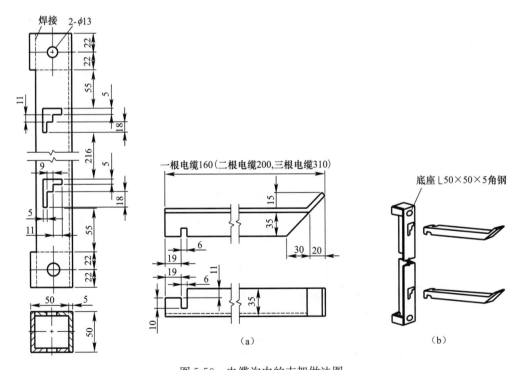

图 5-50　电缆沟内的支架做法图

（a）角钢挑架（∟35×35×5 角钢）；（b）角钢挑架组合安装示意图

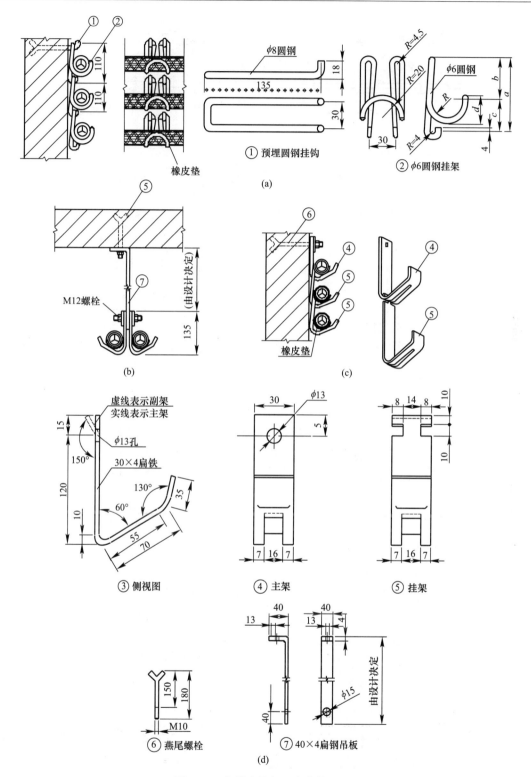

图 5-51 电缆在挂架上安装做法图

(a) 圆钢挂架沿墙安装做法图；(b) 吊挂扁钢挂架安装做法图；(c) 扁钢挂架安装做法图；(d) 主、挂架与吊板做法图

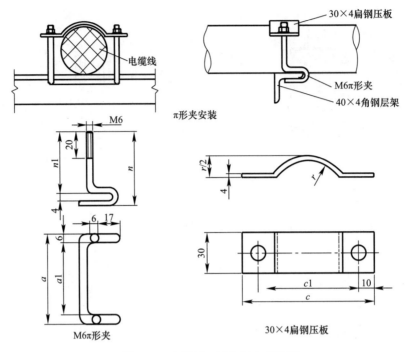

图 5-52　电缆用 π 形夹固定安装图

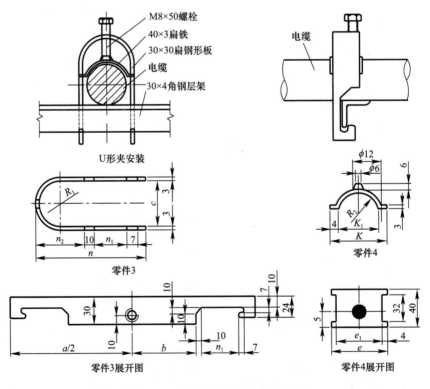

图 5-53　电缆用 U 形夹固定安装图

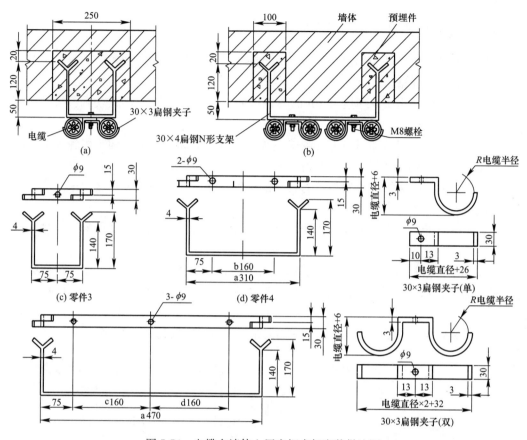

图 5-54　电缆在墙体上用扁钢支架安装做法图
（a）支架上安装（一式）；（b）支架上安装（二式）；（c）零件 3；（d）零件 4

圆钢挂架尺寸表　　　　　　　　　　　　　　　　　　表 5-5

电缆外径（mm）	圆钢挂架尺寸（mm）					
	展开长度	a	b	c	d	R
50 及以下	585	100	58	58	31	26
35 及以下	490	85	51	51	23	18
25 及以下	430	75	46	46	18	13

U 形夹具体加工图的详细尺寸　　　　　　　　　　表 5-6

电缆外径（mm）	a(mm)	b(mm)	c(mm)	n(mm)	n_1(mm)	n_2(mm)
50 及以下	282	74	52	127	40	60
40 及以下	258	62	42	120	40	53
30 及以下	238	52	32	110	40	43
20 及以下	212	39	22	100	40	33
电缆外径（mm）	R_1(mm)	e(mm)	e_1(mm)	K(mm)	K_1(mm)	R_2(mm)
50 及以下	282	72	64	58	50	25
40 及以下	258	58	50	48	40	20
30 及以下	238	46	38	38	30	15
20 及以下	212	32	24	28	20	10

5.2.6　电缆桥架技术要求

（1）外观及材质：外表平整、光滑，无弯曲、扭曲、裂纹，边沿无毛刺等；钢制电缆托盘、梯架采用冷轧钢板。

（2）托盘采用最小板材厚度 2mm 的薄钢板制造，构造牢固，并配以活盖板。所有钢板应采用热镀锌处理。

（3）焊接要求：焊接质量及允许缺陷应符合现行国家标准《钢结构工程施工质量验收标准》GB 50205 规定的要求。

（4）保护电路连续性：电缆桥架有可靠的电气连接并接地，跨节点之间采用专用双色接地导线接地，连接电阻≤50mΩ。

（5）耐撞击能力：设备完全能承受现行国家标准的规定，且不出现影响安全使用的变形和裂纹。

（6）电缆桥架所有连接安装用附件，如：托臂、立柱、底座、连接片、配套膨胀螺栓、连接螺栓、扣锁等经镀锌处理，均应符合现行国家标准的要求，确保其有抗锈蚀能力。

电缆桥架效果、安装如图 5-55、图 5-56 所示，相关参数见表 5-7～表 5-9。

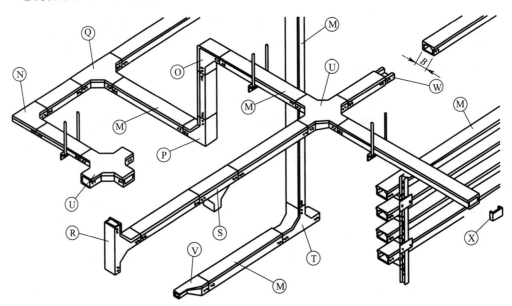

图 5-55　封闭式整体型电缆桥架系列总装示意图

5.2.7　电缆穿刺和芯线连接工艺

1. 电缆穿刺连接工艺

适用于中高层建筑 1kV 电系统绝缘电缆的分支连接。分支连接适用于 1.5～400mm² 铜、铝导体的绝缘电缆。

（1）施工工艺：一般穿刺分支接头结构多采用绝缘线芯穿刺线夹工艺制作，穿刺分支电缆的绝缘穿刺线夹具有力矩螺母和穿刺结构，力矩螺母用于保证恒定的接触压力，确保

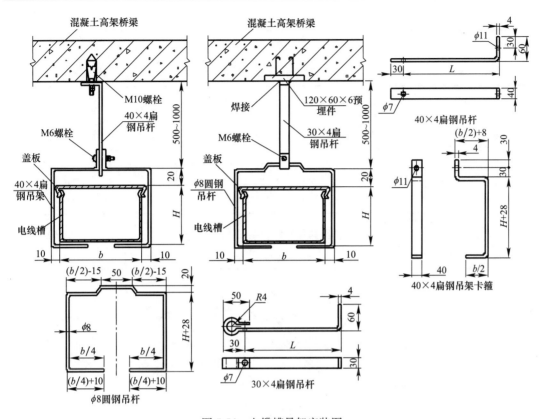

图 5-56　电缆槽吊架安装图

注：1. b 和 H 为电缆槽的宽和高，由工程设计要求决定；

　　2. 焊脚高度为 4mm；

　　3. 吊杆 L 尺寸按设计要求定。

<table>
表 5-7
</table>

封闭式整体型电缆桥架允许荷载　表 5-7

名称	型号	托盘宽 B(mm)	断面示意图	支持点（吊点）间距（m）		
				2.0	2.5	3.0
				最大允许荷载（N）		
封闭式整体型电缆拖盘（制造长度为2m）	FB-1	100		1323	882	617
	FB-2	200		1323	882	617
	FB-3	300		1234	793	568

续表

名称	型号	托盘宽 B(mm)	断面示意图	支持点（吊点）间距（m）		
				2.0	2.5	3.0
				最大允许荷载（N）		
封闭式整体型电缆拖盘（制造长度为2m）	FB-4	400	400	1097		509
	FB-5	500	500	1009	617	450

封闭式整体型电缆桥架配件编号之一　　　　　　表 5-8

名称	直线拖盘 M	水平转角 N	水平三通 Q	水平四通 U	异颈接头 V
图形					
规格 B（mm）	订货编号（套）				
100	HJ3001	HJ3011	HJ3021	HJ3031	订货编号
200	HJ3002	HJ3012	HJ3022	HJ3032	
300	HJ3003	HJ3013	HJ3023	HJ3033	HJ3041～HJ3049
400	HJ3004	HJ3014	HJ3024	HJ3034	
500	HJ3005	HJ3015	HJ3025	HJ3035	

封闭式整体型电缆桥架配件编号之二　　　　　　表 5-9

名称	引下三通 S	引上三通 R、T	下转角 P	上转角 O	终端封堵 X
图形					
规格 B（mm）	订货编号（套）				
100	HJ3051	HJ3061	HJ3071	HJ3081	HJ3091
200	HJ3052	HJ3062	HJ3072	HJ3082	HJ3092
300	HJ3053	HJ3063	HJ3073	HJ3083	HJ3093
400	HJ3054	HJ3064	HJ3074	HJ3084	HJ3094
500	HJ3055	HJ3065	HJ3075	HJ3085	HJ3095

良好的电气接触,并同穿刺结构一起使安装简便可靠。绝缘穿刺线夹的使用对干线的机械性能和电气性能影响小,其应用选型见表 5-10。

穿刺线夹 3 种应用选型表 表 5-10

	主线截面面积（mm²）	主线截面面积（mm²）	型号	螺栓	标称载流(A)	重量(g/只)
主线与主线连接	25～95	25～95	1351229-1	1	207	170
	50～150	50～150	1351230-1	1	239	200
	95～240	95～240	1351232-1	1	424	1050
	主线截面面积（mm²）	引出线截面面积（mm²）	型号	螺栓	标称载流（A）	重量(g/只)
主线与引出线连接	16～95	16～95	1351227-1	1	138	10
	50～150	50～150	1351227-2	1	138	125
	120～240	120～240	1351231-1	1	239	310
	主线截面面积（mm²）	支线截面面积（mm²）	型号	螺栓	标称载流(A)	重量(g/只)
主线与支线连接	16～95	1.5～10	1351228-1	1	63	48
	50～95	50～95	1390217-1	1	207	170
	50～185	6～35	708094-4	1	138	190
	50～240	6～35	1390218-1	1	174	180
	95～240	95～240	1351232-1	2	424	1050

（2）施工方法:采用电缆穿刺线夹施工时,首先,在主线电缆上确定好分支线的位置,并在确定的部位剥去 200～500mm 外护套,将主线电缆芯线分叉,无需剥去电缆芯线内护层（绝缘层）,将分支线直接插入具有防水功能的支线帽内（无需剥去绝缘层）。其次,将线夹固定在主线电缆分支芯线处,在连接处用手拧紧线夹螺母。最后,用套筒板手套固定线夹按顺时针拧紧线夹上的力矩螺母,当穿刺刀片与金属导体的接触达到最佳效果时力矩螺母便会自动断离,不需要对导线和线夹做特殊处理,如图 5-57 所示。

2. 绝缘导线多股芯线连接工艺

绝缘导线一般由铜或铝制成,也有用银线所制。导线连接是电工作业的一项基本工序,也是一项十分重要的工序。导线连接的质量直接关系到整个线路能否安全可靠地长期

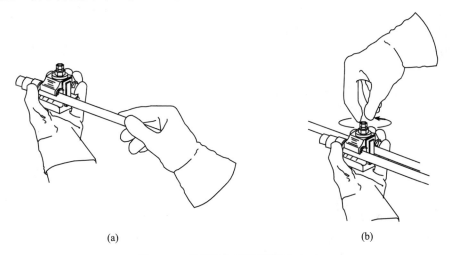

(a)   (b)

图 5-57 穿刺线夹安装顺序图（一）

(a) 把支线插入连接器盖套;(b) 将线夹固定于主线连接处,然后用手将力矩螺母拧紧

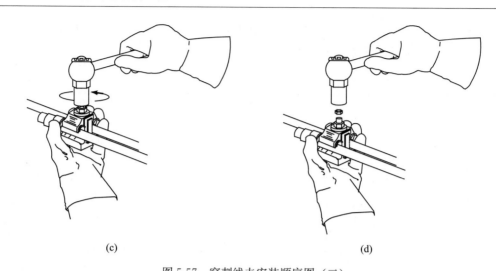

(c)　　　　　　　　　　　　　(d)

图 5-57　穿刺线夹安装顺序图（二）

(c)、(d) 根据力矩螺母的尺寸选择合适的六角套筒扳手，垂直拧紧力矩螺母

运行。导线连接的基本要求是连接后连接部分的电阻值不大于原导线的电阻值，连接部分的机械强度不小于原导线的机械强度。

（1）多股铜导线的直接连接

首先，将剥去绝缘层的 7 股芯线拉直，将其靠近绝缘层的约 1/3 芯线绞合拧紧；然后，将其余 2/3 芯线成伞状散开，另一根需被连接的导线芯线也如此处理；接着，将两伞状芯线相对着互相插入后捏平芯线，然后，将每一边的芯线线头分作 3 组，先将某一边的第 1 组线头翘起并紧密缠绕在芯线上，再将第 2 组线头翘起并紧密缠绕在芯线上，最后，将第 3 组线头翘起并紧密缠绕在芯线上。以同样方法缠绕另一边的线头。T 字分支连接如图 5-58 所示、7 股芯线绞接如图 5-59 所示。

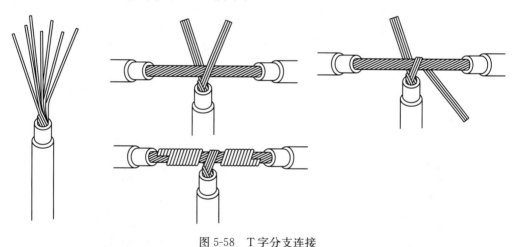

图 5-58　T 字分支连接

（2）单股铜导线的直接连接

1）小截面单股铜导线连接方法

先将两导线的芯线线头作 X 形交叉，再将它们相互缠绕 2～3 圈后扳直两线头，然后将每个线头在另一芯线上紧贴密绕 5～6 圈后剪去多余线头即可。如图 5-60a 所示。

2）单股铜导线的分支连接

将支路芯线的线头紧密缠绕在干路芯线上 5～8 圈后，剪去多余线头。对于较小截面的芯线，可先将支路芯线的线头在干路芯线上打一个环绕结，再紧密缠绕 5～8 圈后，剪去多余线头，如图 5-60b 所示。

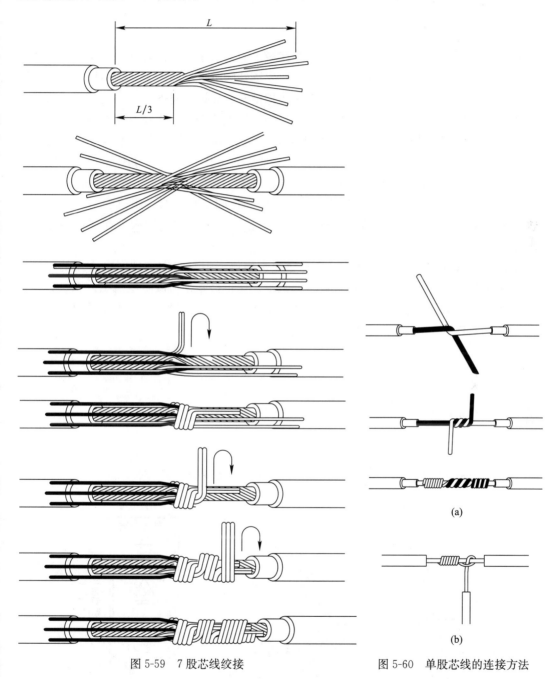

图 5-59　7 股芯线绞接

(a)

(b)

图 5-60　单股芯线的连接方法

第6章　接地装置安装工程

城市道路照明和夜间景观照明设施分布在城市的大街小巷，钢灯杆、金属配电箱柜等设备设在道路两侧，极易被人接触。为防止发生意外触电事故的发生，必须切实做好照明设施的安全防护措施。在正常情况下，直接防护措施能保证人身安全，但是，当城市照明电气设备绝缘发生故障而损坏时（如温度过高绝缘发生热击穿、在强电场作用下发生电击穿、绝缘老化等都可能造成绝缘性能下降和损坏），造成电气设备严重漏电，使不带电的外露金属部件如钢灯杆、金属灯座、接线箱、配电箱（柜、屏）、灯罩等呈现出危险的接触电压，当人们触及这些金属部件时，构成间接触电。

间接防护的目的是为了防止在城市道路照明和夜间景观照明设施故障情况下发生人身触电事故，也是为了防止事故进一步扩大。目前，主要采取保护接地和保护接零等技术措施。

保护接地和保护接零虽然两者都是安全保护措施，但是它们实现保护作用的原理不同。简单来说，保护接地是将故障电流引入大地；保护接零是将故障电流引入系统，使保护装置迅速动作而切断电源。下面主要介绍城市照明安全保护设施的施工及验收的具体做法和验收的具体要求。

6.1　一般规定

（1）城市道路照明电气设备的下列金属部分均应接零或接地保护，如图6-1～图6-4所示：

1）变压器、配电柜（箱、屏）等的金属底座、外壳和金属门。

2）室内外配电装置的金属构架及靠近带电部位的金属遮拦。

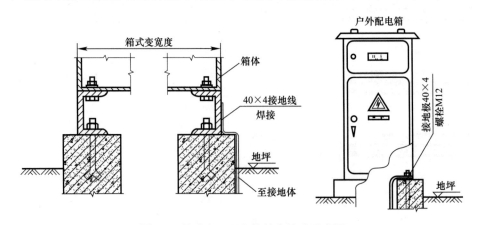

图6-1　箱式变、配电箱外壳接地示意图

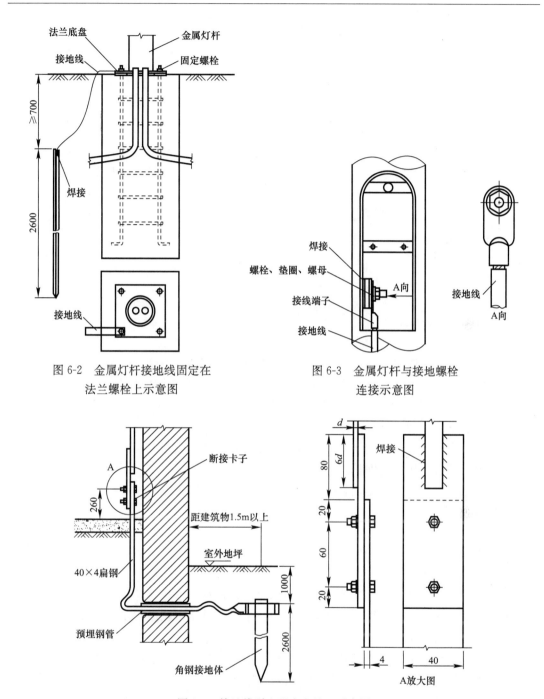

图 6-2　金属灯杆接地线固定在
法兰螺栓上示意图

图 6-3　金属灯杆与接地螺栓
连接示意图

图 6-4　接地线引入配电室施工示意图

3）电力电缆的金属铠装、接线盒和保护管。

4）钢灯杆、金属灯座、Ⅰ类照明灯具的金属外壳。

5）其他因绝缘破坏可能使其带电的外露导体。

（2）严禁采用裸铝导体作接地极或接地线。接地线严禁兼做他用。

（3）在同一台变压器低压配电网中，严禁将一部分电器设备或钢灯杆采用保护接地，

149

而将另一部分采用保护接零。

在同一台变压器配电网中，一部分采用接零保护，一部分采用接地保护如图 6-5 所示。

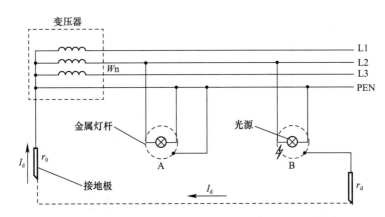

图 6-5　在同一台变压器配电网中二种接地保护示意图

注：U_x——配电网相电压；r_0——变压器中性点接地电阻；r_d——保护接地电阻；I_d——短路电流。

图中所示的配电线路中，如果 A 路灯接零保护，B 路灯接地保护，当 B 路灯发生相线接地短路时（这里要说明一下，当接地短路电流还不足以使其保护装置动作时），变压器的中心接地极与 B 路灯的接地极之间将有短路电流流过。虽然 A 路灯没有发生短路故障，但金属灯杆上也会出现一层的对地电压，达到一定程度的电压足以对人身有很大危险。因此，在同一台变压器的配电网络中，严禁一部分路灯金属杆或配电箱、柜等设备采用接零保护，而另一部分采用接地保护。

（4）在市区内由公共配变供电的路灯配电系统采用的保护方式，应符合当地供电部门的统一规定。

6.2　接零和接地保护

（1）在保护接零系统中，当采用熔断器作保护装置时，单相短路电流不应小于熔断器熔体额定电流的 4 倍；当采用自动开关作保护装置时，单相短路电流不应小于自动开关瞬时或延时动作电流的 1.5 倍。

（2）采用接零保护时，单相开关应装在相线上，零线上严禁装设开关或熔断器。

（3）道路照明配电系统宜选用 TN-S 接地制式，整个系统的中性线（N）与保护线（PE）分开，在始端 PE 线与变压器中性点（N）连接，PE 线与每根路灯钢杆接地螺栓可靠连接，在线路分支、末端及中间适当位置处作为重复接地形成联网。

（4）TT 接地制式中工作接地和保护接地分开独立设置，保护接地宜采用联网 TT 系统，独立的 PE 接地线与每根路灯钢杆接地螺栓可靠连接，但配电系统必须安装漏电保护装置。

（5）道路照明配电系统中，采用 TN 或 TT 系统接零和接地保护，PE 线与灯杆、配电箱等金属设备连接成网，在任意一地点的接地电阻不应大于 4Ω。

（6）在配电线路的分支、末端及中间适当位置做重复接地，并形成联网。重复接地电阻不应大于10Ω，系统接地电阻不应大于4Ω。重复接地安装示意图如图6-6所示。

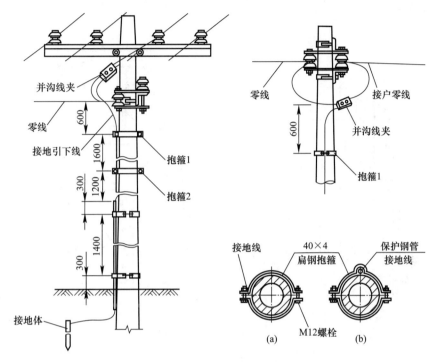

图6-6　重复接地安装示意图
（a）抱箍1；（b）抱箍2

（7）采用TT系统接地保护，没有采用PE线连接成网的灯杆、配电箱等，其独立接地电阻不应大于4Ω。

（8）道路照明配电系统的变压器中性点（N）的接地电阻不应大于4Ω。

6.3　接地装置

接地装置由接地极、接地母线、接地引下线、接地跨接线等接地体（线）组成接地装置，以实现电气系统与大地连接。与大地直接接触实现电气连接的金属物体为接地极，它可以是人工接地极，也可以是自然接地极。对此，接地极可赋以某种电气功能，例如用以作道路照明配电系统接零或保护接地等。

接地装置验收测试应在施工完工之后尽快安排进行，对高土壤电阻率地区的接地装置，在接地电阻难以满足要求时，应由设计确定采取相应措施后方可投入运行，工程建设管理单位和监理单位必须由专人负责监督实施。

（1）接地装置可利用自然接地体，如构筑物的金属结构（梁、柱、桩），埋设在地下的金属管道（易燃、易爆气体、液体管道除外）及金属构件等，如图6-7、图6-8所示。

（2）人工接地装置应符合下列规定：

1）垂直接地体所用的钢管，其内径不应小于40mm、壁厚3.5mm；角钢应采用∟50×

50×5mm 以上，圆钢直径不应小于 20mm，每根长度不小于 2.5m，极间距离不宜小于其长度的 2 倍，接地体顶端距地面不应小于 0.6m。垂直接地体安装示意图如图 6-9 所示，接地体的制作如图 6-12 所示。

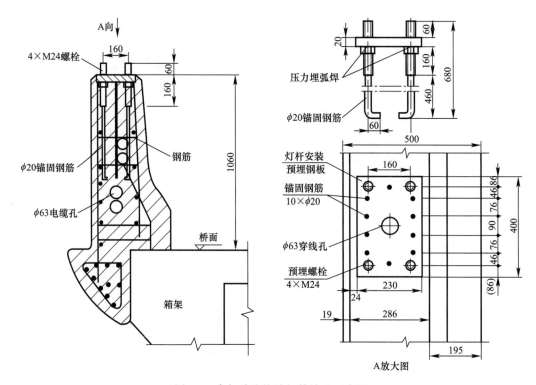

图 6-7　高架路防撞墙钢筋接地示意图

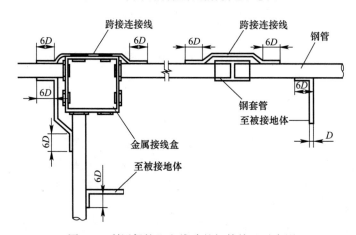

图 6-8　利用保护配电线路的钢管接地示意图

　　2）水平接地体所用的扁钢截面不小于 4×30mm，圆钢直径不小于 10mm，埋深不小于 0.6m，极间距离不宜小于 5m。

　　（3）保护接地线必须有足够的机械强度，应满足泄漏电流和故障电流要求，并应符合下列规定：

　　1）保护接地线和相线的材质应相同，当相线截面面积在 35mm² 及以下时，保护接地线的最小截面面积不应小于相线的截面面积。当相线截面面积在 $35mm^2$ 以上时，保护接地线的最小截面不得小于相线截面面积的 50%。

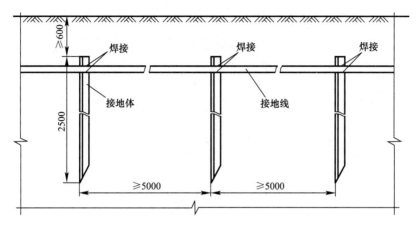

图 6-9 垂直接地体安装示意图

2）采用扁钢时不应小于 $4\times30mm$，圆钢直径不应小于 $10mm$。

3）箱式变电站、地下式变电站、控制柜（箱、屏）可开启的门应与接地的金属框架可靠连接，采用的裸铜软线截面面积不应小于 $4mm^2$。

（4）明敷接地体（线）安装应符合下列规定：

1）敷设位置不应妨碍设备的拆卸和检修，接地体与构筑物的距离不应小于 1.5m，如图 6-4 所示。

2）接地线应水平或垂直敷设，亦可与构筑物倾斜结构平行敷设，在平行敷设直线段上不应有起伏或弯曲现象。

3）沿配电房墙壁水平敷设时，距地面宜为 0.25～0.3m，与墙壁间的距离宜为 0.01～0.015m，如图 6-10 所示。

4）跨越桥梁或构筑物的伸缩缝、沉降缝时，应将接地线弯成弧状如图 6-11 所示。

5）支持件间的距离：水平直线部分宜为 0.5～1.5m，垂直部分宜为 1.5～3.0m，转弯部分宜为 0.3～0.5m，如图 6-12 所示。

（5）接地体（线）的连接应采用搭接焊，焊接必须牢固无虚焊，接至电气设备上的接地线，应采用热镀锌螺栓连接，对有色金属接地线不能采用焊接时，可用螺栓连接、压接、热剂焊等方式连接，各种连接如图 6-13～图 6-15 所示。

（6）接地体搭接焊，如图 6-16 所示。其搭接长度应符合下列规定：

1）扁钢与扁钢焊接时，焊接长度为扁钢宽度的 2 倍（且至少 3 个棱边焊接）。

2）圆钢与圆钢焊接时，焊接长度为圆钢直径的 6 倍（圆钢两面焊接）。

3）圆钢与扁钢焊接时，焊接长度为圆钢直径的 6 倍（圆钢两面焊接）。

4）扁钢与角钢焊接时，焊接长度为扁钢宽度的 2 倍，并应在其接触部位两侧进行焊接。

（7）接地体（线）及接地卡子、螺栓等金属件必须热镀锌，焊接处应做防腐处理，在有腐蚀性的土中，应适当加大接地体（线）的截面面积。

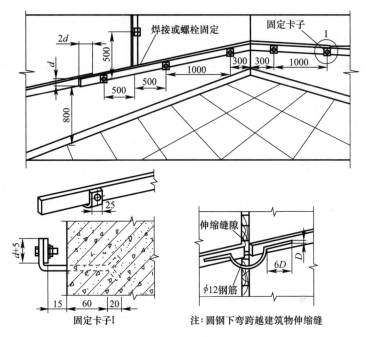

图 6-10　配电室内沿墙壁敷设示意图

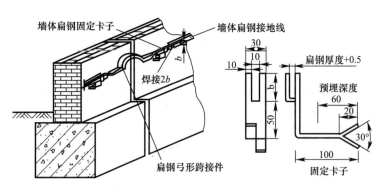

图 6-11　跨越桥梁或建筑物伸缩缝示意图

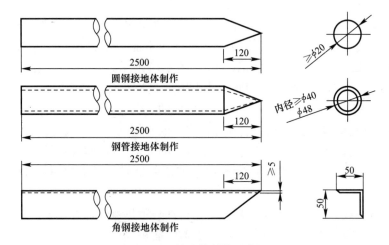

图 6-12　接地体制作示意图

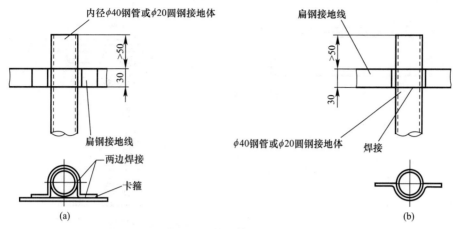

图 6-13 钢管或圆钢接地体与扁钢接地线的连接

(a) Ⅰ型；(b) Ⅱ型

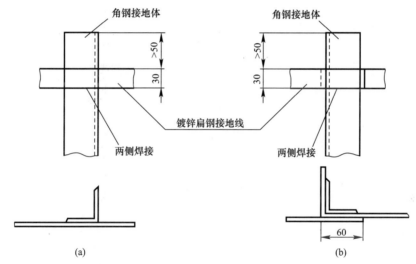

图 6-14 角钢接地体与扁钢接地线的连接

(a) Ⅰ型；(b) Ⅱ型

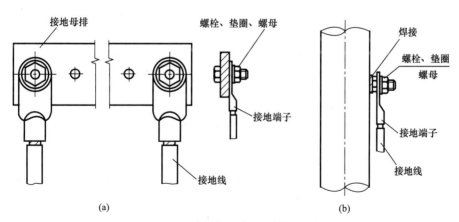

图 6-15 接地体（线）的螺栓连接

(a) 绝缘接地线与接地排的连接；(b) 绝缘接地导线与金属管的连接

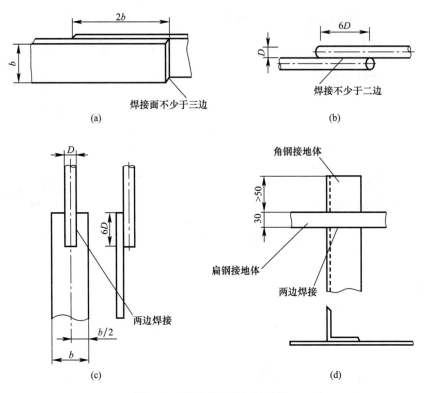

图 6-16　接地体（线）的焊接

（a）扁钢接地线焊接图；（b）圆钢接地线焊接图；（c）扁钢与圆钢焊接；（d）角钢与扁钢焊接

第7章 路灯安装工程

现代城市道路照明讲求功能与美观的统一，要科学地布置路灯，达到满足道路照明的要求，同时不影响道路美观和节能的效果。采用常规照明方式时，应根据道路横断面形式、宽度及照明要求进行选择，灯具的布置方式、间距、安装高度和悬挑长度应符合现行标准《城市道路照明设计标准》CJJ 45 的要求。

7.1 一般规定

（1）灯杆布置及混凝土基础浇筑的一般规定

1）灯杆位置应合理选择，与架空线路、地下设施以及影响路灯维护的建筑物的安全距离应符合现行标准《城市道路照明工程施工及验收规程》CJJ 89 相关规定。

2）同一街道、广场、桥梁等的路灯，从光源中心到地面的安装高度、仰角、装灯方向宜一致，如图 7-1 所示。灯具安装纵向中心线和灯臂纵向中心线应一致，灯具横向水平线应与地面平行，如图 7-2 所示。

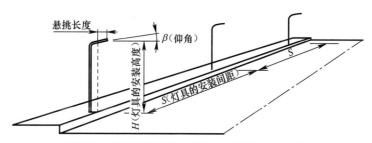

图 7-1 路灯安装高度、仰角、装灯方向宜一致

3）基础顶面标高应根据标桩确定。基础开挖后应将坑底夯实。若土质等条件无法满足上部结构承载力要求时，应采取相应的防沉降措施。

4）浇筑混凝土基础前，排除坑内积水，并保证基础坑内无碎土、石、砖以及其他杂物。

5）混凝土基础宜采用 C20 及以上的商品混凝土，电缆保护管应从基础中心穿出，并应超过混凝土基础平面 30～50mm，保护管穿电缆之前应将管口封堵。路灯现浇基础混凝土如图 7-3 所示。

6）灯杆基础螺栓高于地面时，灯杆紧固校正后，应将根部法兰、螺栓现浇厚度不小于 100mm 的混凝土保护或采取其他防腐措施，表面平整、光滑，不积水。

7）灯杆基础螺栓低于地面时，基础螺栓顶部宜低于地面 150mm，灯杆紧固校正后，将法兰、螺栓用混凝土包封或采取其他防腐措施。

（2）道路照明灯具的效率不应低于 70%，泛光灯灯具的效率不应低于 65%，灯具光源腔的防护等级不应低于 IP65。环境污染严重、维护困难的道路和场所灯具电器腔的防护等级不应低于 IP43，且应符合下列规定：

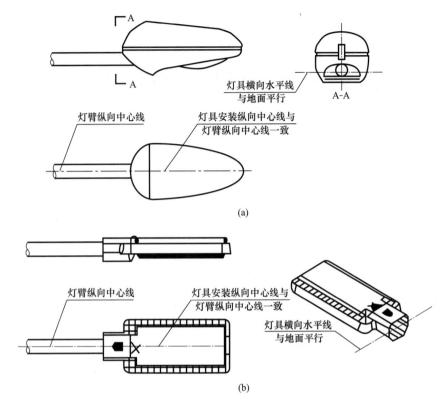

(a)

(b)

图 7-2　灯具安装方向

（a）高压钠灯；（b）LED 灯具

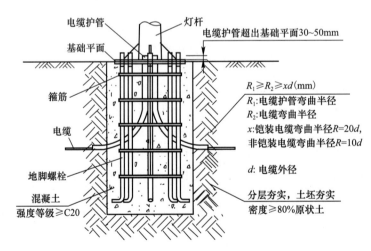

图 7-3　路灯现浇基础混凝土图

1）灯具配件应齐全，无机械损伤、变形、油漆剥落、灯罩破裂等现象。

2）反光器应干净整洁，表面应无明显划痕。

3）透明罩外观应无气泡、明显的划痕和裂纹。

4）封闭灯具的灯头引线应采用耐热绝缘导线，灯具外壳与尾座连接紧密。

5）灯具的温升和光学性能应符合现行国家标准《灯具　第 1 部分：一般要求与试验》

GB 7000.1 的规定，并应具备省级及以上灯具检测资质的机构出具的合格报告。

路灯灯具构造如图 7-4 所示。

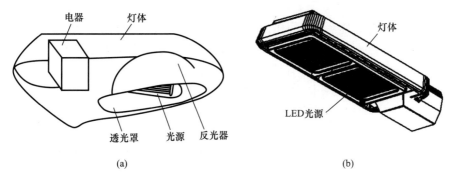

图 7-4 路灯灯具构造示意图
(a) 高压钠灯；(b) LED 灯具

（3）LED 道路照明灯具应符下列规定：

1）灯的额定功率分类应符合现行国家标准《LED 城市道路照明应用技术要求》GB/T 31832 的规定。

2）灯在额定电压和额定频率下工作时，其实际消耗的功率与额定功率之差应不大于 10%，功率因数实测值不应低于制造商标准值的 0.05。

3）灯的安全性能应符合现行国家标准《灯具 第 2-3 部分：特殊要求 道路与街路照明灯具》GB 7000.203 的规定，灯具的防护等级不应低于 IP65。

4）灯的无线电骚扰特性、输入电流谐波和电磁兼容要求属国家强制性标准，应符合现行国家标准《电气照明和类似设备的无线电骚扰特性的限值和测量方法》GB/T 17743 的规定。

5）灯的谐波电流限值应符合现行标准《电磁兼容 限值 谐波电流发射限值（设备每相输入电流≤16A）》GB 17625.1 的规定。

6）灯的电磁兼容抗扰度应符合现行标准《一般照明设备电磁兼容抗扰度要求》GB/T 18595 的规定。

7）光通维持率在燃点 3000h 时，应不低于 96%。维持在燃点 6000h 时，应不低于 92%。灯的寿命不应低于 25000h，同一批次的光源色温应一致。

8）调光的 LED 灯具在 50% 光输出时，其驱动电源效率不应低于 75%，功率因数不应低于 0.85。

9）电子控制装置应符合《灯的控制装置 第 14 部分：LED 模块用直流或交流电子控制装置的特殊要求》GB 19510.14 的规定。

10）灯的光度分布应符合现行国家标准《城市道路照明设计标准》CJJ 45 规定的道路照明标准值的要求，供应商应完整提供灯的光学数据等计算资料。

11）为满足道路照明日常维护方便的原则，宜采用分体式道路照明用 LED 灯具，对于分体式 LED 灯中可替换的 LED 部件或模块光源，应符合现行国家标准《普通照明用 LED 模块 性能要求》GB/T 24823 和《普通照明用 LED 模块 安全要求》GB 24819 的规定。

（4）灯具内接线应符合下列规定：

1）灯泡座应固定牢靠，可调灯泡座应调整至正确位置。绝缘外壳应无损伤、开裂；相线应接在灯泡座中心触点端子上，零线应接螺口端子。

2）灯具引至主线路的导线应使用额定电压不低于 500V 的铜芯绝缘线，最小允许线芯截面面积不应小于 $1.5mm^2$，功率 400W 及以上的最小线芯截面面积不应小于 $2.5mm^2$。

3）在灯臂、灯杆内穿线不得有接头，穿线孔口或管口应光滑、无毛刺，并用绝缘套管或包带包扎（电缆、护套线除外），包扎长度不得小于 200mm。穿线孔的处理方法如图 7-5 所示。

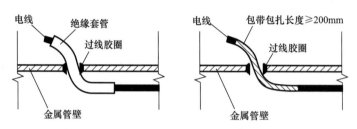

图 7-5　穿线孔的处理方法

4）每盏灯的相线应装设熔断器。熔断器应固定牢靠，接线端子上线头弯曲方向应为顺时针方向并用垫圈压紧，熔断器及其他电器电源进线应上进下出或左进右出。绕线方向、接线板及接线盒如图 7-6～图 7-9 所示。

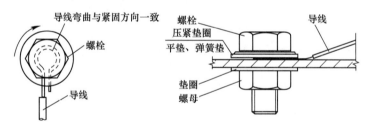

图 7-6　接线端子绕线方向

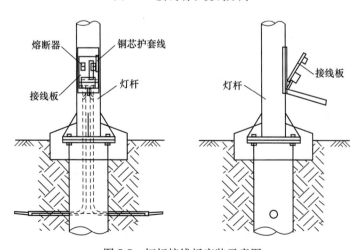

图 7-7　灯杆接线板安装示意图

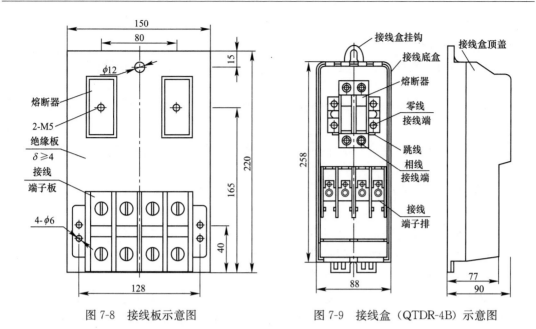

图 7-8　接线板示意图　　　图 7-9　接线盒（QTDR-4B）示意图

5）灯具内各种接线端子不得超过两个线头，线头弯曲方向应为顺时针方向，并压在两个垫圈之间。当采用多股导线接线时，多股导线不能散股。

（5）气体放电灯应将熔断器安装在镇流器的进电侧，熔丝应符合下列规定：

1）150W 及以下为 4A。

2）250W 应为 6A。

3）400W 应为 10A。

4）1000W 应为 15A。

（6）气体放电灯应设无功补偿，宜采用单灯无功补偿。气体放电灯的灯泡、镇流器、触发器等应配套使用。镇流器、触发器等接线端子瓷柱不得破裂，外壳密封良好，无锈蚀现象。

（7）紧固件及防腐处理要求

1）各种螺栓紧固，宜加垫片和防松装置。紧固后螺丝露出螺母不得少于两个螺距，最多不宜超过 5 个螺距。

2）路灯安装使用的灯杆、灯臂、抱箍、螺栓、压板等金属构件应进行热镀锌处理，防腐质量应符合国家现行标准的相关规定。

3）灯杆、灯臂等热镀锌后，外表涂层处理时，覆盖层外观应无鼓包、针孔、粗糙、裂纹或漏喷区等缺陷，覆盖层与基体应有牢固的结合强度。

（8）玻璃钢灯杆应符合下列规定：

1）灯杆外表面应平滑美观，无裂纹、气泡、缺损、纤维露出，并有抗紫外线保护层，具有良好的耐气候特性。

2）灯杆内部应无分层、阻塞及未浸渍树脂的纤维白斑。

3）检修门框尺寸允许偏差宜为±5mm，并具备防水功能，内部固定用金属配件应采用热镀锌或不锈钢。

4）灯杆壁厚根据设计要求允许偏差 0～＋3mm，并应满足本地区最大风速的抗风强度要求。

（9）路灯编号时应符合下列规定：

1）半高灯杆、高杆灯、单挑灯、双挑灯、庭院灯、杆上路灯等道路照明灯都应统一编号。

2）杆号牌可采用粘贴或直接喷涂的方式，号牌高度、规格宜统一，材质防腐、牢固耐用。

3）杆号牌宜标注"路灯"字样和编号、报修电话等内容，字迹清晰、不易脱落。

7.2 半高杆灯和高杆灯

（1）基础顶面标高应高于提供的地面标桩 100mm。基础坑深度的允许偏差应为 −50mm～+100mm。当基础坑深与设计坑深偏差+100mm 以上时，应按以下规定处理：

1）偏差在+100mm～+300mm 时，采用铺石灌浆处理。

2）偏差超过规定值的+300mm 以上时，超过部分可采用填土或石料夯实处理，分层夯实厚度不宜大于 100mm，夯实后的密实度不应低于原状土，之后再采用铺石灌浆处理。

半高杆、高杆灯设施如图 7-10 所示，高杆灯混凝土基础如图 7-11 和图 7-12 所示。

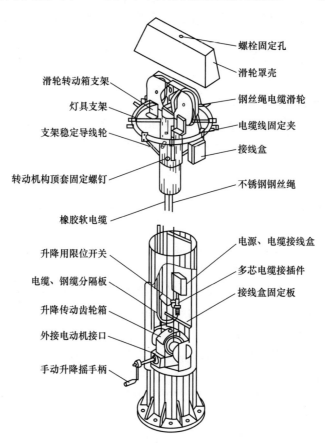

图 7-10 半高杆、高杆灯设施示意图

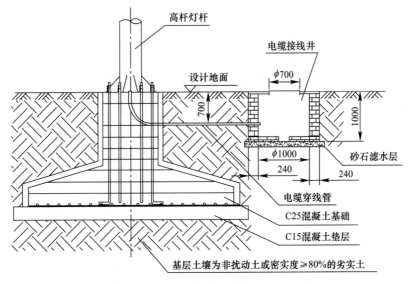

图 7-11　高杆灯混凝土基础示意图（一）

注：1. 高杆灯一般指灯杆高度 20m 以上的路灯；
　　2. 混凝土基础的尺寸大小应根据本地区土质条件和设计要求确定。

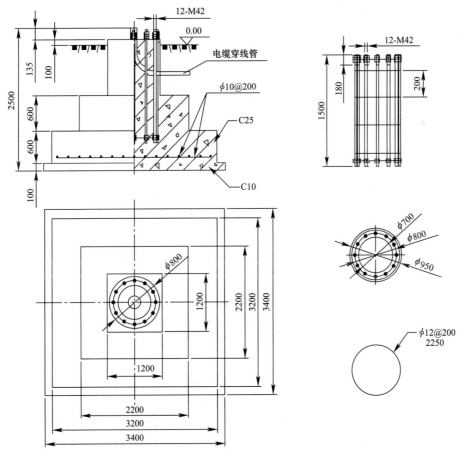

图 7-12　高杆灯混凝土基础示意图（二）

（2）地脚螺栓埋入混凝土的长度应大于其直径的 20 倍，并应与主筋焊接牢固。螺纹部分应加以保护，基础法兰螺栓中心分布直径应与灯杆底座法兰孔中心分布直径一致，偏差应小于±1mm。紧固螺栓应加垫圈并采用双螺母，设置在震动区域时应采取防震措施。

（3）浇筑混凝土的模板宜采用钢模板，其表面应平整且接缝严密，浇筑混凝土前，模板表面应涂隔离剂。

（4）浇筑基础时，应符合现行国家标准《混凝土结构设计规范》GB 50010 的有关规定。

（5）基坑回填应符合下列规定：

1）对适于夯实的土质，每回填 300mm 应夯实一次，夯实程度应达到原状土密实度的 80％及以上。

2）对不宜夯实的水饱和黏性土应分层填实，其回填土的密实度应达到原状土密实度的 80％及以上。

（6）半高杆灯和高杆灯的灯杆、灯盘、配线、升降电动机构等应符合现行行业标准《高杆照明设施技术条件》CJ/T 457 的规定，结构示意图如图 7-10 所示。

（7）半高杆灯和高杆灯宜采用三相供电，且三相负荷应均匀分配，每一回路必须装设保护装置。

7.3 智慧多功能灯杆

（1）智慧多功能灯杆是一种新型的路边基础设施，由多功能灯杆、多功能设备箱、多功能电源箱、综合管道组成（图 7-13），应为杆上与机箱内的设施搭载、管道内的线缆敷设、电力供应等服务提供保障。宜参照现行标准《多功能灯杆技术条件》T/CMEA 31 的要求设置。

（2）智慧多功能灯杆应结合道路总体规划、景观环境等要求，统筹各类搭载设施的业务需求和功能、性能要求，协调好与各类道路设施、地下构筑物和管线（井）之间的关系，统筹设计。

（3）智慧多功能灯杆可按路口、路段和特殊区域分区设计：

1）路口区域的设计应以交通信号灯布设需求为主，统筹路口照明、视频监控等设施的布设需求，兼顾其他设施的布设需求。

2）路段区域的设计应结合道路特征和环境条件，统筹道路照明、视频监控等主要设施的搭载需求，主（次）干路智慧多功能灯杆的平均间距不宜小于 35m，支路智慧多功能灯杆的平均间距不宜小于 30m。

3）特殊区域的设计应在符合国家和行业现行有关标准、规范的基础上，进行专项设计。

（4）智慧多功能灯杆构件应包括主杆、副杆、灯臂、横臂、卡槽、法兰、线缆管道、检修门（口）和穿线孔等（图 7-14）。

1）杆件应按承载能力极限状态和正常使用极限状态进行设计制造，设计使用年限不应小于 30 年。杆体各部件的承载力计算应符合现行标准《钢结构设计标准》GB 50017 和《高耸结构设计标准》GB 50135 的相关要求。杆体的结构和产品质量应符合现行标准《建筑结构载荷规范》GB 50009 的相关要求，抗震设计应符合现行标准《建筑抗震设计规范》GB 50011 的相关要求，风载荷应符合现行标准《工程结构通用规范》GB 55001 的相关要

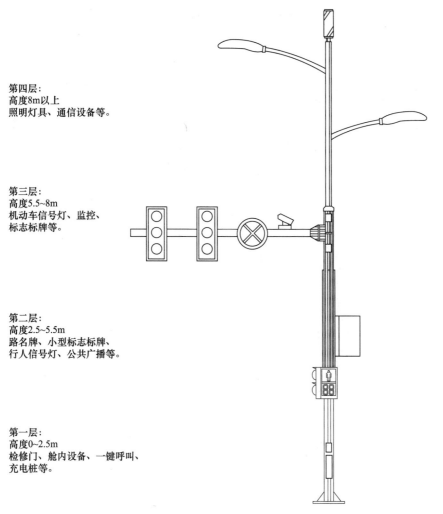

第四层:
高度8m以上
照明灯具、通信设备等。

第三层:
高度5.5~8m
机动车信号灯、监控、
标志标牌等。

第二层:
高度2.5~5.5m
路名牌、小型标志标牌、
行人信号灯、公共广播等。

第一层:
高度0~2.5m
检修门、舱内设备、一键呼叫、
充电桩等。

图 7-13　智慧多功能灯杆示意图

求，应按照使用地50年一遇最恶劣的期限条件核算。

2）同一地区的杆件材质、造型等宜采取标准化、模块化设计。

3）主杆和横臂宜采用 Q355B 或 Q460B 材质，副杆和灯臂宜采用 Q235B 或 Q355B 材质，钢材的强度设计值和物理特性指标应符合现行国家标准《低合金高强度结构钢》GB/T 1591 的相关规定，在满足设计及结构安全要求的前提下可采用其他优质材料。

4）副杆和灯臂有特殊外形结构要求时，在满足设计及结构安全要求的前提下，可采用 6005-T5 系列铝合金材质或其他优质材料。

5）横臂应根据实际搭载要求设置仰角，保证横臂在自重及设备荷载下顶部水平夹角不小于 0°。

6）灯杆应以部件的形式进行加工，零件及部件加工前应熟悉设计文件和施工详图，应做好各道工序的工艺准备，按要求制造。主杆与横臂、主杆与副杆应采用法兰连接。

7）灯杆的装配应符合现行国家标准《钢结构施工规范》GB 50755 的相关规定。任意两点间的连接电阻应不大于 0.1Ω。

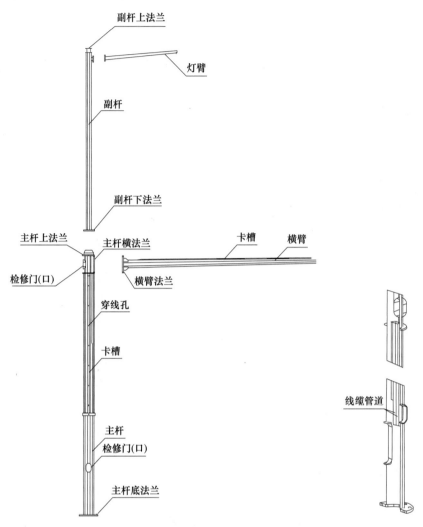

图 7-14　多功能灯杆构件示意图

8）灯杆吊装和检修门朝向应符合相关规定。灯杆吊装的一般程序：杆件核对和检验，主杆、副杆、灯臂、灯具组装和吊装，检查和第一次校杆，横臂组装和吊装，检查和第二次校杆。

（5）智慧多功能灯杆内线缆敷设应符合下列规定：

1）杆内搭载设备电源的线缆，应按强弱电分开的原则，敷设在杆内设置的导管中，管内不得有接头。

2）搭载设备各类线缆应在杆体内导管中布设，同一部件的设备线缆敷设时应避免交叉缠绕，严禁在杆体外明敷。

3）智慧多功能灯杆内接地排的安装应紧固，不应影响杆内其他线缆的敷设。宜使用接地母线作为接地跨接线，接地跨接线与杆内接地端子连接应符合现行国家标准《电气装置安装工程　母线装置施工及验收规范》GB 50149 的相关规定。

（6）智慧多功能灯杆设备箱宜由主箱体、顶盖、底座和配电单元、监控管理单元、接地装置、网络接口、走线装置、密封组件等组成。综合电源箱宜由主箱体、顶盖、底座和配电开关、出线熔断器、电力计量表计、区域控制器 ACU 等组成。

（7）智慧多功能灯杆设备箱、多功能电源箱的外表面材料宜采用厚度不小于 1.5mm 的 S304 不锈钢。箱体式样、尺寸宜一致，箱体设计使用寿命不少于 20 年。

（8）智慧多功能灯杆设备箱、多功能电源箱的主体框架、结构设置、箱内布局、电气性能等应满足应用需求，宜按不同用户、不同功能需求定制。

（9）智慧多功能灯杆设备箱、多功能电源箱安装完成后应进行通电调试及接地电阻测试，调试、测试合格后方能投入使用。

（10）综合管道的施工宜符合现行标准《通信管道工程施工及验收标准》GB/T 50374 的相关规定。综合管道应采用不同颜色、管径、材质、形状等方式用于不同用途线缆的敷设，应在设计中明确，并在同一地区统一。

7.4　单挑灯、双挑灯和庭院灯

（1）钢灯杆应进行热镀锌处理，镀锌层厚度不应小于 $65\mu m$，表面涂层处理应在钢杆热镀锌后进行，因校直等因素涂层破坏部位不得超过两处，且修整面积不得超过杆身表面积的 5%。

（2）钢灯杆长度 13m 及以下的锥形杆应无横向焊缝，纵向焊缝应匀称、无虚焊。单挑灯、双挑灯如图 7-15 所示。

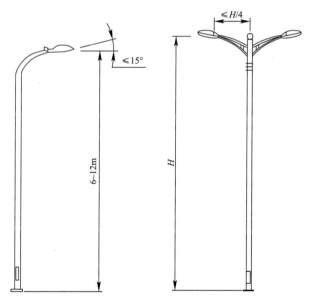

图 7-15　单挑灯和双挑灯示意图

注：单挑灯和双挑灯的安装高度宜为 6～12m，灯具的悬挑长度不宜超过安装高度的 1/4，灯具的仰角不宜超过 15°。

（3）钢灯杆的允许偏差应符合下列规定：

1）长度允许偏差宜为杆长的 ±0.5%。

2）杆身直线度允许误差宜<3‰。

3）杆身横截面直径、对角线或对边距允许偏差宜为 ±1%。

4）检修门框尺寸允许偏差宜为±5mm。

5）悬挑灯臂的仰角允许偏差宜为±1°。

（4）直线路段安装单、双挑灯、庭院灯时，在无特殊情况时，灯间距与设计间距的偏差应小于 2%。

（5）灯杆垂直度偏差应小于半个杆梢，单、双挑灯，庭院灯排列成直线时，灯杆横向位置偏移应小于半个杆根。

（6）钢灯杆吊装时应使用软质吊装带吊装，使用钢缆吊装时应采取防止钢缆擦伤灯杆表面防腐装饰层的措施。

（7）钢灯杆检修门朝向应一致，宜背向车行方向、朝向人行道或慢车道侧，并应采取防盗措施。

（8）灯臂应固定牢靠，灯臂纵向中心线与道路纵向成 90°角，偏差不应大于 2°。

（9）庭院灯具结构应便于维护，铸件表面不得有影响结构性能与外观的裂纹、砂眼、疏松气孔和夹杂物等缺陷。镀锌外表涂层应符合现行标准《城市道路照明工程施工及验收规程》CJJ 89 规定。

（10）庭院灯宜采用不碎灯罩，灯罩托盘应采用压铸铝或压铸铜材质，并应有泄水孔；采用玻璃灯罩紧固时，螺栓应受力均匀，玻璃灯罩卡口应采用橡胶圈衬垫。庭院灯具如图 7-16 所示。

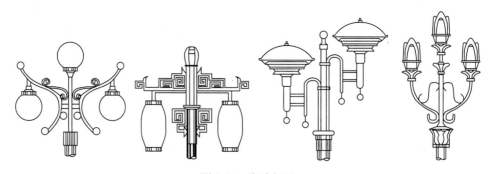

图 7-16　庭院灯具

（11）铝制或玻璃钢灯座放置的方向应一致，可开启式检修门框的铰链应完好，开关应灵活可靠，开启方向宜朝向慢车道或人行道侧。普通灯座如图 7-17 所示。

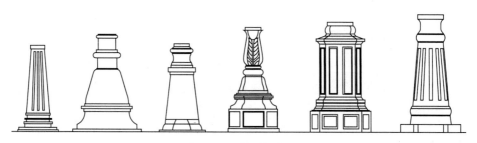

图 7-17　普通灯座

（12）采用预制或砖砌灯座应牢固不漏水，一条道路上的灯座尺寸、表面粉刷、装饰材料应一致。

（13）灯杆根部应做混凝土结面，且不积水，浇制前应将杆根周围夯实，混凝土厚度应不小于100mm，如图7-18所示。

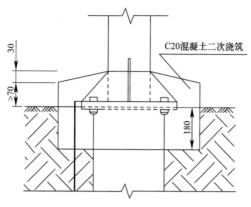

图7-18 灯杆根部保护示意图

7.5 隧道灯

在驾驶车辆进入或驶出隧道时，驾驶人会因为光照突然变化而一时适应不了，感到隧道洞口很黑，或者看到隧道口一道亮光。这个现象被称为"黑洞现象"或者"白洞现象"，都会影响驾驶人正常行驶，造成安全事故。因此，隧道灯具和光源的选择、安装位置是否合理显得非常重要。隧道灯的光源主要有：LED、高压钠灯，常见的安装方式有：吸顶式、吊杆式、基座式，壁挂式。

（1）隧道照明光源的选择

1）宜选择发光效率高的光源（LED灯和钠灯）。

2）以稀释烟尘作为隧道通风控制工况的隧道，宜选择透雾性能较好的光源；不以稀释烟尘作为隧道通风控制工况的隧道，宜选择显色性能好的光源。

3）紧急停车带、横通道可选用显色性能较好的光源。

（2）隧道灯具的选择与要求

1）隧道照明采用中线或中线侧偏布置形式时，基本照明宜选用逆光型灯具；采用两侧交错或两侧对称布置形式时，宜选用宽光带对称型照明灯具。隧道灯具如图7-19所示。

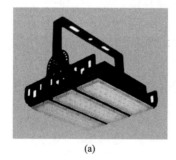
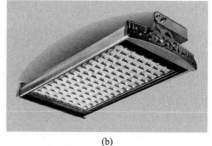

（a）　　　　　　　　　　　　　（b）

图7-19 隧道灯具
（a）吊杆式；（b）吸顶式

2）灯具安装水平角度及出光投射角度应调整一致。成排灯具安装中心线偏差不大于 5mm。

3）顶部安装的灯具应设置防坠落装置。

4）灯具固定应牢固，采用化学螺栓或膨胀螺栓，材质应为不锈钢等耐腐蚀材料。

（3）隧道灯具的安装

灯具安装应符合设计要求的型号、规格进行，安装前要将灯具打开检查，保证光源、触发器、镇流器、补偿电容等电器完好；接线时按 A、B、C 三相循环链接灯具，保证三相电流平衡。灯具安装接线完成后，每个回路单独进行调试，确保每个单元回路正常。各式隧道灯的安装方式如下：

1）吸顶式隧道灯。根据设计图纸和设计方法，先定点预埋接线盒，标记接线盒。隧道灯的固定需要在隧道顶部凿孔，并用膨胀螺栓固定。

2）吊杆式隧道灯。根据设计和施工方案，安装预埋线路和电气箱。对天花板施工时，要确保灯具与天花板的紧密结合，然后用螺栓固定安装。

3）基座式隧道灯。根据定测位置把灯具底座用膨胀螺栓固定于隧道壁上。施工时冲击钻头应垂直隧道壁，安装螺栓的头部偏斜值不得大于 2mm，并不得破坏隧道防水层，膨胀螺栓要固定牢靠。

4）壁挂式隧道灯。在前期预埋线路、安装电气箱，为隧道灯提供电源。壁挂式隧道灯的安装可以广泛照射隧道空间，安装操作与上述方法基本相同。

以上是隧道灯常见的安装方式。安装时需要考虑到许多因素，比如安装高度、尺寸大小、线路的预埋等。根据使用环境以及使用需求合理选择适合的安装方式，并符合现行标准《公路隧道照明灯具》JT/T 609 和《城市道路照明设计标准》CJJ 45 的相关规定。

（4）隧道灯管路敷设

1）隧道灯管路敷设应选择暗敷为主，与隧道主体同步施工。

2）如现场条件无法实现管路暗敷，则采用明敷管线工艺。管路应采用镀锌钢管或耐潮湿的桥架。

3）配管要求管道平直、固定牢靠，管内无杂物，接头平直，管口无毛刺，排列整齐，管道间距大于 20mm。符合电气施工规范。

4）管路与灯具连接处设接线盒安装，所有灯具及电缆接头必须安放于接线盒内，接线盒内有电器安装板，单灯配保险丝。软管引下不得大于 0.6m。

5）所有配管及接线盒安装完毕后必须制作接地连线，并与接地极可靠连接，接地电阻≤3Ω。

6）所有安装的接线箱体支架、灯具配件、管线配件均选用热镀锌产品或不锈钢产品。防腐等级必须符合国家现行标准规定。

7）管道敷设经过伸缩缝时，应设置伸缩装置。灯具和配电箱安装应避让伸缩缝。

7.6　杆上路灯

（1）杆上路灯安装

1）杆上安装路灯（含与电力杆等合杆安装路灯，下同），悬挑 1m 及以下的小灯臂安装高度宜为 4~5m；悬挑 1m 以上的灯架，安装高度应大于 6m；设路灯专杆的，安装高度应根据设计要求确定，如图 7-20 所示。

2）杆上路灯的高度、仰角、装灯方向应符合相关规定。

3）杆上路灯灯臂固定抱箍应紧固可靠，灯臂纵向中心线与道路纵向偏差角度应符合相关规定。

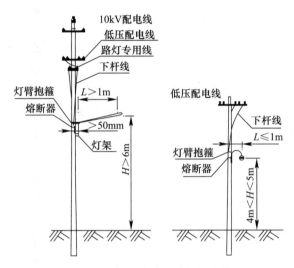

图 7-20　架空线路悬臂灯的安装

（2）引下线安装

1）引下线宜使用铜芯绝缘线和引下线支架，且松紧一致。引下线截面面积不宜小于 2.5mm²。引下线搭接在主线路上时应在主线上背扣后缠绕 7 圈以上。当主导线为铝线时，应缠上铝包带，并使用铜铝过渡连接引下线，如图 7-21 所示。

2）受力引下线保险台宜安装在引下线离灯臂瓷瓶 100mm 处，裸露的带电部分与灯架、灯杆的距离不应少于 50mm。非受力保险台应安装在离灯架瓷瓶 60mm 处。

3）引下线应对称搭接在电杆两侧，搭接处离电杆中心宜为 300~400mm，引下线搭接位置如图 7-22 所示，引下线不应有接头。

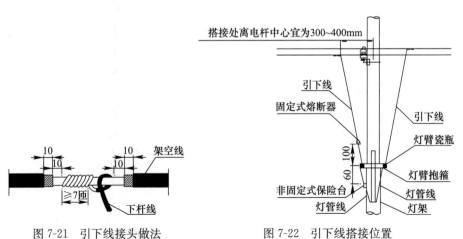

图 7-21　引下线接头做法　　　　图 7-22　引下线搭接位置

4）穿管敷设引下线时，搭接应在保护管同一侧，与架空线的搭接宜在保护管弯头管口两侧。保护管用抱箍固定，固定点间隔宜为2m，上端管口应弯曲朝下。

5）引下线严禁从高压线间穿过。

（3）在灯臂或架空线横担上安装镇流器应有衬垫支架，如图7-23所示。固定螺栓不得少于两只，直径不应小于6mm。

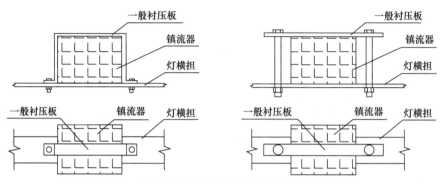

图 7-23　镇流器的安装固定

7.7　高架路、桥路灯

（1）高架桥路灯根据道路状况及使用分为高架防撞墙嵌入式路灯和防撞墙立杆式路灯。

1）高架桥防撞护栏嵌入式路灯

① 高架桥上下匝道，连接转弯的弯道路段可以设置防撞护栏嵌入式路灯。

② 防撞护栏嵌入式路灯设置预埋件，与防撞墙同步施工。预埋件应为热镀锌或不锈钢材质。

③ 防撞护栏嵌入式路灯的管路设置暗埋式，与防撞墙同步施工，每隔40m（≤40）设置接线箱，所有接线必须在接线箱里连接。

④ 主电源通过预埋的上引管路接入接线箱。上引管路与桥梁施工同步。

⑤ 所有管线施工符合管线施工规范，过伸缩缝符合规范要求，设置伸缩装置。

⑥ 高架路桥防撞护栏嵌入式路灯安装高度应离地0.5～0.6m，灯具间距不应大于6m，并应满足照度（亮度）、均匀度的要求。安装位置如图7-24所示。

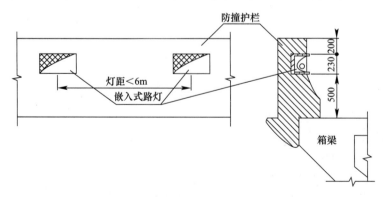

图 7-24　高架桥防撞护栏嵌入式路灯安装

⑦ 防撞护栏嵌入式路灯应限制眩光，必要时应安装挡光板或采用带隔栅的灯具，光源腔的防护等级不应低于 IP65。灯具安装灯体突出防撞墙平面不宜大于 10mm。

⑧ 防撞护栏嵌入式路灯应采取防震措施。

2）防撞墙立杆式路灯

① 高架路防撞墙立杆式路灯，灯杆位置合理选择，安装间距应在 25～40m（按路宽及照度确定）。与架空线路及影响路灯维护的安全距离应符合相关规定。

② 同一个高架道路安装的路灯，安装高度及仰角、装灯方向应保持一致。

③ 路灯灯杆高度根据路面宽度按照现行标准《城市道路照明设计标准》CJJ 45 规定设置。必须考虑预埋于防撞墙的承受力，沿海或风大的地区，还需注意风压。

④ 基础预埋件与防撞墙顶部齐平，预埋件与防撞墙同步施工。

⑤ 主电源通过预埋的上引管路接入接线箱。上引管路与桥梁施工同步。

⑥ 所有管线施工符合管线施工规范，过伸缩缝符合规范要求，设置伸缩装置。

⑦ 每盏灯的相线应装设熔断器，熔断器应固定牢靠，接线应符合本章 7.1.4 条的规定。

⑧ 高架路、桥梁等易发生强烈振动和灯杆易发生碰撞的场所，灯具应采取防振措施和防坠落装置。

（2）防撞护栏嵌入式过渡接线箱应热镀锌，门锁应有防盗装置；箱内线路排列整齐，每一回路挂有标志牌，接线盒（箱）如图 7-25 所示。

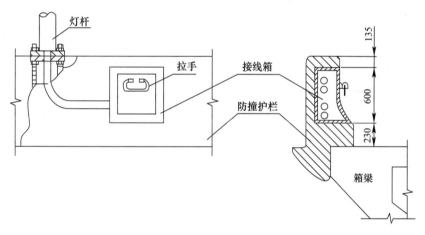

图 7-25　高架路防撞护栏接线箱示意图

（3）路灯安装使用的灯杆、灯臂、抱箍、螺栓、压板等金属构件应进行热镀锌处理，防腐质量应符合国家现行标准的相关规定。

（4）路灯安装完毕后，连接螺栓做防腐密封处理。

7.8　其他路灯

（1）墙灯安装高度宜为 3～4m，灯臂悬挑长度不宜大于 0.8m。

（2）安装墙灯时，从电杆上架空线引下线到墙体第一支持物间距不得大于 25m，支持物间距不得大于 6m，特殊情况应按设计要求施工，如图 7-26 所示。

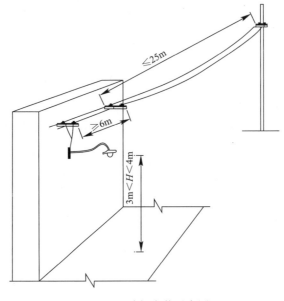

图 7-26　墙灯安装示意图

（3）墙灯架线横担应用热镀锌角钢或扁钢，角钢应不小于 50×5；扁钢应不小于 50×5。

（4）道路横向或纵向悬索吊灯安装高度不宜小于 6m，且应符合下列要求：

1）悬索吊线采用 16～25mm² 的镀锌钢绞线或 ϕ4 镀锌铁线合股使用，其抗拉强度不应小于吊灯（包括各种配件、引下线或铁板、瓷瓶等）重量的 10 倍。

2）道路横向吊线松紧应合适，两端高度宜一致，并应安装绝缘子。当电杆的刚度不足以承受吊线拉力时，应增设拉线。

3）道路纵向悬索钢绞线弧垂应一致，终端、转角杆应设拉线，并应符合相关规定。全线钢绞线应做接地保护，接地电阻应小于 4Ω。

4）悬索吊灯的电源引下线不得受力。引下线如遇树枝等障碍物时，可沿吊线敷设支持物，支持物之间的间距不宜大于 1m。悬索吊灯安装及钢索固定如图 7-27、图 7-28 所示。

5）墙灯、吊灯引下线和其保险装置的安装应符合相关规定。

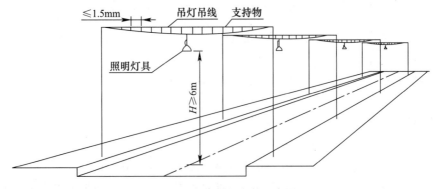

图 7-27　悬索吊灯安装示意图

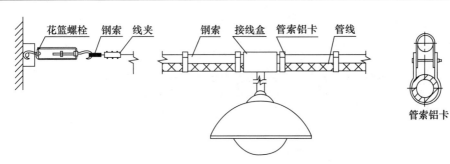

图 7-28　吊灯钢索固定示意图

第8章　夜景照明安装工程

为确保城市夜景照明工程的施工质量优良，确保整个照明系统的安全运行，同时促进照明系统施工技术水平的提高，夜景照明工程的施工工艺技术关乎项目的施工质量和最后的景观效果，对成熟的施工工艺技术应进行规范化，有效地提高项目的施工质量和生产效率；景观照明的管线敷设技术、灯具安装技术，有别于室内照明、功能性照明，特别是楼宇外墙管线敷设和控制技术有其专业化特点，往往在施工中不易被发现问题，待到系统调试时出现故障，常常影响工期、影响竣工验收，增大后期维修工作量，也是影响建设单位对施工单位长期信誉认可的要点。夜景照明工程的验收过程尤为重要，它代表建设单位、监理单位行使其职能，是照明系统工程建设项目的关键节点。如果施工验收发生偏差，设计意图和业主的期望不能实现，将会给国家和人民带来经济和生活环境的损失。因此，要求设计、施工、验收人员严格按照国家颁发的现行相关城市夜景照明工程设计标准设计，严格按照有关工程施工质量及验收规程进行验收，确保工程质量验收工作的公正性、科学性和权威性。

8.1　一般规定

1. 施工过程应注意事项

（1）夜景照明工程的施工首先应按已批准或会签通过的设计图纸进行，如需修改设计，应采用设计变更单或技术联络单，经原设计单位同意并经多方会签后方可进行。

（2）施工前应根据工程规模、施工环境及市政要求（如通过市政道路、占用部分绿地）等具体情况编制施工组织设计或方案。

（3）施工中所使用的设备材料应符合国家现行标准的有关规定，技术文件应齐全，型号、规格及外观质量应符合设计要求。

（4）施工人员必须经培训合格后持证上岗，施工专业人员及八大员应持有国家许可的技能操作证，并在有效期内。

（5）施工结束后，应清除施工过程中所造成的垃圾、渣土，施工时确需打开的绿地、草坪或市政道路、建筑墙面等，应恢复原貌。

2. 夜景照明安装工程质量除应符合相关章节的规定，还应符合下列规定：

（1）配电装置和控制均按本书第2章、第3章内容的规定进行施工与验收。

（2）电缆线路的安装敷设按本书第5章内容的规定进行施工与验收。

（3）照明设施接地保护系统应符合本书第6章内容的规定进行施工与验收。

3. 照明光源及其电器附件的选择应符合下列规定：

（1）选用的照明光源及其电器附件应符合相关标准的规定。

（2）选择光源时，在满足所期望达到的照明效果等要求条件下，应根据光源、灯具及镇流器等的性能和价格，在进行综合技术经济分析比较后确定。

（3）照明设计时宜按下列条件选择光源：

1）泛光照明宜采用金属卤化物灯或高压钠灯。

2）内透光照明宜采用三基色直管荧光、发光二极管（LED）或紧凑型荧光灯。

3）轮廓照明宜采用紧凑型荧光灯、冷阴极荧光灯或发光二极管（LED）。

4）商业步行街、广告等对颜色识别要求较高的场所宜采用金属卤化物灯、三基色直管荧光灯或其他高显色性光源。

5）园林、广场的草坪灯宜采用紧凑型荧光灯、发光二极管（LED）或小功率的金属卤化物灯。

6）自发光的广告、标识宜采用发光二极管（LED）、场致发光膜（EL）等低耗能光源。

7）不应采用高压汞灯、自镇流荧光高压汞灯和白炽灯。

（4）照明设计时应按下列条件选择镇流器

1）直管荧光灯应配用电子镇流器或节能型电感镇流器。

2）高压钠灯、金属卤化物灯应配用节能型电感镇流器，在电压偏差较大的场所，宜配用恒功率镇流器；光源功率较小时可配用电子镇流器。

（5）高强度气体放电灯的触发器与光源之间的安装距离应符合产品的相关规定。

4. 照明灯具选择应符合下列规定：

（1）选用的照明灯具应符合国家现行相关标准的有关规定。

（2）在满足眩光限制和配光要求条件下，应选用效率高的灯具。泛光灯灯具效率不应低于65%。

（3）安装在室外的灯具外壳防护等级不应低于 IP54，埋地灯具外壳防护等级不应低于 IP67，水下灯具外壳防护等级应符合现行标准《城市夜景照明设计规范》JGJ/T 163 相关规定。

（4）灯具及安装固定件应具有防止脱落或倾倒的安全防护措施。对人员可触及的照明设备，当表面温度高于 70℃时，应采取隔离保护措施。

（5）直接安装在可燃烧材料表面的灯具，应采用符合规定的灯具。

5. 对夜景照明灯具的基本要求：

（1）对光源进行配光，提供符合要求的光分布，达到人工照明的目的。

（2）固定光源及其附件（镇流器、触发器、电容器、启动器等）。

（3）保护光源及其附件不受机械损伤、污染和腐蚀。

（4）提供照明安全保证。

（5）装饰美化环境。

6. 选择夜景照明用灯具的基本原则：

（1）应具有合理的配光曲线，有符合要求的遮光角。

（2）应具有较高效率，达到节能指标。

（3）灯具的构造应符合安全要求和周围的环境要求。

（4）灯具造型应与环境协调，起到装饰美化的作用，表现环境文化。

（5）灯具应便于安装、维修、清扫，且换灯简便。

（6）灯具的性能价格比合理。

（7）灯具的光通量维持率高，即灯具的反射材料和透射材料具有反射比高和透射率高及耐久性好。

（8）灯具应有和环境相适应的光输出和对溢散光的控制，以免造成光污染和不必要能耗。

（9）灯具应通过中国强制认证，简称"CCC"。

7. 选择夜景照明灯具要美观，并具有节能环保的功能：

（1）造型美观，富有艺术性，保持环境在视觉上的完整性、连贯性和协调性。

（2）根据照明环境类型选择灯具，防止过量溢散光对空间和植被造成污染。

（3）不得采用0类灯具。金属外壳应有良好接地。

（4）采用节能灯具，有条件的地方采用太阳能、风能或太阳能灯具。

（5）被照明物对显色性有要求时，应选用配有相应适用光源的灯具。

8. 夜景照明灯具选择还应考虑防触电、防水防尘、光学等方面的性能：

（1）防触电性能。按照国家标准中相应防触电标准的规定，防触电保护不仅依靠基本绝缘，而且具有附加安全措施，即把易触及的导电部件连接到设施的固定线路中的保护接地导体上，使易触及的导电部件在万一基本绝缘失效时不致带电。

（2）防水防尘性能。防护等级应符合现行国家标准《道路与街路照明灯具性能要求》GB/T 24827中灯具的性能等级的规定。

（3）光学性能。灯具的光学性能主要指光束的轴向光强度、光束角度、配光曲线、灯泡的额定光通量、灯具效率等。

（4）机械特性。投光灯的主要机械特性有调节范围、锁紧结构。

调节范围：为了使投光灯具的光轴对准被照面上的任何点，投光灯的安装必须通过调节瞄准方向来实现。

锁紧结构：当投光灯一旦完成调节任务进入工作状态时，必须有一个有效锁紧结构，对投光灯予以固定。

8.2　建（构）筑物的管线施工

1. 管线施工一般要求

（1）配线施工前，建筑、构筑工程应符合下列要求：

1）对配线施工有影响的模板、脚手架等应拆除。

2）对配线施工可能造成污损的建筑装修工程应全部结束。

3）自建筑物引出的电源管线及支架、预埋件，应在建筑施工中预埋，规格、尺寸应符合设计要求。

（2）在建（构）筑物上施工时，线路保护管属于下列情况之一时，中间应增设接线盒或拉线盒

1）管长度超过30m，无弯曲。

2）管长度超过20m，有一个弯曲。

3）管长度超过15m，有两个弯曲。

4）管长度超过8m，有三个弯曲。

5）接线盒或拉线盒的位置应便于穿线。

（3）在建（构）筑物上施工时，垂直敷设电线保护管属于下列情况之一时，应增设固定导线用的拉线盒

1）管内导线截面为 35mm² 及以下，长度超过 30m。

2）管内导线截面为 70mm² 及以下，长度超过 20m。

3）管内导线截面为 120mm² 及以下，长度超过 18m。

（4）在建筑、构筑物明配导管排列

在建筑、构筑物明配导管应排列整齐，固定点间距应均匀，导管管卡间的最大距离符合表 8-1 的规定，管卡与终端、弯头中点、电气器具或盒（箱）边缘的距离宜为 150～500mm。

导管管卡间的最大距离　　　　表 8-1

敷设方式	管种类	管直径（mm）			
		15～20	25～32	40～50	65 以上
		管卡间最大距离（m）			
支架或沿墙明敷	壁厚>2mm 刚性钢导管	1.5	2.0	2.5	3.5
	壁厚≤2mm 刚性钢导管	1.0	1.5	2.0	—
	刚性塑料导管	1.0	1.5	2.0	2.0

（5）各种管道之间最小距离

配线工程施工中，电气线路与其他管道间最小距离应符合表 8-2 的规定。架空电气线路与建筑物、构筑物之间的最小距离应符合表 8-3 的规定。

电气线路与其他管道间的最小距离　　　　表 8-2

管道名称	配线方式		最小间距（mm）
蒸汽管道	平行	管道上	1000
		管道下	500
	交叉		300
暖气管、热水管	平行	管道上	300
		管道下	200
	交叉		100
通风、给水排水及压缩空气管	平行		100
	交叉		50

注　1. 对蒸汽管道，当在管外包隔热层后，上下平行距离可减至 200mm。
　　2. 暖气管、热水管应设隔热层。

架空电气线路与建筑物、构筑物之间的最小距离　　　　表 8-3

敷设方式		最小距离（mm）
水平敷设时的垂直间距	距阳台、平台、屋顶	2500
	距下方窗户上口	200
	距下方窗户下口	800
垂直敷设时至阳台、窗户的水平距离		600
导线至墙壁和构架的距离（挑檐下除外）		35

（6）古典建筑照明施工管线要求

古典建筑照明施工可采用铅皮护套线（防鼠咬）或金属保护管施工，供电线路必须安装漏电保护装置及过热保护装置；严禁采用PVC保护线管、塑料软管施工。

（7）配线工程防腐

在建筑、构筑物上配线工程采用的管卡、支架、吊钩、拉环和箱盒等应为热镀锌件或涂耐高温的高性能防腐涂料；上述金属配件在安装时表面受损，或进行再加工，受损表面应在安装后及时进行防腐保护。

（8）配线工程施工收尾

配线工程施工结束后，应将施工中造成的建筑物、构筑物上的孔、洞、沟、槽修补完整。

2. 管线穿越建筑幕墙的技术要求

（1）管线穿越建筑砖砌、混凝土墙体的应符合下列要求：

1）管线穿越建筑砖砌、混凝土墙体应尽可能采用预埋方式；若为后期开孔，应采用水钻工艺，防止使用冲击钻对墙体造成损伤；开孔应大于线管外径10mm以上，置入L弯线管，外侧下垂内侧上翘安置线管，用砂浆将线管与墙洞间缝隙填满、捣实，并恢复墙体表面涂覆层。

2）出墙线管敷设后，应及时对线管口进行临时封堵，防止作业期间雨水沿管进入建筑物。

3）管线穿越建筑砖砌、混凝土墙体，如图8-1所示。

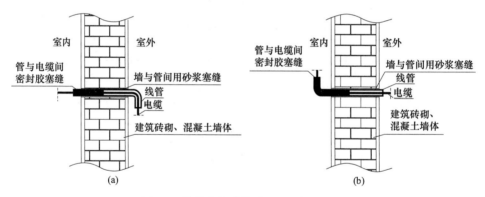

图8-1　管线穿越建筑砖砌、混凝土墙体

（a）L弯线管，外侧下垂安置；（b）L弯线管，内侧上翘安置

（2）管线穿越建筑玻璃、铝幕墙应符合下列要求：

1）管线应避免穿越建筑玻璃幕墙。受条件限制必须穿越时，应选择玻璃幕墙与墙体的接缝处穿越。如幕墙铝框架开孔穿越，对于开孔大小、开孔位置及防水封堵方案，不得损伤铝框架结构强度。

2）管线穿越建筑铝幕墙时，采用电缆防水接头方式。

3）管线穿越建筑铝幕墙，如图8-2所示。

（3）管线穿越建筑单元体玻璃幕墙应符合下列要求：

1）管线穿越建筑单元体玻璃幕墙铝框架开孔大小、开孔位置及防水封堵应在制造厂进行，并防止安装时的结构干涉，以及安装件与幕墙结构产生化学电位差，造成电化学腐蚀。

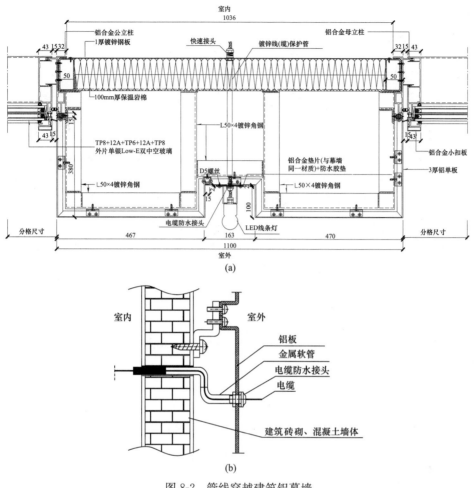

图 8-2 管线穿越建筑铝幕墙

（a）铝板后，防火隔层出线；（b）铝板后，墙体出线

2）电缆的载流量应留有一定余量，应为耐候性好、质软、无腐蚀性的优质材料。

3）管线穿越建筑单元体玻璃幕墙，如图 8-3 所示。

（4）管线穿越干挂石墙应符合下列要求：

1）管线应在干挂石墙的钢结构完成时，进行线管敷设。管线应用螺钉固定在建筑结构或干挂石墙的钢结构上，不得采用扎带、钢丝固定，管线中间不得有线盒。因线路过长必须设置中间线盒，应预先在干挂石墙上开孔（大于线盒尺寸），设置活动盖板。

2）管线引出干挂石墙应在出线处设置线盒，在干挂石墙线盒处开孔（大于线盒尺寸），并设置活动盖板。

3）干挂石墙上安装灯具的支架不宜直接固定在建筑结构上，宜固定在干挂石墙的钢结构上。管线穿建筑干挂石墙如图 8-4 所示。

3. 管线穿越防火分隔和建筑间伸缩缝应符合下列要求：

（1）管线穿越防火分隔，应采用壁厚大于 2.5mm 的钢管穿越，钢管应伸出防火分隔墙面 200mm 以上，钢管与墙洞的缝隙应用混凝土砂浆灌满，钢管一端应设置一个带钢盖的钢线盒。

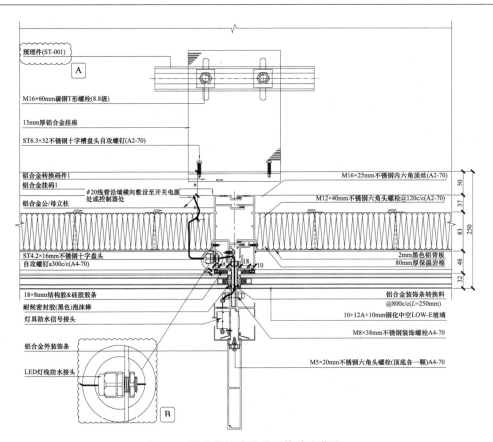

图 8-3　管线穿越建筑单元体玻璃幕墙

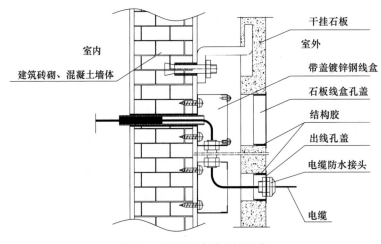

图 8-4　管线穿建筑干挂石墙

（2）管线敷设应将线缆与线管间的缝隙用防火泥封堵，封堵深度应为 4 倍管径（80mm）以上，再用螺钉紧固钢质线盒盖。管线穿越防火分隔，如图 8-5 所示。

（3）管线穿越建筑间伸缩缝应采用热镀锌金属软管，软管两端设置尺寸大于 100mm×100mm×50mm 的热镀锌钢线盒，软管长度应大于线盒间距离的 1.25 倍，且不少于 80mm，在两边线盒内留有一定余量。管线穿越建筑间伸缩缝，如图 8-6 所示。

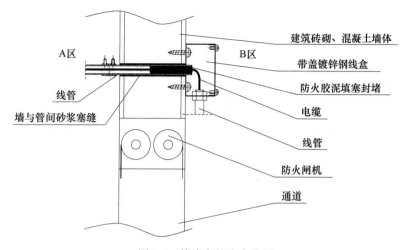

图 8-5　管线穿越防火分隔

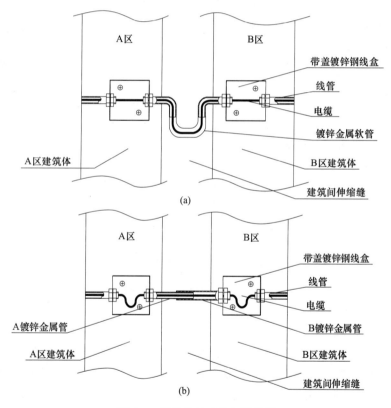

图 8-6　管线穿越建筑间伸缩缝

（a）结构分区间线管弧形伸缩；（b）结构分区间线管套接伸缩

4. 管线穿越建筑墙体至室外地面应符合下列要求：

（1）管线穿越建筑墙体至室外室内高出地面 400mm 以上出墙，再向下引至手孔井，并应符合规范规定。穿越处在室内或室外至少应设置一个检修线盒。管线穿越建筑至室外地面方式，如图 8-7 所示。

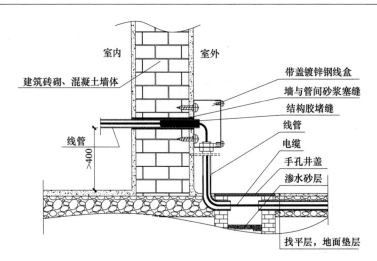

图 8-7　管线穿越建筑至室外地面

（2）管线穿越建筑室内地下引至室外手孔井，埋深不应小于 100mm，地面下管线应向室外倾斜，防止管内积水。室内进线口应高出室外地面 400mm 以上，手孔井、电缆井内应留有超过 200mm 的长度并做成 Ω 形状。井内应有泄水措施，管口应用胶泥封堵。管线穿越建筑室内地下引至室外手孔井，如图 8-8 所示。

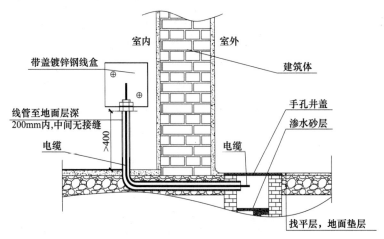

图 8-8　管线穿越建筑室内地下引至室外手孔井

（3）线管直径应大于 32mm，内截面积应大于所穿电缆截面积 5 倍以上，壁厚大于 2.5mm 的热镀锌钢管，电缆在接线盒或手孔井内做中间接头时，应采用套管密封焊接，焊接处隐蔽前应做透水检查（线管一端堵塞，从另一端注入 0.1MPa 的气体，接头处涂抹肥皂水，观察应无气泡产生）和防锈处理。

8.3　照明供配电与安全

8.3.1　照明供配电

（1）应根据照明负荷中断供电可能造成的影响及损失，合理地确定负荷等级，并应正确地选择供电方案。

（2）夜景照明设备供电电压宜为 0.23/0.4kV，供电半径不宜超过 0.5km。照明灯具端电压不宜高于其额定电压值的 105％，并不宜低于额定电压值的 90％。

（3）夜景照明负荷宜采用独立的配电线路供电，照明负荷计算需要系数应取 1，负荷计算时应包括电器附件的损耗。

（4）当电压偏差或波动不能保证照明质量或光源寿命时，在技术经济合理的条件下，可采用有载自动调压电力变压器、调压器或专用变压器供电。当采用专用变压器供电时，变压器的接线组别应符合要求。

（5）照明分支线路每一单相回路电流不宜超过 30A。

（6）三相照明线路各相负荷的分配宜保持平衡，最大相负荷电流不宜超过三相负荷平均值的 115％，最小相负荷电流不宜小于三相负荷平均值的 85％。

（7）当采用三相四线配电时，中性线截面不应小于相线截面；室外照明线路应采用双重绝缘的铜芯导线，照明支路铜芯导线截面不应小于 2.5mm²。

（8）对仅在水中才能安全工作的灯具，其配电回路应加设低水位断电措施。

（9）对单光源功率在 250W 及以上者，宜在每个灯具处单独设置短路保护。

（10）夜景照明系统应安装独立电能计量表。

（11）有集会或其他公共活动的场所应预留备用电源和接口。

8.3.2　照明控制

（1）同一照明系统内的照明设施应分区或分组集中控制，应避免全部灯具同时启动。宜采用光控、时控、程控和智能控制方式，并应具备手动控制功能。

（2）应根据使用情况设置工作日、节假日、重大节日等不同的开灯控制模式。

（3）系统中宜预留联网监控的接口，为遥控或联网监控创造条件。

（4）总控制箱宜设在值班室内便于操作处，对设在室外的控制箱应采取相应的防护措施。

8.3.3　安全防护与接地

（1）安装在人员可触及的防护栏上的照明装置应采用特低安全电压供电，否则应采取防意外触电的保障措施。

（2）安装于建筑本体的夜景照明系统应与该建筑配电系统的接地形式一致。安装于室外的景观照明中距建筑外墙 20m 以内的设施应与室内系统的接地形式一致；距建筑物外墙 20m 以外的部分宜采用 TT 接地系统，将全部外露可导电部分连接后直接接地。

（3）配电线路的保护应符合现行国家标准《低压配电设计规范》GB 50054 的要求，当采用 TN-S 接地系统时，宜采用剩余电流保护器作为接地故障保护。当采用 TT 接地系统时，应采用剩余电流保护器作接地故障保护。动作电流不宜小于正常运行时最大泄漏电流的 2.0～2.5 倍。

（4）夜景照明装置的防雷应符合现行国家标准《建筑物防雷设计规范》GB 50057 的要求。

（5）照明设备所有带电部分应采用绝缘、遮拦或外护物保护，距地面 2.8m 以下的照明设备应使用工具才能打开外壳进行光源维护。室外安装照明配电箱与控制箱等应采用防水、防尘型、防护等级不应低于 IP54，北方地区室外配电箱内元器件还应考虑室外环境温度的影响，距地面 2.5m 以下的电气设备应借助于钥匙或工具才能开启。

（6）嬉水池（游泳池）防电击措施应符合下列规定：

1）在 0 区内采用 12V 及以下的隔离特低电压供电，其隔离变压器应在 0、1、2 区以外；嬉水池区域划分应符合现行行业规范《城市夜景照明设计规范》JGJ/T 163 相关规定。

2）电气线路应采用双重绝缘；在 0 区及 1 区内不得安装接线盒。

3）电气设备的防水等级：0 区内不应低于 IPX8；1 区内不应低于 IPX5；2 区内不应低于 IPX4。

4）在 0 区、1 区及 2 区内应做局部等电位联结。

（7）喷水池防电击措施应符合下列规定：

1）当采用 50V 及以下的特低电压（ELV）供电时，其隔离变压器应设置在 0、1 区以外；当采用 220V 供电时，应采用隔离变压器或装设额定动作电流不大于 30mA 的剩余电流保护器；喷水池区域划分应符合现行行业规范《城市夜景照明设计规范》JGJ/T 163 相关规定。

2）水下电缆应远离水池边缘，在 1 区内应穿绝缘管保护。

3）喷水池应做局部等电位联结。

4）允许人进入的喷水池或喷水广场应执行现行行业规范《城市夜景照明设计规范》JGJ/T 163 相关规定。

（8）霓虹灯的安装设计应符合现行国家标准《霓虹灯安装规范》GB/T 19653 的规定。

8.4　景观照明灯具安装

随着城市夜景照明工程建设不断地发展，人们对夜景照明的要求、艺术水平、文化品位越来越高，也逐步认识到城市夜景照明工程建设是一项系统工程，它包括城市建（构）筑物、街道、道路、桥梁、广场、公园、绿地等城市附属设施所构成的景观元素，可以形成一幅和谐优美的夜景画面。夜景照明灯具的安装不仅要注意照明效果的艺术性和文化内涵，还要注意不管是白天还是晚上，城市夜景照明设施（光源、灯具、支架、配电管线等）的外形、尺寸、色彩及用料既要美观，又要和使用环境协调一致。合理确定灯具安装位置，力争做到"藏灯照景"，见光不见灯，特别是不要让人直接看到光源灯具而引起眩光。

城市夜景照明工程施工中所使用的设备材料应符合国家现行标准的有关规定，技术文件应齐全、型号、规格及外观质量应符合设计要求，除应符合本书所讲的景观照明安装质量要求外，还应符合现行标准《城市道路照明工程施工及验收规程》CJJ 89、《建筑电气工程施工质量验收规范》GB 50303 等的相关质量标准。

8.4.1　一般规定

（1）灯具安装在建（构）筑物顶部或外墙，其金属外壳及固定支架应有防雷接地保护装置，安装在非金属装饰条上的灯具要提高防雷等级。

（2）灯具的电源应有防雷电浪涌保护装置，即浪涌保护器的最大电涌电压应与所属系统的基本绝缘水平和灯具允许的最大电涌电压一致。

（3）室外支架（灯柱）上安装的灯具距地面高度不宜低于 3m，安装在建（构）筑物上的灯具离地面高度不宜低于 2.5m。

（4）灯具的固定支架、螺栓应能承受灯具重量的 5 倍以上，其金属外壳及支架（灯柱）必须可靠接地，接地电阻不应大于 10Ω，系统（PE 线）接地电阻不应大于 4Ω。

（5）严禁将灯具直接安装在易燃、易爆物件上，灯具功率大于 150W 及以上安装位距墙面距离应大于 150mm 及以上，防止墙体保温墙面或被照物（可燃物）被灯具引燃。

（6）外墙装饰灯的管线、接线盒宜预先埋设，接线盒尺寸应能容纳适配的线路转接器、信号放大器、电源及控制线缆等器件。

（7）灯具与支架、墙体固定应不少于 2 个螺栓，18W 以上灯具固定螺栓不应小于 M6，其他灯具不应小于 M4。安装位置应易于施工、维修方便，固定安全牢靠。

（8）安装高度超过 2.5m 的灯具及安装固定件应具有防止坠落或倾倒的安全防护措施，高架道路、桥梁、墙体等易发生强烈振动和灯具（杆）易发生碰撞的场所，应采取防振措施和防坠落装置。

（9）应将灯具支架穿过墙体的保温层、砂浆、瓷砖、铝扣板、干挂石材固定在实砌墙体上。

（10）对地埋或水下灯做气密性试验。施工现场简单可用的气密性试验方法是将灯具置入水中，水没过灯具，点亮灯具 45min，无气泡冒出，再断电至灯具冷却，将灯具面板朝下抖动，面板玻璃上无水珠为防水合格。若灯具有专用密封测试孔，则通过测试孔进行加压和真空测试。加压＋0.1MPa、－0.1MPa 各 30min 无泄漏为合格。

（11）所有金属构件和螺栓必须热镀锌，因施工需要进行焊接，应做好防腐处理。

8.4.2 投光灯

（1）外墙装饰投光灯具的两灯之间（距离小于 1m）应使用防水插接头连接，因接头线需加长要剪断再接，必须在断电情况下进行，用锡焊接后做好防水措施，并注意电线外皮颜色，防止接错相位。

（2）投光灯以朝上或朝下照明为主，防雨性能具有一定的方向性。朝上安装时，壳体底部最低处应有泄水孔，如用塞冒堵上的应打开塞冒。

（3）投光灯安装调试时，相邻灯具的最大亮度之差与平均亮度之比不大于 10%；相邻灯具的色度值之差与平均色度之比不大于 5%；灯具外表色泽相差应与所处的外墙色泽相近。

（4）预埋的防水接线盒盖板应可拆卸、开启，便于维修。

（5）干挂内混凝土墙面敷设的 PVC 管或 SC 管宜采用不锈钢骑马卡固定。

（6）草坪地埋式、平屋面上投光灯安装，应采用 C20 混凝土现场浇筑 300mm×300mm×300mm 混凝土灯具基础及 400mm×200mm×50mm 混凝土支架基础。

（7）投光灯结构如图 8-9 所示。

（8）投光灯安装方法如图 8-10～图 8-14 所示。

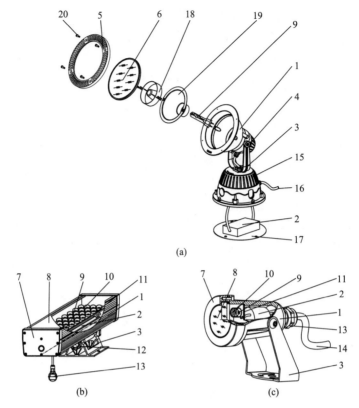

图 8-9　投光灯结构示意图

（a）传统气体放电投光灯；（b）矩形 LED 投光灯；（c）圆形 LED 投光灯

1. 灯体；2. 电器；3. 支座；4. 灯罩；5. 盖板；6. 面板；7. 端盖；8. 玻璃罩；9. 光源；10. 透镜；11. 铝基板；
12. 紧固螺钉；13. 电缆接头；14. 电缆；15. 电源箱；16. 电源进线；17. 电源箱底板；18. 遮光罩；19. 反光杯；20. 螺钉

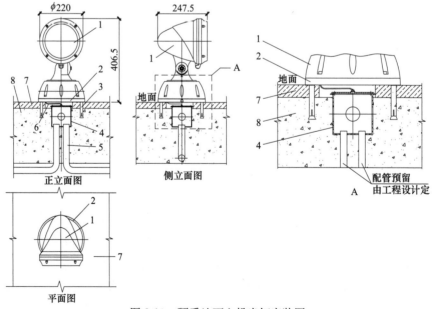

图 8-10　硬质地面上投光灯安装图

1. 支架投光灯；2. 灯具底座；3. 膨胀螺栓；4. 防水接线盒；5. 配管；6. 金属软管；7. 地面铺装层；8. C20 混凝土基础

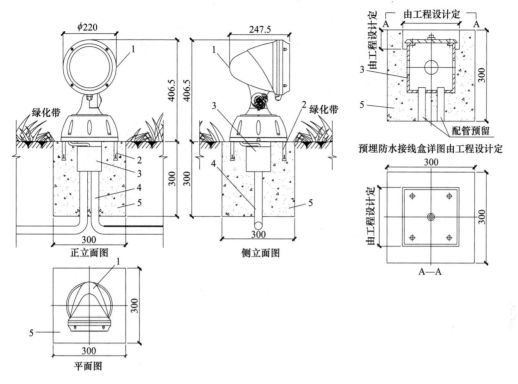

图 8-11 草坪地埋式投光灯安装图
1. 投光灯具；2. 膨胀螺栓；3. 防水接线盒；4. 配管；5. C20 混凝土基础

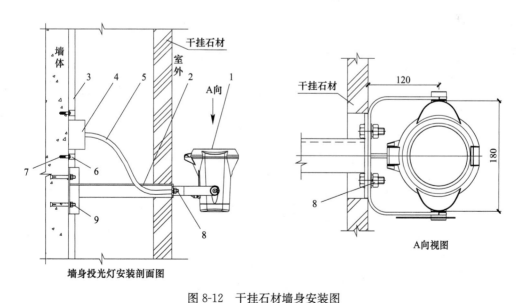

图 8-12 干挂石材墙身安装图
1. 投光灯；2. 镀锌角钢支架；3. 配管；4. 接线盒；5. 金属软管；
6. 骑马卡；7. M6 膨胀螺栓；8. M10 螺栓；9. M8 膨胀螺栓

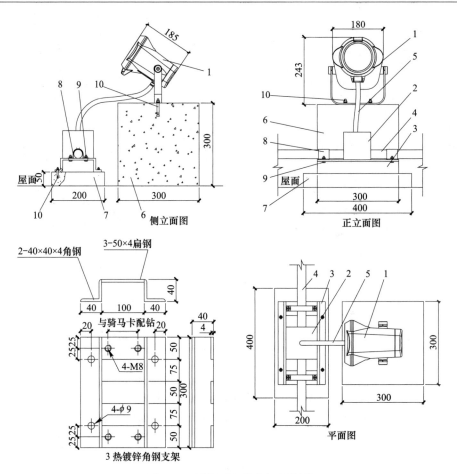

图 8-13　平屋面上投光灯安装图

1. 投光灯具；2. 接线盒；3. 角钢支架；4. 配管；5. 金属软管；6. 混凝土灯具基础；

7. 混凝土支架基础；8. 骑马卡；9. 螺栓；10. 膨胀螺栓

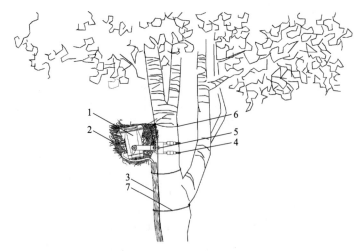

图 8-14　树上投光灯具安装图

1. 投光灯具；2. 仿生鸟巢；3. 仿生藤保护管；4. 弹簧抱箍；5. 螺栓；6. 防坠落钢丝绳；7. 弹簧钢丝绳

注：在不影响树木生长的基础上，根据实际情况做相应调整。

8.4.3 泛光灯

（1）用于景观树丛树木的照明混凝土基础一般高出地面 50～150mm，置于绿化带内的泛光灯应有防护措施。贴近道路的泛光灯，应避免对行人产生眩光，灯具进线管线应在做混凝土基础时进行预埋。灯具底座固定可采用预埋螺杆或膨胀螺栓。

（2）对高大树木照明，应在树旁立支架安装灯具。

（3）对出光具有方向性的泛光灯具，安装时应根据设计或具体使用情况，确定投光方向后再进行安装定位。

（4）安装在绿化带内或低洼地、可被水淹的灯具不得被雨水浸泡，并应提高防护等级。

（5）泛光灯结构如图 8-15、图 8-16 所示。

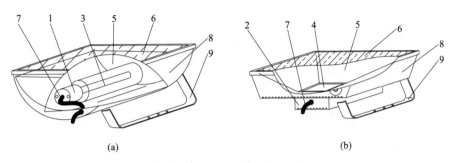

图 8-15　泛光灯结构示意图

（a）传统光源气体放电泛光灯；（b）LED 泛光灯

1. 灯头；2. 电器；3. 光源；4. LED 光源；5. 反射器；6. 玻璃罩；7. 电缆；8. 灯壳；9. 支架

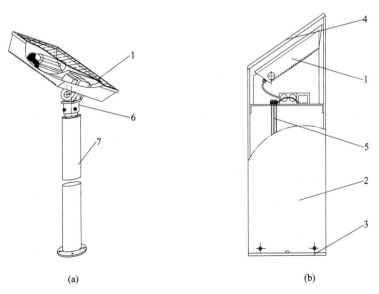

图 8-16　杆和箱式泛光灯结构示意图

（a）杆式泛光灯；（b）箱式泛光灯

1. 泛光灯；2. 灯体；3. 底座；4. 面罩；5. 电源进线；6. 支架；7. 镀锌灯杆

（6）泛光灯安装方法如图 8-17、图 8-18 所示。

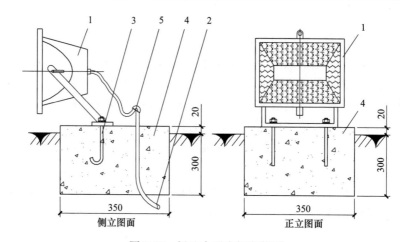

图 8-17 绿地内泛光灯安装图
1. 泛光灯具；2. 配管；3. M10 螺栓；4. C20 混凝土底座；5. 防水弯头

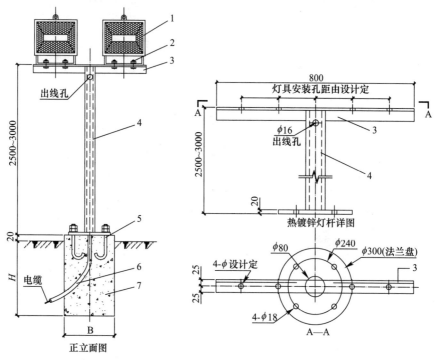

图 8-18 泛光灯立柱安装图
1. 泛光灯具；2. 灯具固定螺栓；3. 镀锌角钢；4. 镀锌灯杆；5. 主筋螺栓；6. 电线管；7. C20 混凝土基础

（7）独立式大型雕塑在 5m 以下高度一般采用柱状造型，将灯具隐藏其中；对于 5m 以上高度雕塑可设计 2.5m 高的灯架安装灯具。

（8）建筑上雕塑的照明应做安装可行性分析，特别是古建筑应尽量避免破坏建筑本体，并考虑灯具载荷对建筑物的影响。

8.4.4 线型灯（轮廓灯、洗墙灯）

（1）灯具与灯具之间应尽量使端头靠近，形成无断区光影，使灯具与墙面间的距离在各种不同色彩和灰度下，不会形成锯齿状光影。

（2）灯具应尽可能隐藏，线路和控制器等隐藏其内，不影响建筑白天的美观。幕墙铝合金框架上安装洗墙灯之前，应征得铝合金幕墙业主单位的书面认可。

（3）轮廓灯安装，相邻灯具端头错位不得大于端头尺寸的 1/10，即 50 管的为 5mm，80 管为 8mm。安装在低于 10m 高以下的灯具，相邻灯具端头错位不得大于端头尺寸的 1/25，即 50 管的为 2.0mm，80 管为 3.2mm。轮廓灯结构见图 8-19(c)、(d)。

（4）线形灯安装，相邻灯具端头错位不得大于灯珠尺寸的 1/2，即 5050 灯珠约为 5mm，横向错位不得大于 2.5mm。安装在低于 20m 高以下的灯具，相邻灯具端头错位不得大于灯珠尺寸的 1/4，即 5050 灯珠，横向错位不得大于 1.25mm。

（5）灯具的安装，不应少于 2 个固定螺栓，18W 以上灯具安装螺钉不应小于 M5。其他的灯具安装螺钉不应小于 M4。

（6）各种线形灯结构如图 8-19 所示。

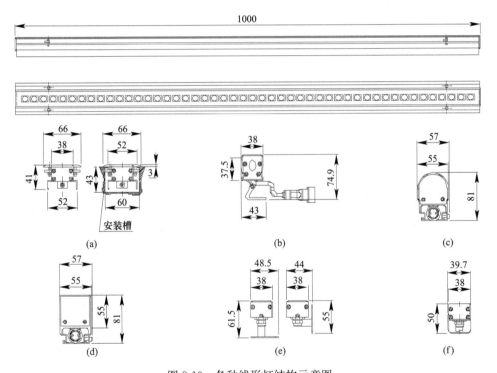

图 8-19　各种线形灯结构示意图

(a) 嵌入式线形灯；(b) LED 洗墙灯；(c) D 形轮廓灯；(d) 矩形轮廓灯；
(e) 可调角度线形灯；(f) 弹簧卡槽线形灯

（7）各种线形灯安装方法如图 8-20～图 8-22 所示。

8.4.5　瓦楞灯

（1）瓦楞灯位于建筑物、构筑物或外墙的装饰线上，安装在非金属装饰条上的灯具要提高防雷等级，做好相应的防雷接地连接。

（2）瓦楞灯安装应根据设计的位置布置，按瞄点进行方向调整。

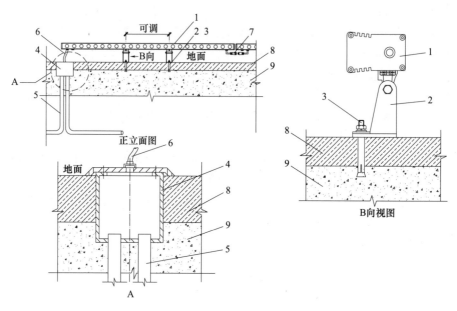

图 8-20　硬质地面线形灯安装图

1. LED 灯；2. LED 灯可调支架；3. 膨胀螺栓；4. 预埋防水接线盒；5. 配管；

6. 金属软管；7. 防水插拔接头；8. 石材铺装层；9. C20 混凝土基础

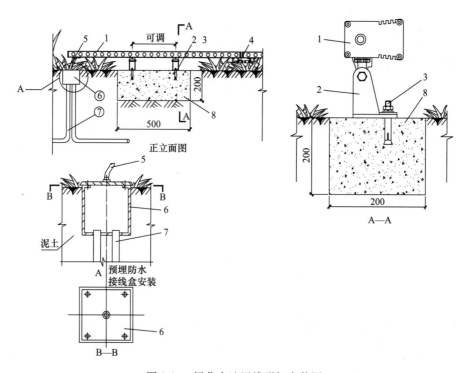

图 8-21　绿化内地埋线形灯安装图

1. LED 灯；2. LED 灯可调支架；3. 膨胀螺栓；4. 防水插拔接头；

5. 金属软管；6. 预埋防水接线盒；7. 配管；8. 混凝土基础

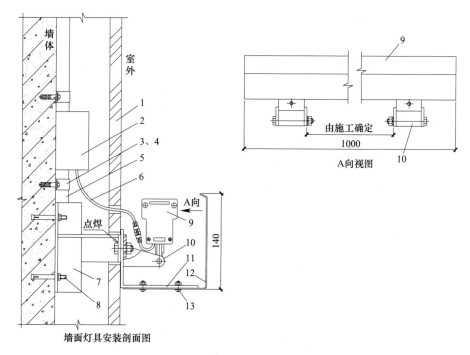

图 8-22　干挂墙面线形灯安装图

1. 干挂装饰板；2. 接线盒；3. 骑马卡；4. 塑膨胀螺栓；5. 配管；6. 防水插接头线；7. 镀锌角钢支架；8. 膨胀螺栓；
9. LED灯；10. LED灯支架；11. 装饰条支架；12. 不锈钢装饰条；13. 不锈钢螺栓

（3）瓦楞灯具的两灯之间应使用全防水的对接接头连接。

（4）瓦楞灯具安装，相邻灯具的最大亮度之差与平均亮度之比，不得大于10%。相邻灯具的色度值之差与平均色度之比，不得大于5%。灯具外表色泽相差，应与所处的瓦楞色泽相近。

（5）瓦楞灯与瓦夹接面应采用橡胶垫。应接触面受力均匀，防止损坏瓦片。瓦楞灯支架、灯体、线缆不应堵塞瓦沟造成积水。北方地区，不能因瓦上冰雪的正常活动，损坏瓦片或灯具及线缆。

（6）瓦楞灯结构如图 8-23 所示。

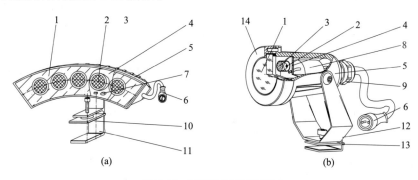

图 8-23　瓦楞灯结构示意图

（a）弧形瓦楞灯；（b）圆形瓦楞射灯

1. 玻璃罩；2. 光源；3. 透镜；4. 铝基板；5. 灯体；6. 电缆对接头；7. 恒流电器件；
8. 电器；9. 防水接头；10. 紧固夹；11. 支座；12. 支架；13. 压板；14. 端盖

（7）瓦楞灯安装方法如图 8-24 所示。

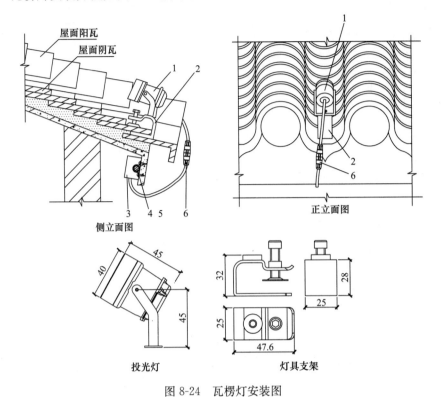

图 8-24　瓦楞灯安装图

1. 灯具；2. 灯具支架；3. 接线盒；4. 配管；5. 骑马卡；6. 防水插接头

8.4.6　壁灯

（1）壁灯的安装件应直接固定在建筑物的实体结构上，不得固定在幕墙、保温层、抹平层上。穿过幕墙的安装件应与幕墙有柔性密封间隙，不能因安装件或幕墙的弹性移动，相互间受力，致使安装件或幕墙受损。

（2）壁灯的安装固定螺栓位尽可能隐藏，安装后灯具及安装件在任意方向能抗 $50 \mathrm{kg/m^2}$ 载荷，不会发生变形、损坏，防雨等级降低。安装高于 40m 或风通道上的大型壁灯，安装后灯具及安装件在任意方向能抗 $75 \mathrm{kg/m^2}$、0.5 次/s 冲击风载荷，历时 30min，灯具及零部件不应掉落。

（3）壁灯具安装，相邻灯具的最大亮度之差与平均亮度之比，不得大于 20%；相邻灯具的色度值之差与平均色度之比，不得大于 10%；灯具外表色泽应与所处的墙柱色泽相近。

（4）壁灯结构如图 8-25 所示。

（5）装饰壁灯安装方法如图 8-25 所示。

8.4.7　筒灯

（1）吊挂式筒灯应直接固定在雨棚的承力结构上，嵌入式筒灯所安装的顶棚应有足够的支撑强度，筒灯引线的连接应能吊挂起整个灯具重量。

（2）筒灯安装，相邻灯具的最大亮度之差与平均亮度之比不得大于 10%。相邻灯具的

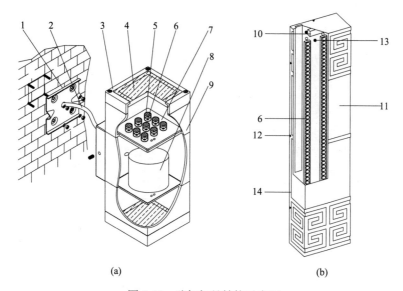

图 8-25　壁灯灯具结构示意图

（a）双向壁灯灯具；（b）装饰壁灯灯具

1. 支架；2. 电缆；3. 端盖；4. 玻璃罩；5. 透镜；6. 光源；7. 铝基板；8. 电器；9. 灯体；10. 电源；
11. 亚克力发光罩；12. 亚克力发光罩紧固螺丝；13. 膨胀螺栓；14. 灯具外壳

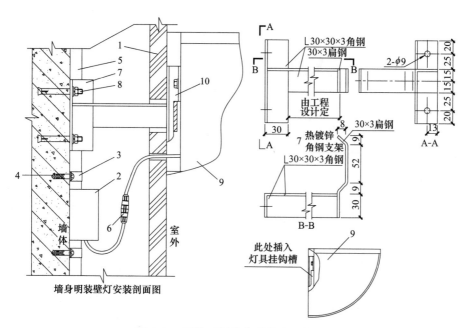

图 8-26　干挂石材墙身明装壁灯安装图

1. 干挂装饰板；2. 接线盒；3. 骑马卡；4. 塑膨胀螺丝；5. 配管；6. 防水插接头线；
7. 30×30×3 镀锌角钢支架；8. M8×85 膨胀螺栓；9. LED 投光灯；10. 灯具挂钩

色度值之差与平均色度之比，不得大于 5%。灯具外表色泽，应与所处的雨棚结构或顶棚装饰板色泽相近。

（3）安装在雨棚边沿吊挂式筒灯的底部不应积水。装有气体放电灯泡的腔体内温度高，不应有蚊虫进入的缝隙，防止蚊虫干后引起火灾。室外筒灯材质相比室内筒灯的抗腐蚀能力要强。

（4）筒灯结构如图 8-27 所示。

（5）嵌入式筒灯安装方法如图 8-28 所示。

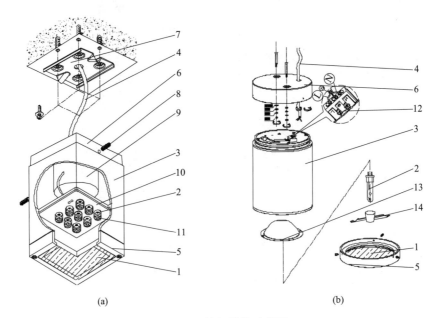

(a)　　　　　　　　　　　(b)

图 8-27　筒灯结构示意图

（a）LED 筒灯结构示意图；（b）传统光源筒灯结构示意图

1. 灯罩；2. 光源；3. 灯体；4. 电缆；5. 灯罩压圈；6. 底座；7. 支架；8. 固定钉；
9. 电器；10. 铝基板；11. 透镜；12. 接线端子；13. 反光杯；14. 遮光罩

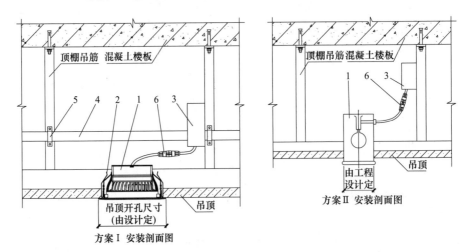

图 8-28　顶棚嵌入式筒灯安装大样图

1. 吸顶筒灯；2. 固定弹片；3. 接线盒；4. 配管；5. 骑马卡；6. 防水插接头

8.4.8　像素灯

（1）像素灯安装在非金属装饰条上的灯具要提高防雷等级。嵌入式安装于金属外墙体上的灯具，或装于幕墙内的灯具，可以不考虑防雷性。

（2）像素灯安装成线状、网状布置时，灯具与灯具间是均匀间距。

（3）采用钢丝绳安装，灯具固定在两条平行的钢丝绳上，钢丝绳一端固定在钢支架上，另一端用调张紧装置固定在角钢支架上。水平安装时应保持较小的垂度，中间增加适当的固定卡。

（4）相邻灯具错位不得大于灯具中心尺寸的 1/20。安装在低于 20m 高以下的灯具，相邻灯具错位不得大于灯具中心尺寸的 1/30。

（5）相邻灯具的最大亮度之差与平均亮度之比，不得大于 5%。相邻灯具的色度值之差与平均色度之比不得大于 2%。

（6）像素灯安装方法如图 8-29 所示。

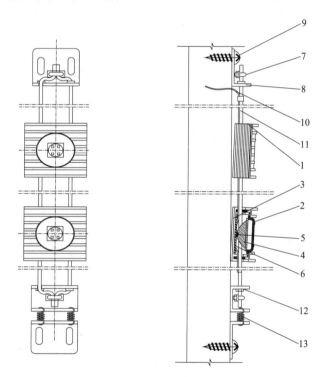

图 8-29　像素灯墙体安装图

1. 灯体；2. 灯罩；3. 后盖；4. 透镜；5. 大功率 RGBW-LED 光源；6. 铝基板；7. 钢丝绳卡；
8. 固定支架；9. 固定螺钉；10. 引线；11. 组合电缆；12. 活动绳卡；13. 张紧弹簧

8.4.9　点状灯

（1）装于幕墙铝合金框架上的点状灯，其安装大样、灯具重量载荷，应征得铝合金幕墙设计单位的书面认可。

（2）相邻灯具的最大亮度之差与平均亮度之比不得大于 5%。相邻灯具的色度值之差与平均色度之比不得大于 2%。

（3）点状灯结构如图 8-30 所示。

（4）点状灯安装如图 8-31 所示。

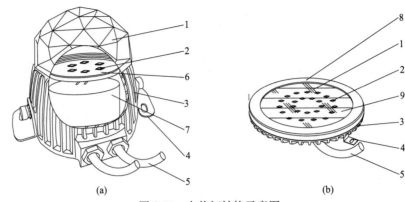

图 8-30　点状灯结构示意图

（a）LED 棱罩半球点状灯结构示意图；（b）LED 盘型点状灯结构示意图

1. 灯罩；2. LED 光源；3. 灯体；4. 支架；5. 防水插接头；6. 铝基板；7. 电器；8. 盖圈；9. 线路板

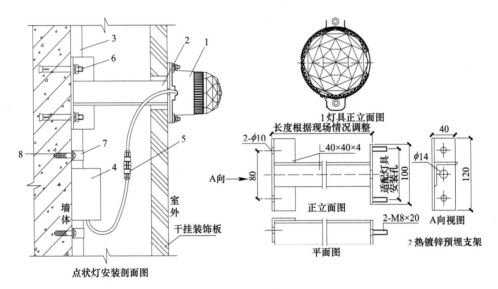

图 8-31　点状灯具安装图

1. 点状灯具；2. 预埋支架；3. 配管；4. 接线盒；5. 防水插接头；6. 膨胀螺栓；7. 骑马卡；8. 塑膨胀螺栓

8.4.10　航空障碍灯

（1）航空障碍灯位于建筑物、构筑物顶端或外墙的边缘位置上，必须做好相应的接闪器和防雷接地连接。

（2）同一层面上的两灯之间应考虑同步连接（电源线外，增设两根截面面积≥1.0mm² 同步铜芯线）。

（3）装于幕墙铝合金框架上的航空障碍灯，其安装大样、灯具重量载荷，应征得铝合金幕墙设计单位的书面认可。

（4）航空障碍灯具与铝材等结构连接时，应考虑防电位差腐蚀原因。

（5）航空障碍灯结构如图 8-32 所示。

（6）航空障碍灯安装方法如图 8-33 所示。

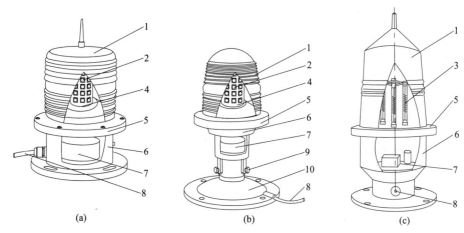

图 8-32　航空障碍灯结构示意图

(a) 中光强 LED 航空障碍灯；(b) 低光强 LED 航空障碍灯；(c) 传统航空障碍灯

1. 灯罩；2. LED 光源；3. 卤钨光源；4. 导热支架；5. 盖圈；6. 灯体；7. 电器；8. 电缆；9. 紧固螺钉；10. 托盘

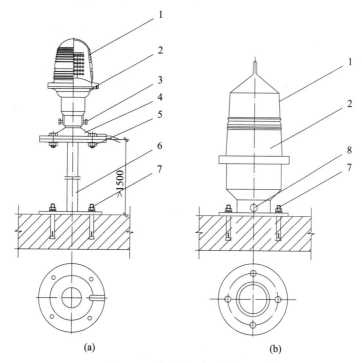

图 8-33　航空障碍灯安装方法

(a) 支架安装图；(b) 直接在屋面安装图

1. 灯罩；2. 灯体；3. 紧固螺钉；4. 托盘；5. 螺栓；6. 支架；7. 膨胀螺栓；8. 导线孔

8.4.11　地埋灯（地砖灯）

（1）地埋灯应安装在道路两侧视觉明显位置，且不应影响人员的安全通行。

（2）灯具边沿不能凸出地面，也不能低于周边地面。

（3）灯具在混凝土地面上安装，应先安装预埋筒。对于偏光的地埋灯，要注意预埋筒的转向，防止调试时有些灯具不能调整到设计的方向上。灯具底部（预埋筒下方）应有泄水系统，便于积水渗入地下。

（4）预埋筒在地面用混凝土砂浆捣实到位，待混凝土凝固后方能安装灯具。

（5）在车行道路安装地埋灯具，先安装一个大样，并选择相应车辆进行通过性测试，车压测试后再进行密封性测试。

（6）地埋灯结构如图 8-34 所示。

（7）线形地埋灯结构如图 8-35 所示，石材铺装地埋灯安装方法如图 8-36 所示。

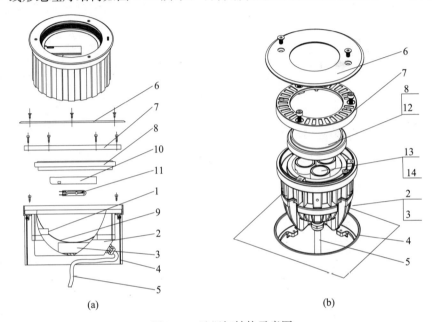

(a)　　　　　　　　　　　　　(b)

图 8-34　地埋灯结构示意图

（a）传统光源地埋灯；（b）LED 筒型地埋灯

1. 灯头；2. 灯体；3. 电器；4. 地埋灯筒身；5. 电缆；6. 面盖圈；7. 盖圈；8. 灯罩；
9. 反射器；10. 防眩罩；11. 气体电光源；12. 密封圈；13. 透镜；14. 大功率 LED

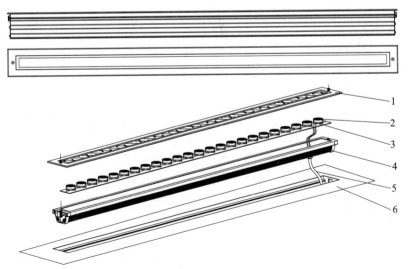

图 8-35　线形地埋灯结构

1. 灯罩；2. 透镜；3. 大功率 LED；4. 灯体；5. 电缆；6. 预埋筒

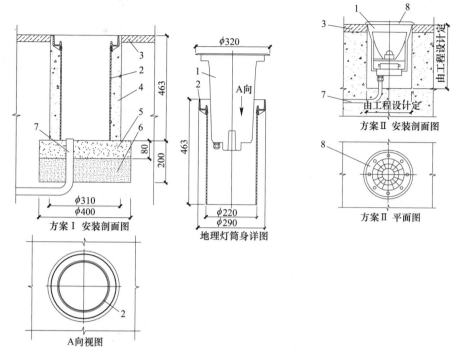

图 8-36 石材铺装地埋灯安装图

1. 地埋灯具；2. 地埋灯筒身；3. 硬质铺装地面；4. 现浇混凝土；5. 碎石；6. 砂土；7. 配管；8. 网状防护网

8.4.12 线型侧壁灯

（1）预埋侧壁灯筒身应将筒身周边混凝土砂浆填满捣实，待砂浆凝固后方能安装灯具。

（2）灯具安装时防眩罩出光口必须朝下。

（3）在干挂墙面安装的 U 形支架壁厚不应小于 3mm，支架固定螺栓应穿过墙体保温层或砂浆层，固定在实砌墙体上。

（4）嵌入式侧壁灯结构如图 8-37 所示。

（5）嵌入式侧壁灯安装方法如图 8-38 所示。

8.4.13 草坪灯

（1）草坪灯基础埋深不得小于灯高的 1/4，用于混凝土地面（厚≥180mm）上的灯具可不用另做基础，灯具底座固定螺钉可采用预埋螺栓或膨胀螺钉。

（2）出光具有方向性的草坪灯确定安装方向后再进行安装定位。

（3）草坪灯具安装，必须牢固，安装底座美观，无突起影响行人安全的高螺钉与基础应无安装缝隙。内腔若有雨水，可从底部顺利流出。

（4）接入 AC220V 的灯具外壳必须接地，距离线路接地点 100m 的灯具，应重复接地，接地线不应小于 4mm²，接地电阻应小于 10Ω。

（5）草坪灯结构如图 8-39 所示。

（6）草坪灯安装方法如图 8-40、图 8-41 所示。

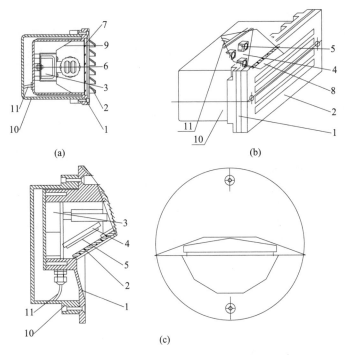

(a)　　　　　　　　(b)

(c)

图 8-37　嵌入式侧壁灯结构示意图

（a）荧光侧壁灯；（b）LED 侧壁灯；（c）球状 LED 侧壁灯

1. 灯体；2. 防眩罩；3. 电器；4. 线路板；5. LED 灯；6. 节能光源；

7. 钢化玻璃灯罩；8. 透明罩；9. 反射器；10. 预埋筒；11. 电缆

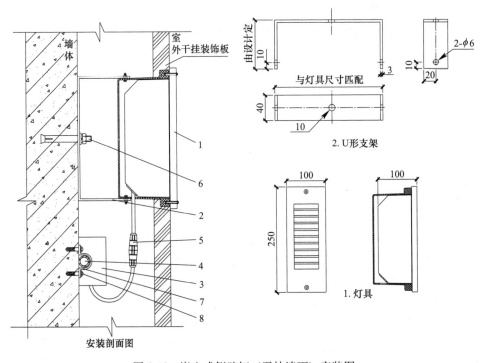

图 8-38　嵌入式侧壁灯（干挂墙面）安装图

1. 灯具；2. U形支架；3. 接线盒；4. 配管；5. 防水插接头；6. 膨胀螺栓；7. 骑马卡；8. 塑膨胀螺栓

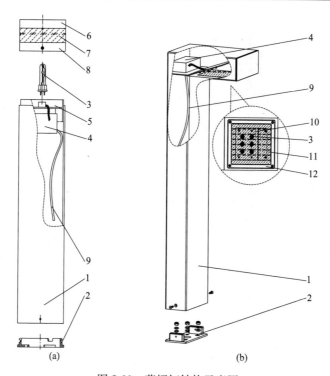

图 8-39 草坪灯结构示意图

（a）传统光源草坪灯；（b）LED 草坪灯

1. 灯体；2. 安装底座；3. 光源；4. 电器；5. 灯头座；6. 顶罩；7. 钢化玻璃灯罩；

8. 连接筒；9. 电缆；10. 铝基板；11. 灯罩；12. 灯罩压圈

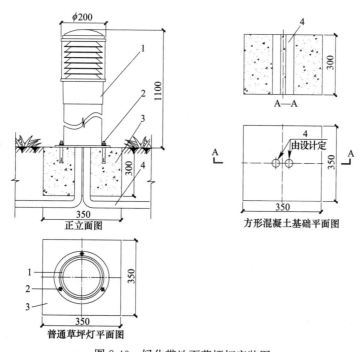

图 8-40 绿化带地面草坪灯安装图

1. 草坪灯；2. 膨胀螺栓；3. 方形混凝土基础；4. 配管

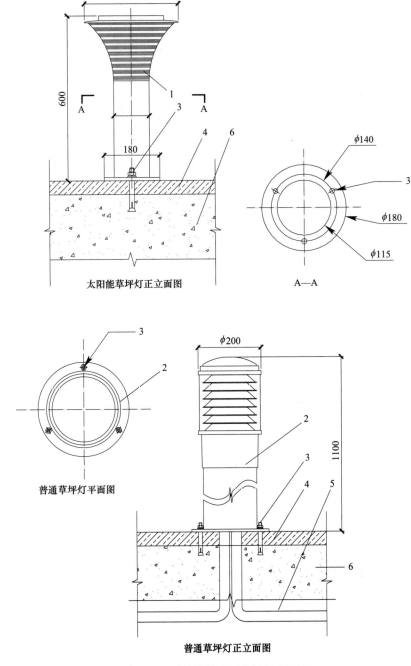

图 8-41 石材铺装地面草坪灯安装图
1. 太阳能草坪灯；2. 普通草坪灯；3. 膨胀螺栓；
4. 石材铺装层；5. PVC 穿线管；6. C20 混凝土层

8.4.14 小品灯

（1）小品灯基础应高出地面 50～100mm；其基础设计应满足单个成人推靠，灯具不发生侧翻。

（2）贴近道路的小品灯，应注意避免产生对行人的眩光。

（3）小品灯出光具有方向性，安装时应根据设计意图和具体使用情况，确定安装方向。

（4）对于低洼地、可被水淹的小品灯具，应提高防护等级，加高灯具或内置防水光源和电器。

（5）在沿海地区使用，应抽样做抗盐雾腐蚀性试验，灯具48h内无腐蚀痕迹为适用。

（6）小品灯结构如图8-42所示。

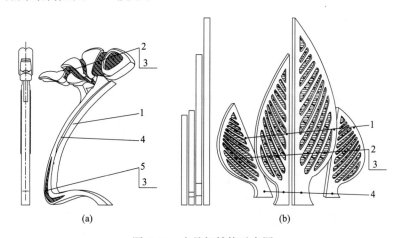

图8-42　小品灯结构示意图
(a)"渔"灯；(b)"绿叶"灯
1. 灯体；2. 双面PC罩；3. 内置双面LED光源；4. 腔内藏电器；5. 双面PC罩

8.4.15　柔性灯带、光纤灯、条形灯

（1）柔性灯带在安装固定时应采用优质背胶或U形卡或卡槽固定等方式，采用U形卡固定间距应小于400mm。

（2）光纤灯的信号发生器应考虑安置在散热和干燥的环境中，光纤和光纤尾灯在安装施工中，要防止破损，防止光纤硬折弯，要避免在施工中进行加长和对接。

（3）光纤灯结构如图8-43所示。

（4）柔性灯安装方法如图8-44所示，条形灯安装方法如图8-45所示。

8.4.16　水下灯

（1）水下灯应做预埋安装固定件，因水池防水不能预埋，应做基础混凝土重块，配重块表面应用水池相同表面材料贴敷，灯具固定螺钉应用不锈钢膨胀螺钉。

（2）接线盒和电缆应能防水，电缆中间不得做接头，灯具固定应根据设计意图和具体使用情况，来确定安装方向和定位。严禁在水池的防水层上打孔。

（3）水下灯应采用防水电源，因输出DC12V低压，电流较大，应尽可能靠近灯具安装。

（4）采用大功率电源，不得安装在水池内，应在周边设置散热电源箱，电源箱位置应保证不被游人触及和水浸入。

（5）控制线路应单独走线，并采用钢制线管及屏蔽式防水对绞线，防止干扰。

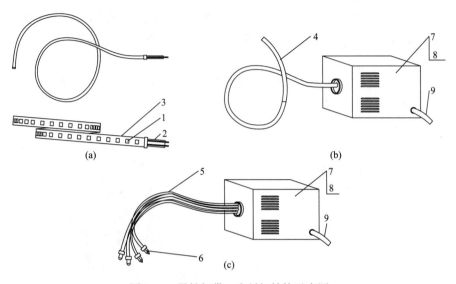

图 8-43　柔性灯带、光纤灯结构示意图

（a）LED 柔性灯带；（b）侧发光光纤灯；（c）尾发光光纤灯

1. 光源＋线路板；2. 电源线；3. 灯条胶套；4. 侧发光光纤；5. 光纤；

6. 光纤尾灯；7. 光信号发生器；8. 光源＋反射器＋滤色器＋散热器；9. 电缆

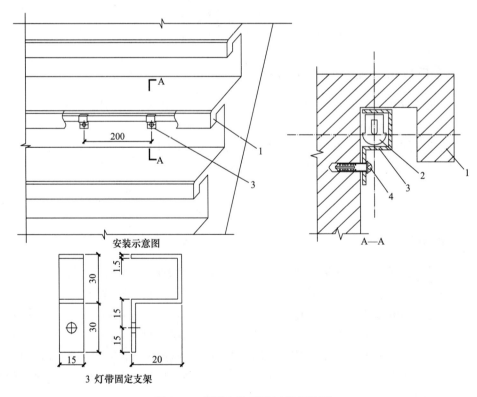

图 8-44　梯形台阶柔性灯带安装图

1. 大理石台阶；2.LED 柔性灯带；3. 灯带固定支架；4. 膨胀螺栓

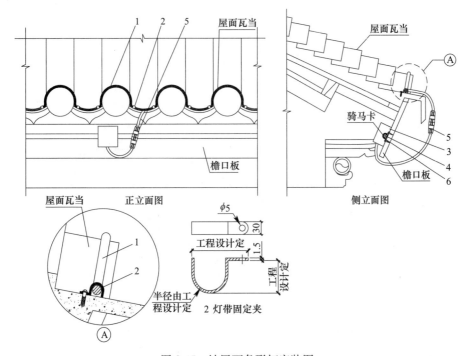

图 8-45 坡屋面条形灯安装图

1. 条形灯带；2. 灯带固定夹；3. 接线盒；4. 配管；5. 防水插接头；6. 骑马卡

（6）水下灯结构如图 8-46 所示。

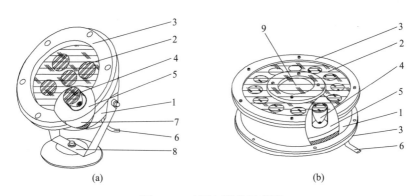

图 8-46 水下灯结构示意图

（a）LED 水下灯；（b）LED 水下喷泉灯

1. 灯体；2. 灯罩；3. 盖圈；4. LED 透镜＋光源；5. 线路板；6. 电缆；7. 电器；8. 支架；9. 安装孔

（7）水下灯应符合下列要求，安装方法如图 8-47～图 8-51 所示：

1）水下灯尾线需使用防水电缆，电缆型号根据现场灯具回路负荷选配。

2）PVC 管或 SC 管、PE 管预埋于硬质铺装层后面混凝土内。

3）电源线、灯具尾线连接于水池旁的接线井内。

4）若需在水中制作接线头，应采用防水接线盒。

5）预埋管口，铺装开孔处用硅胶密封。

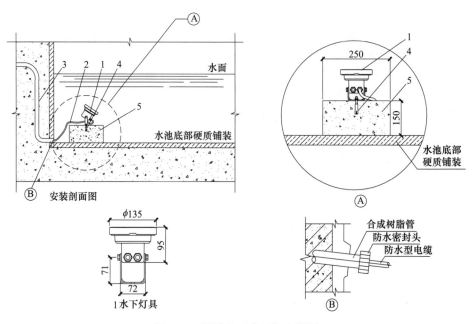

图 8-47　硬质地面水下灯安装图
1. 水下灯具；2. 电缆；3. 配管；4. 膨胀螺栓；5. C20 混凝土基础

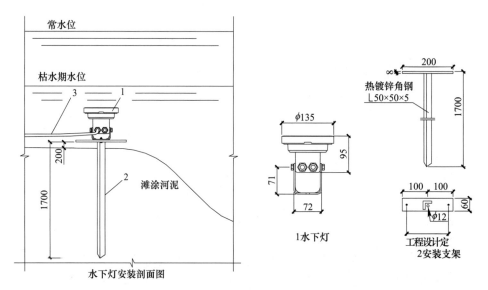

图 8-48　软质池底水下灯安装图
1. 水下灯具；2. 安装支架；3. 电缆

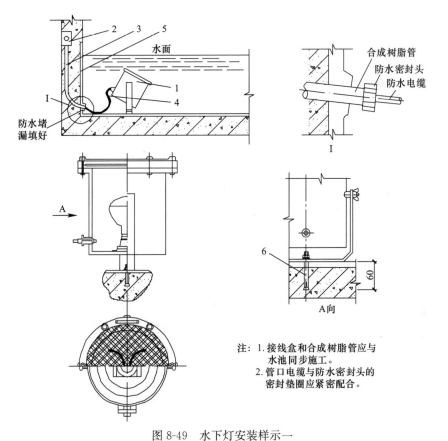

注：1.接线盒和合成树脂管应与
　　水池同步施工。
　　2.管口电缆与防水密封头的
　　密封垫圈应紧密配合。

图 8-49　水下灯安装样示一

1. 水下灯；2. 接线盒；3. 合成树脂管；4. 电缆；5. 防水层；6. 膨胀螺栓

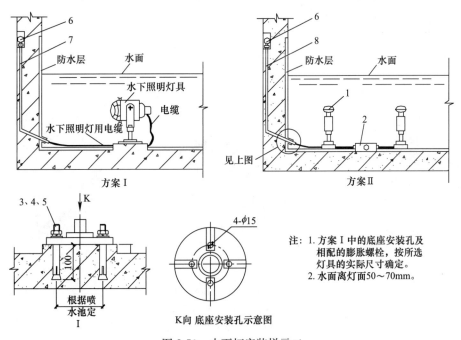

注：1.方案Ⅰ中的底座安装孔及
　　相配的膨胀螺栓，按所选
　　灯具的实际尺寸确定。
　　2.水面离灯面50～70mm。

图 8-50　水下灯安装样示二

1. 喷水池；2. 水下接线盒；3. 螺母；4. 垫圈；5. 膨胀螺栓；6. 接线盒；7. 合成树脂管；8. 套管

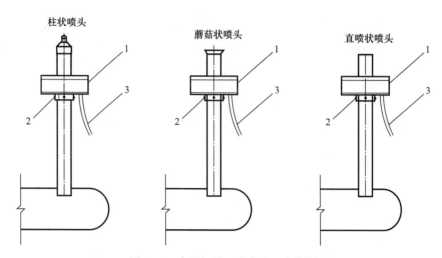

图 8-51 水下灯具（喷水池）安装图

1. 水下灯具；2. 灯具固定螺栓；3. 灯具尾线

注：1. 电源的专用漏电保护装置应全部检测合格。

2. 自电源引入灯具的导管必须采用绝缘导管，严禁采用金属或有金属保护层的导管。

8.4.17 投影灯

（1）投影灯控制中心至灯具，距离较远时可采用光纤进行数据传递，距离较近可直接采用视频电缆。

（2）设备的基础应浇筑 C25 混凝土，灯具支架固定螺钉可采用预埋螺杆或膨胀螺钉。

（3）灯具进出管线沿灯具支架固定，并做好接地措施。

（4）灯具安装调试完毕后，使用时一定要通风，防止堵塞灯排风口，并注意防止雨水飘入。

（5）投影灯结构如图 8-52 所示。

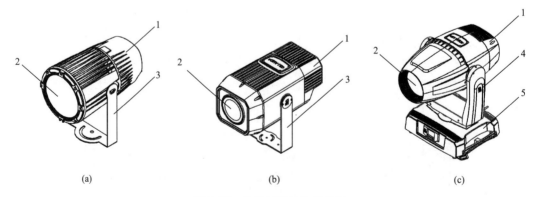

(a)　　　　　　　　　　(b)　　　　　　　　　　(c)

图 8-52 投影灯具结构示意图

（a）常规投影灯具；（b）变焦投影灯具；（c）摇头投影灯具

1. 灯体；2. 出光口；3. 安装支架；4. U形臂；5. 底箱

8.4.18 聚光灯（城市之光、星空炮、幻彩灯具）

（1）支架（柱）上安装的灯具距地面高度不宜低于 3m，附着在建筑物、构筑物上的灯具距地面高度不宜低于 2.5m。

（2）落地安装的灯具应采取网框式保护措施，灯具离地不应小于 300mm，防止水溅入灯具。

（3）支架及其固定点的受力应考虑重力载荷，还应考虑风载荷，人可以触及的安装位置，还应考虑 1.5m 高的 $75kg/m^2$ 横向推力载荷。

（4）聚光灯（城市之光、星空炮、幻彩灯具）的电源回路，应采用分组电缆接入，尽量取得三相平衡。

（5）聚光灯（城市之光、星空炮、幻彩灯具）所经照射范围，2m 内严禁有可燃物。置于楼顶的灯具，必须固定牢靠。

（6）控制系统一般是 DMX512 信号，可调为主、从机同步工作，也可用 DMX512 控制器进行编程控制；控制线应符合 RS485 的电气协议，$2\text{-}2 \times 0.5mm^2$（至少为 $2 \times 0.5mm^2$）的铜芯带双屏双绞电缆。控制电缆与电源线不能穿同一管线内。

（7）聚光灯结构如图 8-53 所示。

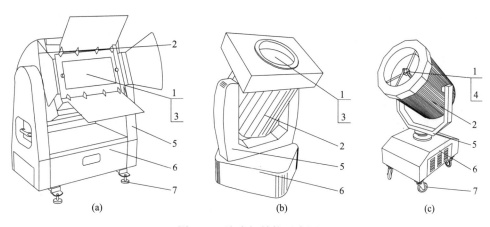

（a）　　　　　　　　　（b）　　　　　　　　　（c）

图 8-53　聚光灯结构示意图
（a）城市之光；（b）幻彩灯；（c）星空炮（空中玫瑰）
1. 出光口；2. 灯体；3. 光源＋反射器＋可控滤色器；4. 光源＋反射器（空中玫瑰为反光色盘）；
5. 灯体支架；6. 电器箱＋控制箱；7. 安装脚

8.4.19 激光灯

（1）户外地标单色激光灯常用于地标式建筑物的顶部，灯具的角度由上逐步下调，不得照射到其他周边任何建筑上，不得射在航空通道上。在机场附近使用，应经当地航空管制部门批准。

（2）户外彩色激光灯具适合大型的舞台演出、水幕激光，户外地标等场所。激光扫描范围内应采取保护设施，防止人员直视激光束造成损伤。

（3）户外地标激光灯安装调试时，要防止堵塞灯具排风口，并应注意防止雨水飘入。

（4）激光灯结构如图 8-54 所示。

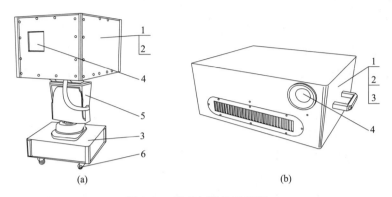

图 8-54　激光灯结构示意图

（a）地标单色激光灯；（b）彩色激光灯

1. 灯体；2. 光源＋激光器＋控制器＋散热器；3. 电器箱＋控制箱；

4. 出光孔；5. 电动支架；6. 安装脚

8.4.20　其他灯具

（1）打孔灯用于 LED 招牌字，安装时应复核孔距与灯的安装距离，灯具安装应按设计图的顺序插入招牌字的灯孔内，避免跨孔无法安装。

（2）爆闪灯、水滴管灯采用弹性绳索固定在树干、支架上，不能固定在小树枝上。在不同的树枝上固定的水滴管灯的电缆应留有一定余量，防止树枝摆动扯断电缆。

（3）其他灯具结构如图 8-55 所示。

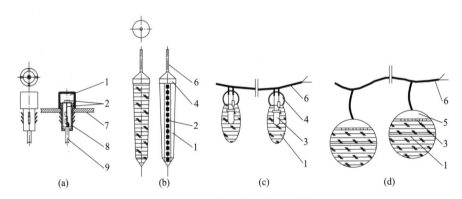

图 8-55　其他灯具结构示意图

（a）打孔灯；（b）水滴管灯；（c）满天星；（d）爆闪灯

1. 灯罩；2. 光源＋线路板；3. 光源；4. 灯头罩；5. 灯头罩＋电器；

6. 电源线；7. 灯箱板；8. 灯体；9. 电缆

第9章　工程竣工验收与文件资料管理

9.1　工程竣工验收基本要求

城市照明工程全部施工完毕，配电系统经 24h 试运行合格，方可申报预验，并将在预验中提出的问题进行全面整改完成后，才可正式验收。城市夜景照明工程与道路照明工程相同的电缆线路敷设、变压器和箱式变电站、配电装置与控制、安全保护等工程项目，验收质量标准均按现行标准《城市道路照明工程施工及验收规程》CJJ 89 的要求进行，有关在建筑、构筑物上的施工质量均按现行标准《城市夜景照明设计规范》JGJ/T 163 等有关质量标准进行验收。

9.1.1　验收的组织

验收应由建设单位组织或监理公司组织，设计单位、施工单位、项目施工总包单位、物业管理单位和有关质量监管部门人员等参加，组成验收小组。由建设单位任组长，在验收时按本章附录有关分项工程质量评定表的要求做好测试数据和验收评定意见的记录。

9.1.2　技术资料和工程质量的验收

技术资料的验收和部分质量验收各种表式可参照本章附录《施工单位施工阶段质量检验示范表》所规定的各种验收表式，夜景照明工程施工验收有特殊要求，如建（构）筑物、树木等载体上安装景观照明设施可参照国家现行相关标准执行。

9.1.3　城市照明工程各施工阶段中的查验

1. 施工检验批与隐蔽工程验收

施工检验批是施工进度计划的保证，是验收和竣工资料中不可缺少的文件，是申请进度款的依据，施工单位应重视施工检验批的报验。隐蔽工程验收是施工中的重要环节，隐蔽工程未及时申请验收，施工单位不得覆盖；未申请验收而覆盖的，业主或监理单位有权进行揭开查验，由此产生的费用、工期延误，均由施工单位自行承担。

（1）施工检验批报验

施工检验批报验，道路照明工程可以按各分项工程分批报验，景观照明按建筑、分区域、分楼层、分管线与灯具安装进行。各分项目完成后，填写报验申请，报业主或监理单位，由施工单位项目经理陪同业主或监理主管工程师，对施工检验批所报范围进行实地查验，并签署意见。

（2）隐蔽工程施工及验收

隐蔽工程施工应做好及时验收的准备，要提前 24 小时书面通知验收单位，说明施工地点、施工时间施工进度。关键工作应请验收工程师旁站监理。隐蔽工程施工经验收后方可隐蔽，验收工程师应在隐蔽工程施工报验表上签字确认。超出约定时间验收工程师未到现场，视同工程师认可。

2. 施工中可分区的项目分区验收

（1）一般要求

项目分区的界线应有明显的物理或工艺分界，分区验收的目的是便于建设中下道工艺的其他单位的施工，也为后续的竣工验收做准备；验收的组织由建设单位或监理单位组织，设计单位、总包单位和相关工序单位参加，施工单位应书面提出申请，准备好分区项目验收相关技术和验收资料。

（2）分区配电系统验收

由于分区配电系统与灯具安装可以分开进行，在某些灯具安装条件不具备的情况下，完成了分区配电系统，可以对此部分进行初验，初验后可以解决灯具安装时的调试供电问题，在安装完部分回路后，可以对该部分回路灯具进行调试，减少集中调试带来的调试工作困难、周期长等问题。

分区配电系统全部安装完毕；分区配电系统主要验收配电箱和管线是否符合设计要求，配电系统的绝缘和接地等是否符合相关规范，配电系统所用配件的品质是否符合合同，施工接线、做法是否符合国家相关设计规范。

（3）分区灯具安装验收

分区灯具安装验收时，分区灯具应全部安装完毕；验收时查验灯具型号、规格、安装位置、角度和灯具数量与设计文件的一致性，灯具安装做法与安装大样图相同；供电试灯后，灯具光效和可控性满足灯具技术性能要求。

（4）分区系统调试与试运行

在分区范围内，配电系统全部安装完毕，灯具也安装完毕，分区控制系统等已完工；采用临时主控制器提供信号对分区范围内灯具进行控制，调试内容如下：

1）灯具正常点亮，线路压降满足灯具要求，相同灯具光通量基本一致、色温一致。

2）灯具投射角一致，光效果满足设计师要求，应请设计师现场指导调试。

3）灯具可控性符合设计要求，正常灯具可控的一致性，应注意一条控制线的首灯和尾灯，不应在信号不变出现闪动；同步变化时，不应出现肉眼可视的延迟现象；整体控制为同一色彩时，个别灯具出现不同色彩。

4）播放测试效果文件，灯光变化基本与控制器效果相同。

5）调试灯具正常后，亮灯试运行，夜间开灯，白天关灯，累计 24h 后，检查照明系统配电、灯具、灯光效果等结果为正常后，各参与单位签署区域试运行验收报告。

9.1.4　验收后工作

在完成技术资料和安装工程质量的验收后，结合实际效果，要作出总的评价意见。在同意验收后组长填写验收报告，由参加人员签认，留档存查，本工程验收资料和设计、竣工图纸等资料一并归档，由建设单位和相关单位保存。

9.2　工程施工各阶段的文件资料

城市照明基础设施工程施工技术文件的收集整理，是城市照明工程建设的一项重要的基础工作。做好这项工作，有利于规范工程施工实施的全过程管理，有利于保证工程质量的监管。因为只有从城市照明工程任务下达、工程设计、材料选购、施工管理和竣工验收的各个阶段把握好质量关，才能达到优质高效、经济舒适、安全可靠的目的。

为了提高城市照明工程施工技术文件的真实性、完整性、规范性和统一性，提高技术文件的编制质量，设计编制了一套施工阶段质量检验评定表式，详见附录。各个阶段应收集的资料如下：

9.2.1　工程前期资料

（1）工程（或主材）招投标文件（或政府下达的计划任务书）。

（2）中标通知书、工程施工合同或施工协议书（包括分包合同）。

（3）施工组织设计（SD-7）【包括工程创优计划】。

（4）设计文件技术交底记录（SD-1）。由设计人员向施工项目部介绍本工程设计的主要意图，强调施工中应注意的事项，解答项目经理或技术人员提出的有关工程施工中的技术问题。

9.2.2　施工阶段形成的技术资料

（1）工程开工报告（SD-9-1）【施工单位提供给建设单位】

（2）施工日志（SD-8-1、SD-8-2）

（3）施工单位工序质量报验单（SD-18）

（4）隐蔽工程检查验收记录（SD-30），包括电缆沟槽开挖、电缆管道敷设、灯杆混凝土基础浇筑、配电柜（箱）基础砌制（或浇筑）、人（手）孔井砌制、接地装置制作等隐蔽施工项目。

1）变压器、箱式变安装分项工程质量检验评定表（SD-21）

2）配电装置与控制安装分项工程质量检验评定表（SD-22）

3）架空线路分项工程质量检验评定表（SD-23）

4）电缆线路分项工程质量检验评定表（SD-24-1）

5）电缆线路绝缘电阻检验测试记录（SD-24-2）

6）管配线及手（人）孔井分项工程质量检验评定表（SD-25）

7）路灯安装分项工程质量检验评定表（SD-26-1）

8）路灯电器安装分项工程质量检验评定表（SD-26-2）

9）接地装置分项工程质量检验评定表（SD-27-1）

10）接零、接地保护（防雷）接地电阻检验测试记录（SD-27-2）

11）分项工程质量评定汇总表（一）（SD-20）

12）道路照明工程材料、设备合格证检验记录（SD-29-1）

13）主要材料设备合格证粘贴页（SD-29-2）

14）道路照明现场测量报告表（SD-32-1），道路断面和灯具布置简图及测点布置与等照度曲线图（SD-32-2）

15）道路照明工程质量保证资料检验评定表（二）（SD-28）

16）工程变更设计申请报告表（SD-2）

17）变更设计通知书（包括变更图纸）（SD-3）

18）变更设计汇总表（SD-4）

19）工程质量、安全事故报告表（SD-5）

20）工程质量、安全事故处理记录表（SD-6）

9.2.3 竣工验收阶段形成的技术资料

（1）工程竣工报告（SD-9-2）

（2）竣工验收方案报批单（SD-10-1）

（3）参加竣工验收人员情况一览表（SD-10-2）

（4）竣工验收方案审批单（SD-11）

（5）工程竣工总结（SD-17）

（6）工程竣工验收审查表（SD-12）

（7）工程质量综合评价报告（SD-13-1～SD-13-3）

（8）施工质量是否符合设计文件的报告（SD-14）

（9）工程竣工验收报告（SD-15-1～SD-15-3）

（10）工程竣工交接证明书（SD-16）

（11）道路照明工程质量综合评定汇总表（SD-19）

（12）道路照明工程技术资料检查评分表（SD-31）

（13）工程竣工图等资料（竣工说明、竣工平面图及相关图纸等）；竣工图均应加盖"竣工图"章，章内签署栏签署齐全。

（14）工程竣工决算。

上述技术资料文件中，有很大一部分是在施工过程中产生的，如施工日志、工序质量报验、隐蔽工程验收记录、分项工程质量评定、接地电阻测试、绝缘电阻测试、路灯工程材料、设备合格证与试验记录等等，需要工程项目经理和施工员在施工过程中及时、如实地做好原始记录、填报与收集，并交给项目部资料员汇总，按施工阶段质量检验评定表式要求加以收集、整理、保存。

9.3 各分项工程竣工验收

9.3.1 变压器、箱式和地下式变电站竣工验收时应按下列要求检查，并填报变压器、箱式变安装分项工程质量检验评定表（SD-21）

（1）变压器、箱式和地下式变电站等设备、器材应符合规定，无机械损伤。

（2）变压器、箱式和地下式变电站应安装正确牢固，防雷接地等安全保护合格、可靠。

（3）变压器、箱式和地下式变电站、地下式变电站应在明显位置设置，并应符合规定的安全警告标志牌。

(4) 变电站箱体应密封、防水应良好。

(5) 变压器各项试验应合格，油漆完整，无渗漏油现象，分接头接头位置应符合运行要求，器身无遗留物。

(6) 各部接线应正确、整齐，安全距离和导线截面应符合设计规定。

(7) 熔断器的熔体及自动开关整定值应符合设计要求。

(8) 高、低压一、二次回路和电气设备等应标注清晰、正确。

9.3.2 配电装置与控制工程交接验收时应按下列要求检查，并填报配电装置与控制安装分项工程质量检验评定表（SD-22）

(1) 配电柜（箱、屏）的固定及接地应可靠，漆层完好，清洁整齐。

(2) 配电柜（箱、屏）内所装电器元件应齐全完好，绝缘合格，安装位置正确、牢固。

(3) 所有二次回路接线应准确，连接可靠，标志清晰、齐全。

(4) 操作及联动试验应符合设计要求。

(5) 路灯监控系统操作简单、运行稳定，系统操作界面直观清晰。

9.3.3 架空线路工程交接检查验收时应按下列要求检查，并填报架空线路分项工程质量检验评定表（SD-23）

(1) 电杆、线材、金具、绝缘子等器材的质量应符合技术标准的规定。

(2) 电杆组立的埋深、位移和倾斜等应合格。

(3) 金具安装的位置、方式和固定等应符合规定。

(4) 绝缘子的规格、型号及安装方式方法应符合规定。

(5) 拉线的截面、角度、制作和标志应符合规定。

(6) 导线的规格、截面应符合设计规定。

(7) 导线架设的固定、连接、档距、弧垂以及导线的相间、跨越、对地、对树的距离应符合规定。

9.3.4 电缆线路工程交接检查验收时应按下列要求检查，并填报电缆线路分项工程质量检验评定表（SD-24-1）

(1) 电缆型号应符合设计要求，排列整齐，无机械损伤，标志牌齐全、正确、清晰。

(2) 电缆的固定间距、弯曲半径应符合规定。

(3) 电缆接头、绕包绝缘应符合规定。

(4) 电缆沟应符合要求，沟内无杂物。

(5) 保护管的连接防腐应符合规定。

(6) 工作井设置应符合规范规定。

(7) 隐蔽工程应在施工过程中进行中间验收，并应做好记录。

9.3.5 路灯安装工程交接验收时应按下列要求检查，并填报路灯安装分项工程质量检验评定表（SD-26-1）

(1) 试运行前应检查灯杆、灯具、光源、镇流器、触发器、熔断器等电器的型号、规格符合设计要求。

(2) 灯杆杆位合理，杆高、灯臂悬挑长度、仰角一致；各部位螺栓紧固牢靠，电源接线准确无误。

(3) 灯杆、灯臂、灯具、电器等安装固定牢靠，杆上安装路灯的下杆线松紧应一致。

(4) 灯具纵向中心线和灯臂中心线应一致，灯具横向中心线和地面应平行，投光灯具投射角度应调整适当。

(5) 灯杆、灯臂的热镀锌和涂层不应有损坏。

(6) 基础尺寸、标高与混凝土强度等级应符合设计要求，基础无视觉可辨识的沉降。

9.3.6 安全保护工程交接验收时应按下列要求检查，并填报接地装置分项工程质量检验评定表（SD-27-1）

(1) 接地线规格正确，连接可靠，防腐层完好。

(2) 工频接地电阻值及设计的其他测试参数符合设计规定，雨后不应立即测量接地电阻。

9.4 城市照明现场测量

9.4.1 照明测量

城市照明工程竣工后进行现场光度测量，主要包括照度、亮度以及路面反光特性等项内容的测量，一方面可以验证设计的效果，另一方面也是为了验收城市照明工程是否符合设计要求，作为今后城市照明工程设计时参考。

照明测量方法请参照城市照明系列丛书《城市道路照明工程设计》一书，并填报道路照明现场测量报告表（SD-32-1）。

9.4.2 接地电阻的测量

接地装置施工完成后，投入使用之前应测量接地电阻的实际值，以判断其是否符合设计要求，若不符合要求，设备就不能正常、安全地工作，由此对接地电阻的测量就显得更加的重要。这里介绍两种测量接地电阻的测量仪和测量方法。

1. ZC-8 型接地电阻测量仪

该接地电阻测量仪，如图 9-1 所示，现场测量接线示意图，如图 9-2 所示，由三个接线端子 E、P、C 分别接于被测接地体（E′）、电压极（P′）和电流极（C′）。以大约 120r/min 的速度转动手柄时，摇表内产生的交变电流将沿被测接地体和电流极形成回路，调节粗旋钮及细调拨盘，使表针指在中间位置，这时便可读出被测接地电阻值。

具体测量步骤如下：

(1) 拆开接地干线与接地体的连接点。

(2) 将两支测量接地棒分别插入离接地体 20m 和 40m 远的地中，深度约 400mm。

(3) 把接地摇表放置于接地体附近平整的地方，然后用最短的一根连接线连接到仪表的接线柱（E）和被测接地体（E′），用较长的一根连接线连接仪表上接线柱（P）和 20m 远处的接地棒（P′），用最长的一根连接仪表上接线柱（C）和 40m 远处的接地棒（C′）。

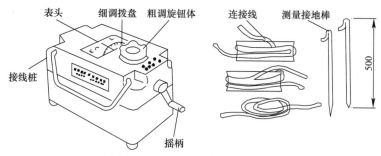

图 9-1 ZC-8 型接地电阻测量仪

（4）根据被测接地体的估计电阻值，调节好粗调旋钮。

（5）以大约 120r/min 的转速摇动手柄，当表指针偏离中心时，边摇动手柄边调节细调拨盘，直至表针居中稳定后为止。

（6）细调拨盘的读数乘以粗调旋钮倍数，即得到被测接地体的接地电阻值。

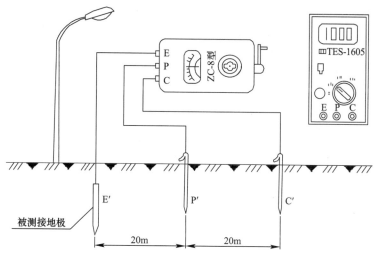

图 9-2 接地电阻测量接线示意图

2. TES-1605 数字接地电阻测量仪

数字接地电阻测量仪摒弃传统的人工手摇发电工作方式，采用先进的中大规模集成电路，应用 DC/AC 变换技术，是新型的接地电阻测量仪。工作原理为电机内 DC/AC 变换器将直流变为交流的低频恒流，接线示意图如图 9-2 所示，经过辅助接地极（C'）和被测物（E'）组成回路，被测物上产生交流压降，经辅助接地极（P'）送入交流放大器放大，再经过检波送入表头显示。借助倍率开关，可得到三个不同的范围：0～2Ω、0～20Ω、0～200Ω。其测量原理图，如图 9-3 所示。

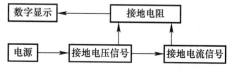

图 9-3 数字接地电阻测量原理图

数字接地电阻测量仪特性：

（1）安全规范：设计符合 IEC1010-1、IEC61557。

（2）显示：3½ 位液晶显示，最大读值 1999。

（3）绝缘阻抗：当测量时加 300VDC，在电路和外壳间具有大于 5MΩ 的绝缘阻抗。

（4）低档电压：在电路与外壳间具有 3700VAC/1min 低档电压。

（5）自动关机：约 3min。

（6）输出测量电流：2mA/820Hz。

（7）自动警告装置：当辅助接地钉接地电阻过高，LCD 将显示"⇔"警告。

（8）操作温、湿度：0～40℃、80%RH 以下。

（9）存储温、湿度：−10～60℃、70%RH 以下。

（10）电源供给：DC9V（1.5V Size "AA"×6）。

（11）外形尺寸：160（长）×100（宽）×57（高）mm。

（12）重量：约 500g。

（13）资料数据锁定：可以锁定。

3. 现场测量时注意事项：

在测接地电阻时，有些因素会造成接地电阻不准确，根据多年来的经验，总结了一些方法以减小可能产生的误差。

（1）（地网）周边土壤构成不一致，地质不一，紧密、干湿程度不一样，具有分散性，地表面杂散电流、特别是架空地线、地下水管、电缆外皮等等，对测试影响特别大。解决的方法是，取不同的点进行测量，取平均值。

（2）测试线方向不对，距离不够长，解决的方法是，找准测试方向和距离。

（3）辅助接地极电阻过大。解决的方法是，在地桩处泼水或使用降阻剂降低电流极的接地电阻。

（4）测试夹与接地测量点接触电阻过大。解决的方法是，将接触点用锉刀或砂纸磨光，用测试线夹子充分夹好磨光触点。

（5）干扰影响。解决的方法是，调整放线方向，尽量避开干扰大的方向，使仪表读数减少跳动。

（6）仪表使用问题。电池电量不足，解决的方法是，更换电池。仪表精确度下降，解决的方法是，重新校准为零。

接地电阻测试值的准确性，是判断接地是否良好的重要因素之一。测值一旦不准确要不就要浪费人力物力（测值偏大），要不就会给接地设备带来安全隐患（测值偏小）。所以在工作中一定要正确使用测量工具，科学制定测量方法和科学得出准确数据。

9.5　工程技术文件归档

根据《科学技术档案工作条例》等有关规定，进一步加强城市照明工程技术文件档案的归档工作，逐步实现档案工作规范化，不断提高档案的科学管理水平，充分发挥工程技术档案在城市照明建设中的积极作用。根据档案要集中统一管理的原则和确保档案完整、准确、系统、安全提供有效利用的要求，城市照明工程技术档案应达到以下要求：

9.5.1　档案案卷质量要求

（1）遵循城市照明工程技术文件形成的规律和特点，保持文件之间的有机联系，组卷要符合国家相关案卷质量标准，便于保管和利用。

（2）归档的技术文件资料种类、份数以及每份文件的页数均应齐全完整，编制成案卷要耐久规范。

（3）凡归档的技术文件资料，必须纸质优良、字迹清楚、内容完整、准确齐全、签署完备，严禁使用铅笔、圆珠笔、复写纸书写，凡不符合归档要求的技术文件资料必须重新编制。

（4）案卷封皮应逐项按规定填写清楚，案卷题名要完整、简明、确切地反映卷内文件资料的内容，其中内容要高度概括，体式一致，文字简练，使用简称要通俗易懂，字迹工整清晰。

9.5.2 技术文件资料编排顺序

（1）城市照明工程文件归档，应按照国家《科学技术档案工作条例》的有关规定，编制城市照明工程设计、施工文件案卷主要科技资料，归档范围包括工程设计任务书或委托书、全套工程设计图、竣工图、工程预决算书、开竣工报告书、施工日志、隐蔽工程记录、工程质量检验评定表、质量验收报告、设计变更通知、照度（亮度）测试记录图表、灯型照片、工程施工组织设计和创示范工程申报材料和批复文件等资料。

（2）工程案卷装订排列顺序：工程案卷文件资料较多，可按资料的内容分多卷装订，现将各卷内容排列如下，施工单位可根据资料多少决定装订卷册的多少。

1）第一卷 工程批准文件、招投标、创优计划等文件资料：主管部门批准下达的工程项目文件，工程项目施工合同（含分包合同）或施工协议书，工程项目招投标文件或商务谈判及中标通知书，工程主要材料招投标文件（含洽商记录及中标通知书等），工程项目预算和工程决算书，工程创优计划和施工组织设计，获得全国、省级、市级优质工程资料（含证书）。

2）第二卷 施工单位施工阶段质量检验原始档案资料：该资料按《施工单位施工阶段质量检验表》SD-1～SD-32 的相关内容。本卷资料较多可分为二册或多册装订。

3）第三卷 城市照明工程施工设计图：灯型设计方案图（三个），并绘制成彩色效果图，设计说明、工程设施数量和主要材料汇总表、道路照明管线分布平面图，一次、二次回路图，负荷分配图，经选中的设计方案灯杆高度、灯臂仰角、电缆管线断面图，灯杆、灯臂设计图，电缆沟、灯杆基础、手（人）孔井、配电箱（柜）、箱式变基础等设计图。在本工程中需要制作加工的所有配件、预制构件图纸，如套用标准图或其他工程图纸，请说明图纸的来源出处。城市照明监控系统在本工程一起拨款施工的需提供相关资料，不在本工程中无须提供资料。

4）第四卷 城市照明工程竣工图：如果工程施工图没有任何设计变更可作为竣工图，并盖上竣工图印章。如工程施工设计图在施工中有变更设计内容，竣工图须在工程施工设计图的基础上将变更设计内容全部更改，形成完整的竣工图，并加盖竣工图印章，竣工图印章内容应签署完备。

（3）每一卷卷首均应有总目录和本卷分目录，标明卷内的内容和页码，并与卷内的页码相吻合。

附录

施工单位施工阶段质量检验表目录

序号	编号	表名	填报单位
1	SD-1	设计文件技术交底记录	设计单位
2	SD-2	工程变更设计申请报告表	施工单位
3	SD-3	变更设计通知书	设计单位
4	SD-4	变更设计汇总表	施工单位
5	SD-5	工程质量、安全事故报告表	施工单位
6	SD-6	工程质量、安全事故处理记录表	施工单位
7	SD-7	创优计划和施工组织设计	施工单位
8	SD-8-1	施工日志一	施工单位
9	SD-8-2	施工日志二	施工单位
10	SD-9-1	工程开工报告	施工单位
11	SD-9-2	工程竣工报告	施工单位
12	SD-10-1	竣工验收方案报批单	建设单位
13	SD-10-2	参加竣工验收人员情况一览表	建设单位
14	SD-11	竣工验收方案审批单	建设行政主管部门
15	SD-12	工程竣工验收审查表	施工单位
16	SD-13-1~SD-13-3	工程质量综合评价报告	监理单位
17	SD-14	施工质量是否符合设计文件的报告	设计单位
18	SD-15-1~SD-15-3	工程竣工验收报告	建设单位
19	SD-16	工程竣工交接证明书	施工单位
20	SD-17	工程竣工总结	施工单位
21	SD-18-1	施工单位工序质量报验单	施工、监理单位
22	SD 18 2	监理单位验收情况通知单	
23	SD-19	道路照明工程质量综合评定汇总表	工程评审、施工、监理
24	SD-20	分项工程质量评定汇总表	工程评审、施工、监理
25	SD-21	变压器、箱式变安装分项工程质量检验评定表	施工、监理单位
26	SD-22	配电装置与控制安装分项工程质量检验评定表	施工、监理单位
27	SD-23	架空线路分项工程质量检验评定表	施工、监理单位
28	SD-24-1	电缆线路分项工程质量检验评定表	施工、监理单位
29	SD-24-2	电缆线路绝缘电阻检验测试记录	施工、监理单位
30	SD-25	管配线及手（人）孔井分项工程质量检验评定表	施工、监理单位
31	SD-26-1	路灯安装分项工程质量检验评定表	施工、监理单位
32	SD-26-2	路灯电器安装分项工程质量检验评定表	施工、监理单位
33	SD-27-1	接地装置分项工程质量检验评定表	施工、监理单位
34	SD-27-2	接零、接地保护（防雷）接地电阻的检验测试记录	施工、监理单位
35	SD-28	道路照明工程质量保证资料检验评定表	工程评审、施工、监理
36	SD-29-1	道路照明工程材料、设备合格证检验记录	施工单位
37	SD-29-2	主要材料设备合格证粘贴页	施工单位
38	SD-30	道路照明隐蔽工程检查验收记录	施工单位
39	SD-31	道路照明工程技术资料检查评分表	工程评审、施工、监理
40	SD-32-1	道路照明现场测量报告表	施工单位测量
41	SD-32-2	道路断面和灯具布置简图及测点布置与等照度曲线图	施工单位测量

设计文件技术交底记录

工程名称		交底日期	年　月　日
交　底　内　容			
交底单位 （章）		接受交底单位 （章）	
交底人 签　名		接受交底人 签　名	

工程变更设计申请报告表 SD-2

工程名称		申请日期	
建设单位		施工单位	
变更部位		变更图号	
设计变更内容		变更理由	
工程量、主要材料、劳动力、预算增减情况			
申请单位意见			
总监理工程师审查意见		上级及其他部门审定意见	
签 名： 年 月 日		（章） 年 月 日	

变更设计通知书 ［SD-3］

项目名称		工程地点	
工程编号		原图名称	

变更内容：

变　更 原　因	
预算调整 意　见	

设计单位（章）

设　计		复　核	
批　准		日　期	年　　月　　日

变更设计汇总表 SD-4

工程名称

序号	部位名称	变更日期	变更通知单号	变更图纸图号	其他形式变更文件	主要变更内容	经费增减（万元）	变更提出单位

编制人：   技术负责人：

工程质量、安全事故报告表 SD-5

工程名称		施工单位	
事故部位			
事故性质			
预计损失	材料费		
	人工费		
	其他费		
	总计金额		
事故对工程 影响情况			
事故经过和 原因分析			
人员伤亡情况			
事故发生时间		报告时间	
事故报告编号		报 告 人	

工程质量、安全事故处理记录表 SD-6

工程名称		施工单位	
事故报告编号		事故发生时间	
事故处理情况			
事故造成 损失金额	材料费		
	人工费		
	其他费		
	总计金额		
事故造成永 久缺陷情况			
事故责任分析			
对事故责任者的处理		填表人	年　月　日

创优计划和施工组织设计 　SD-7

工程名称：＿＿＿＿＿＿＿＿＿＿＿＿＿＿＿＿＿＿＿＿

建设单位：＿＿＿＿＿＿＿＿＿＿＿＿＿＿＿＿＿＿＿＿

编 制 人：＿＿＿＿＿＿＿＿＿＿＿＿＿＿＿＿＿＿＿＿

审 核 人：＿＿＿＿＿＿＿＿＿＿＿＿＿＿＿＿＿＿＿＿

审 批 人：＿＿＿＿＿＿＿＿＿＿＿＿＿＿＿＿＿＿＿＿

编制单位：＿＿＿＿＿＿＿＿＿＿＿＿＿＿＿＿＿＿＿＿

编制日期：　　　年　　　月　　　日

施 工 日 志 一　SD-8-1

工程名称：_____

施工单位：_____

记 载 人：_____

记载时间：　　年　　月　　日至　　年　　月　　日

施 工 日 志 二

日期： 年 月 日 星期	天气：上午 下午	温度： ℃

记 录：

工程开工报告 SD-9-1

_____建设单位：

　　根据_____工程指挥部（工程主管部门）于　　年　月　　日召开的工程进度协调会议精神，市政道路基础设施已具备道路照明工程施工条件，_____道路照明工程开工也已准备就绪，我公司决定于　　年月　日正式开工，特此报告。

施工单位负责人：　　　　技术负责人：　　　　项目经理：

单位（章）

年　　月　　日

....

工程竣工报告 SD-9-2

建设单位：

工程名称		路灯设施情况	路灯　　基、共　　盏
			总容量　　kVA
工程地点			变压器、箱变（控制箱）　　台
建设单位			电缆线路　　km
			架空线路　　km
设计单位			控制电缆　　km、光源种类：
施工单位		开工日期	年　　月　　日
监理单位		竣工日期	年　　月　　日
工程预算	万元	竣工决算	万元

　　经自检，工程质量符合有关法律、法规和工程建设强制性标准，符合设计文件及合同要求，申请进行竣工验收，特此报告。

（章）

施工单位负责人：　　　　技术负责人：　　　　项目经理：　　　　年　月　日

竣工验收方案报批单 SD-10-1

_____局：

    本单位筹建的_____项目，

接_____（施工单位）的竣工报告，经建设单位会同设计、监

理、施工等有关单位自查，该工程按合同要求，业已完成，现申请竣工验收。

    请予以批准。

    附：参加竣工验收人员情况见 SD-10-2。

法人代表：（签名）_____

建设单位：（公章）_____

年   月   日

参加竣工验收人员情况一览表

SD-10-2

序号	单 位	姓 名	行政职务	技术职称
建设单位				
质检单位				
监理单位				
竣工单位				
档案单位				
规划单位				

竣工验收综合意见：

竣工验收日期：　　　年　月　日

注：竣工备案有关的人员由建设行政主管部门派出。

竣工验收方案审批单

SD-11

_____：

　　根据建设单位上报的竣工验收方案报批单，同意_____（项目名称）
于　　　年　　月　　　日时组织竣工验收，并即请通知该工程项目建设、质检、监理、
施工等有关单位到现场进行竣工验收。

　　　　　　　　　　　　　　　　　　　建设行政主管部门（公章）

　　　　　　　　　　　　　　　　　　　　　年　　　月　　　日

工程竣工验收审查表　　`SD-12`

工程名称		建设地点	
建设单位		路灯数量	盏，　　　基
监理单位		竣工决算	万元
质监单位		施工单位	

工程款按合同约定支付情况：

□工程款已按合同约定支付到位。

□工程款尚未按合同约定支付到位，合同款价＿＿＿＿＿＿万元，支付＿＿＿＿＿＿万元，支付＿＿＿＿＿＿％，尚缺＿＿＿＿＿＿％。

建设单位：（盖章）　　　　　　　　　　　　施工单位：（盖章）

年　　月　　日　　　　　　　　　　　　年　　月　　日

完成工程设计和合同约定情况：

□已完成工程设计和合同约定的各项内容。

总监：（签章）　　　　　　　　　　　　监理单位：（盖章）

年　　月　　日　　　　　　　　　　　　年　　月　　日

已通过竣工前检查，责令整改的问题已整改完毕。

质监单位：（盖章）

年　　月　　日

工程质量综合评价报告 SD-13-1

工程名称					
工程地点					
建设单位			施工单位		

分项工程项目	外观	实测	资料	综合评分	等级评定
分项工程合格率（100％）					
分项工程优良率（85％）					
质量保证资料基本齐全					
技术资料评分（≥95分）					

总监姓名	专业	证书号	监理员姓名	专业	证书号

工程质量评估意见	
	监理单位负责人（签名）：　　　总监（签名）：　　　监理单位（章） 年　月　日

注：工程质量综合评价报告内容：合同主要条款执行情况（SD-13-2），法律、法规和强制性条文执行情况（SD-13-3）。

SD-13-2

合同主要条款执行情况：

SD-13-3

法律、法规和强制性条文执行情况：

施工质量是否符合设计文件的报告 SD-14

工程名称	
工程地点	
建设单位	
施工单位	
监理单位	

　　通过对设计文件及施工过程中签署的设计变更进行检查，该工程符合设计文件（含变更）要求，同意进行竣工验收。

　　设计负责人：

　　设计单位有关负责人：

设计单位（公章）

年　　月　　日

工程竣工验收报告 SD-15-1

工程名称		工程竣工验收综合意见		
工程地点				
建设单位				
设计单位		建设单位（公章） 年　月　日		
施工单位		竣工日期	年　月　日	
监理单位		验收日期	年　月　日	

竣工验收程序及内容

1. 建设、设计、施工、监理单位分别汇报工程合同履约情况和在工程建设各个环节执行法律、法规和工程建设强制性标准的情况。

2. 审阅建设、设计、施工、监理单位与工程相关的档案资料。

3. 实地查验工程质量。

4. 对工程设计、施工、设备安装质量和各管理环节等方面作出全面评价，形成经验收组人员签署的工程竣工意见。

5. 工程质量监督机构受行政主管部门的委托对于工程竣工验收实施监督。

6. 工程竣工验收综合意见由建设单位根据设计、施工、监理单位的意见签署。

注：工程竣工验收报告内容：工程竣工验收综合意见（SD-15-1），工程概况及执行基本建设程序的情况（SD-15-2），对设计、施工、监理等方面的评价（SD-15-3）。

SD-15-2

工程概况及执行基本建设程序的情况：

SD-15-3

对设计、施工、监理等方面的评价：

工程竣工交接证明书

SD-16

建设单位		施工单位		
工程名称		工程开竣工日期	开工 年 月 日 竣工 年 月 日	
工程编号		竣工验收日期	年 月 日	
工程地点		决算总价		
工程性质		质量评定等级		
工 程 简要内容				
交接意见				

参加交接人员签名		施工单位 （公章）	建设单位 （公章）	接管单位 （公章）
		年 月 日	年 月 日	年 月 日

工程竣工总结

SD-17

工程名称：_____

建设单位：_____

施工单位：_____

编 写 人：_____

编写单位：_____（章）

年　　月　　日

施工单位工序质量报验单　SD-18-1

工程名称		编号	

监理单位：

　　本次报验内容系第_____次报验，本项目经理部已完成自检工作且资料完整，并呈报相应资料，请监理单位审查验收，以利我部进入下道工序施工。

　　兹报验（报验项目请在□中打√）：

□ 1. 电缆槽沟　　　　□ 2. 箱式变开关箱基础　　□ 3. 电缆敷设、绝缘电阻测试

□ 4. 管配线及手（人）孔井　□ 5. 路灯杆、灯具安装　　□ 6. 电器安装

□ 7. 接地装置检测　　□ 8. 配电柜（箱）安装　　□ 9. 系统调试

□ 10.　　　　　　　　□ 11.　　　　　　　　□ 12. 架空线路

　　项目经理（签名）：　　　　　　　　　　　施工单位项目经理部（章）：

　　　　　　　　　　　　　　　　　　　　　　　　　　年　　月　　日

监理单位验收情况通知单　SD-18-2

　　工程项目经理部：

　　我部于　　年　　月　　日收到施工单位工序质量报验单，以及相应的自评检查验收资料等共　　个项目，资料共　　页。

　　收件人（签名）：　　　　　　　　　　　日期：　　年　　月　　日

监理审查意见：

□ 可进行后续工序施工。

□ 核验未通过，不得进入下道工序施工，整改后再报。

　　验收监理工程师（签名）：　　　　　　　　项目监理机构　　（章）

　　　　　　　　　　　　　　　　　　　　　　验收日期：　　年　　月　　日

注：1. 未经项目监理机构验收通过，施工单位不得进入下道工序施工。

　　2. 施工单位项目经理部应提前提出本报验单，并给予配合。

道路照明工程质量综合评定汇总表 SD-19

工程名称			申报单位（章）	
序号	评定标准	评定意见		
1（实体质量评分表）	申报材料的真实性、完整性，并符合设计、施工规范的要求			
2（SD21~SD27）	分项工程质量合格率（100%）			
表一（D-2）	分项工程质量优良率（≥85%）			
表二（D-3）	质量保证资料评定（基本齐全）			
表三（D-4）	技术资料评定（≥95分）			
评委审定意见				
评委签名		年　　月　　日		

注：1. 以上五项评定标准有一项不及格均取消评定资格。
　　2. 后文中《规程》为现行规程《城市道路照明工程施工及验收规程》CJJ 89。

分项工程质量评定汇总表 SD-20

工程名称		质检评定单位	
施工单位		检验日期	年　月　日
序　　号	分项工程名称	评定等级	备　　注
SD-21	变压器、箱式变安装 分项工程		
SD-22	配电装置与控制安装 分项工程		
SD-23	架空线路分项工程		
SD-24-1	电缆线路分项工程		
SD-25	管配线及手（人）孔井 分项工程		
SD-26-1 SD-26-2	路灯安装分项工程 路灯电器安装分项工程		
SD-27-1	接地装置分项工程		
检查　　　　项，优良率　　　　%			
评审、质检单位意见			
评审、质检人员签名			年　月　日

注：所有分项工程必须全部合格。其中有80%以上为优良，方可申报市政工程最高质量评价项目。

变压器、箱式变安装分项工程质量检验评定表 | SD-21

工程名称：

		项 目		检验情况
保证项目	1	变压器、箱式变型号、规格、质量必须符合设计要求，并应有供电部门合格的检测报告资料		
	2	变压器、箱式变电站设备位置应符合《规程》第3.1.2条规定		
	3	器身检查的主要项目和要求应符合《规程》第3.1.4和第3.1.5条的规定		
	4	变压器、箱式变投运前检查应符合《规程》第3.2.4及第3.3.11条的规定		

		项 目		质 量 检 验 情 况
基本项目	1	设备外观应符合《规程》第3.1.3条规定	测 点	
			评 价	
	2	柱上台架式变压器应符合《规程》第3.2.1条的规定	测 点	
			评 价	
	3	柱上台架式变压器在试运行前应全面检查，并符合《规程》第3.2.4条规定	测 点	
			评 价	
	4	箱式变电站内零、地排、二次回路应符合《规程》第3.3.2、3.3.5、3.3.8条的规定	测 点	
			评 价	
	5	箱式变电站送电投运前应进行检查，并应符合《规程》第3.3.11条的规定要求	测 点	
			评 价	
	6	地下式变电站绝缘、耐热、防护性能应符合《规程》第3.4.1条规定	测 点	
			评 价	
	7	地下式变电站送电前应按照《规程》第3.4.6条规定进行检查	测 点	
			评 价	

		项 目		质 量 检 验 情 况
允许偏差项目	1	跌落式熔断器离地面≥5m、相间安全距离≥0.7mm	测 点	
			检测值	
	2	箱式变电站设置围栏通道宽度≥0.8mm 箱式变电站基础应高出地面200 mm以上	测 点	
			检测值	
	3	地下式变电站设备防护等级为IP68	测 点	
			检测值	
	4	地下式变电站地坑面积应大于箱体占地面积的3倍，承重量应不小于箱体自身重量的5倍	测 点	
			检测值	

检验结论	基本项目综合评价	检查　　　点，其中：优良　　　点，优良率　　　%
	允许偏差项目评价	检查　　　点，其中：合格　　　点，合格率　　　%
	工程综合评价意见	优良：　　　合格：　　　不合格：

评定等级	检查人员签字		核定意见	监理工程师： 　　　　　　年　　　月　　　日

配电装置与控制安装分项工程质量检验评定表　SD-22

工程名称：

		项　目			检验情况
保证项目	1	配电柜（箱）型号、规格、质量必须符合设计要求，并且应有主要元器件产品合格证书			
	2	低压绝缘部件完整，带电体与裸露的不带电导体间、带电体相互之间的电气间隙及爬电距离符合《规程》第4.3.2条规定			
	3	配电柜（箱）内电器安装应符合《规程》第4.3.1条规定			
	4	专用路灯配电室选址应符合现行标准《20kV及以下变电所设计规范》GB 50053的相关规定			

		项　目		质 量 检 验 情 况	
基本项目	1	配电室内通道宽度应符合《规程》第4.2.3条规定，室内电缆沟深度宜0.6m	测点		
			评价		
	2	配电柜（箱）内设备、电缆回路等编号标识齐全、字迹清晰不褪色，接地排和零排应分别设置并有标志符号	测点		
			评价		
	3	接地（接零）保护应符合《规程》7.2"接零和接地保护的有关规定"	测点		
			评价		
	4	引入柜（箱、屏）接线应符合《规程》第4.3.3条规定	测点		
			评价		
	5	二次回路接线应符合《规程》第4.4.1、4.4.2条的规定	测点		
			评价		

允许偏差项目	1	室内配电柜安装	每米垂直度<1.5mm 柜间接缝<2mm		测点	
					检测值	
			水平偏差	相邻两柜顶部<2mm 成列柜顶部<5mm	测点	
					检测值	
			柜面偏差	相邻两柜边<1mm 成列柜面<5mm	测点	
					检测值	
		室外配电箱	落地配电箱基础平面高出地面≥200m 杆上配电箱底离地高度≥2.5m		测点	
					检测值	
	2	末端电压	≥90%额定电压		测点	
					检测值	
	3	负荷分配	三相负荷不平衡度≤20%		测点	
					检测值	

检验结论	基本项目综合评价	检查　　点，其中：优良　　点，优良率　　%
	允许偏差项目评价	检查　　点，其中：合格　　点，合格率　　%
	工程综合评价意见	优良：　　合格：　　不合格：

评定等级		检查人员签字		核定意见	监理工程师：　　年　月　日

架空线路分项工程质量检验评定表　　SD-23

工程名称：

	项 目		检验情况		
保证项目	1	金具、绝缘子、导线的规格、型号必须符合设计要求			
	2	导线无松股、不得有磨损、断股、扭曲、金钩及破损等缺陷，拉线与导线架设必须符合《规程》第5章节有关条文规定			
	3	金具外观表面光洁，无裂纹、毛刺、飞边等缺陷，镀锌良好、无锌皮剥落，锈蚀现象			
	4	绝缘子瓷釉光滑、无裂纹、缺釉、斑点、烧痕、气泡或瓷釉烧坏等缺陷，并应符合《规程》第5.2.1和第5.2.2条的规定			
	5	混凝土杆表面光洁平整，壁厚均匀，无露筋、跑浆等现象，杆身弯曲度不超过杆长的1/1000，应符合《规程》第5.1.3条规定			

	项 目		质量检验情况				
基本项目	1	金具应热镀锌，抱箍尺寸适宜，高低压横担角钢≥∠63×6、∠50×5	杆 号				
			评 价				
	2	拉线跨越道路垂直距离>6m，张力拉线反向倾斜10°～20°，绝缘子自然悬垂距地面>2.5m	杆 号				
			评 价				
	3	导线架设一档内无两个接头，对建筑物、树木、地面、水面等跨越物的安全距离应符合《规程》第5.3.11～5.3.14条规定	杆 号				
			评 价				
	4	引流线无硬弯、弧度均匀，对相邻导线及对地净空距离应符合《规程》第5.3.9条的规定	杆 号				
			评 价				

		项 目					
允许偏差项目	1 立混凝土电杆	电杆基坑深度允许偏差＋100mm、－50mm	杆 号				
			检测值				
		直线杆顺线路档距<3%，横向位置偏移<50mm	杆 号				
			检测值				
		电杆立好后，倾斜不应大于1/2杆梢直径	杆 号				
			检测值				
	2 导线弧垂	实际弧垂与设计弧垂偏差±5%	杆 号				
			检测值				
		同一档内弧垂偏差≤50mm	杆 号				
			检测值				

检验结论	基本项目综合评价	检查　　　点，其中：优良　　　点，优良率　　　%	
	允许偏差项目评价	检查　　　点，其中：合格　　　点，合格率　　　%	
	工程综合评价意见	优良： 合格： 不合格：	
评定等级	检查人员签字	核定意见	监理工程师： 　　　　年　　　月　　　日

电缆线路分项工程质量检验评定表 SD-24-1

工程名称：

<table>
<tr><td colspan="3" rowspan="1">项　目</td><td colspan="5">检验情况</td></tr>
<tr><td rowspan="4">保证项目</td><td>1</td><td colspan="2">电缆的品种、规格符合设计要求，电气性能试验必须符合规范规定</td><td colspan="4" rowspan="4"></td></tr>
<tr><td>2</td><td colspan="2">电缆敷设严禁有扭绞、铠装压扁、保护层断裂和表面严重划伤等缺陷。电缆敷设应符合《规程》第6.1.2、6.2.3条规定</td></tr>
<tr><td>3</td><td colspan="2">电缆在终端、分支处、工作井内应设置标志牌，并符合《规程》第6.1.10条规定；电缆接头和终端头制作应符合《规程》第6.1.8、6.1.9条的规定</td></tr>
<tr><td>4</td><td colspan="2">电缆线路在高架路、桥和明敷设时应符合《规程》第6.2.12、6.2.13～6.2.16条的规定</td></tr>
<tr><td colspan="3">项　目</td><td colspan="5">质 量 检 验 情 况</td></tr>
<tr><td rowspan="8">基本项目</td><td rowspan="2">1</td><td rowspan="2">直埋电缆全长上下铺细土或沙层厚度不小于100mm</td><td>测　点</td><td colspan="4"></td></tr>
<tr><td>检测值</td><td colspan="4"></td></tr>
<tr><td rowspan="2">2</td><td rowspan="2">电缆敷设时与其他管道之间平行交叉净距符合《规程》第6.2.5条的规定</td><td>测　点</td><td colspan="4"></td></tr>
<tr><td>评　价</td><td colspan="4"></td></tr>
<tr><td rowspan="2">3</td><td rowspan="2">过街管道两端、直线段超过50m设置工作井应符合《规程》第6.2.17条规定</td><td>测　点</td><td colspan="4"></td></tr>
<tr><td>评　价</td><td colspan="4"></td></tr>
<tr><td rowspan="2">4</td><td rowspan="2">直埋电缆应采用铠装电力电缆，电缆铠装重复接地电阻≤10Ω</td><td>测　点</td><td colspan="4"></td></tr>
<tr><td>检测值</td><td colspan="4"></td></tr>
<tr><td rowspan="6">允许偏差项目</td><td rowspan="2">1</td><td rowspan="2">电缆敷设在绿地、车行道下深度≥0.7m</td><td>测　点</td><td colspan="4"></td></tr>
<tr><td>检测值</td><td colspan="4"></td></tr>
<tr><td rowspan="2">2</td><td rowspan="2">电缆在人行道下埋设深度≥0.5m</td><td>测　点</td><td colspan="4"></td></tr>
<tr><td>检测值</td><td colspan="4"></td></tr>
<tr><td rowspan="2">3</td><td rowspan="2">电缆保护管的弯曲半径及弯扁程度应符合《规程》第6.2.7条的规定</td><td>测　点</td><td colspan="4"></td></tr>
<tr><td>检测值</td><td colspan="4"></td></tr>
<tr><td rowspan="3">检验结论</td><td colspan="2">基本项目综合评价</td><td colspan="2">检查　　　点，其中：优良</td><td colspan="3">点，优良率　　　%</td></tr>
<tr><td colspan="2">允许偏差项目评价</td><td colspan="2">检查　　　点，其中：合格</td><td colspan="3">点，合格率　　　%</td></tr>
<tr><td colspan="2">工程综合评价意见</td><td colspan="5">优良：　　　合格：　　　不合格：</td></tr>
<tr><td rowspan="1">评定等级</td><td colspan="2"></td><td>检查人员签字</td><td></td><td>核定意见</td><td colspan="2">监理工程师：

年　月　日</td></tr>
</table>

电缆线路绝缘电阻检验测试记录 SD-24-2

工程名称：							
保证项目		项　目			检验情况		
	1	电缆线路敷设前后，进行绝缘电阻测试应符合《规程》第 6.1.3 条规定					
	2	检测仪器（兆欧表）应有有关计量部门检验认可的有效合格证					
	3	兆欧表的电压等级：测 1000V 电缆为 1000V 级，测普通绝缘线为 500V 级					
检 测 绝 缘 电 阻（MΩ）							
基本项目	阻值 相别 / 回路编号						
	1	L1—L2					
	2	L2—L3					
	3	L3—L1					
	4	L1—N					
	5	L2—N					
	6	L3—N					
检验结论	项目综合评价意见	优良：		合格：		不合格：	
	基本项目综合评价	检测　　点，其中：优良　　点，优良率：　　％					
评定等级		检查人员签字			核定意见	监理工程师： 　　　　　年　月　日	

管配线及手（人）孔井分项工程质量检验评定表 〔SD-25〕

工程名称：

<table>
<tr><td rowspan="3">保证项目</td><td colspan="2">项　目</td><td colspan="6">质量情况</td></tr>
<tr><td>1</td><td>配管、配线的品种、规格必须符合设计要求</td><td colspan="6"></td></tr>
<tr><td>2</td><td>每一回路导线间和导线对地间的绝缘电阻必须大于0.5MΩ</td><td colspan="6"></td></tr>
<tr><td></td><td>3</td><td>薄壁钢管严禁焊接连接，配管的材质及适用场所必须符合设计要求及规范规定</td><td colspan="6"></td></tr>
<tr><td rowspan="11">基本项目</td><td colspan="2">项　目</td><td colspan="6">质 量 情 况</td></tr>
<tr><td rowspan="2">1</td><td>电缆过街或管线埋设长度大于50m、绿地与绿地两端必须设置手（人）孔井</td><td>测　点</td><td></td><td></td><td></td><td></td><td></td></tr>
<tr><td>评定值</td><td></td><td></td><td></td><td></td><td></td></tr>
<tr><td rowspan="2">2</td><td>敷设钢制电缆桥架超过30m、铝合金桥架超过15m，跨越伸缩缝处应采用伸缩连接板</td><td>测　点</td><td></td><td></td><td></td><td></td><td></td></tr>
<tr><td>评定值</td><td></td><td></td><td></td><td></td><td></td></tr>
<tr><td rowspan="2">3</td><td>手（人）孔井壁粉刷完整、平滑，井内管口伸出井壁无上翘下坠现象</td><td>测　点</td><td></td><td></td><td></td><td></td><td></td></tr>
<tr><td>评定值</td><td></td><td></td><td></td><td></td><td></td></tr>
<tr><td rowspan="2">4</td><td>井盖应有防盗措施，并满足车行道和人行道相应的承重要求</td><td>测　点</td><td></td><td></td><td></td><td></td><td></td></tr>
<tr><td>评定值</td><td></td><td></td><td></td><td></td><td></td></tr>
<tr><td rowspan="2">5</td><td>井内有电缆接头时，在井内必须有接地装置，接地电阻＜10Ω</td><td>测　点</td><td></td><td></td><td></td><td></td><td></td></tr>
<tr><td>评定值</td><td></td><td></td><td></td><td></td><td></td></tr>
<tr><td rowspan="10">允许偏差项目</td><td rowspan="2">1</td><td>手（人）孔井内保护管伸出井壁30～50mm，管口光滑无毛刺、排列整齐</td><td>测　点</td><td></td><td></td><td></td><td></td><td></td></tr>
<tr><td>评定值</td><td></td><td></td><td></td><td></td><td></td></tr>
<tr><td rowspan="2">2</td><td>手孔井井深≥1m，井宽≥0.7m，人孔井井深≥1.8m，井宽≥1.2m，井长≥1.8m</td><td>测　点</td><td></td><td></td><td></td><td></td><td></td></tr>
<tr><td>评定值</td><td></td><td></td><td></td><td></td><td></td></tr>
<tr><td rowspan="2">3</td><td>高架路桥明配管有一个弯≥4D、二个弯以上≥6D，管弯曲处的不圆度≤0.1D</td><td>测　点</td><td></td><td></td><td></td><td></td><td></td></tr>
<tr><td>评定值</td><td></td><td></td><td></td><td></td><td></td></tr>
<tr><td rowspan="2">4</td><td>硬塑管套接时，插入深度宜为管子内径的1.1～1.8倍</td><td>测　点</td><td></td><td></td><td></td><td></td><td></td></tr>
<tr><td>评定值</td><td></td><td></td><td></td><td></td><td></td></tr>
<tr><td rowspan="2">5</td><td>电缆桥架或明配钢管固定点间距允许偏差±50mm，弯曲半径符合规定</td><td>测　点</td><td></td><td></td><td></td><td></td><td></td></tr>
<tr><td>评定值</td><td></td><td></td><td></td><td></td><td></td></tr>
<tr><td rowspan="3">检查结果</td><td colspan="2">保证项目综合评价</td><td colspan="2">优良：</td><td colspan="2">合格：</td><td colspan="2">不合格：</td></tr>
<tr><td colspan="2">基本项目综合评价</td><td colspan="2">检查　　项，其中优良</td><td colspan="4">项，优良率　　％</td></tr>
<tr><td colspan="2">允许偏差项目</td><td colspan="2">检查　　点，其中合格</td><td colspan="4">点，合格率　　％</td></tr>
<tr><td rowspan="2">评定等级</td><td colspan="2" rowspan="2">检查人员签字</td><td colspan="3" rowspan="2"></td><td rowspan="2">核定意见</td><td colspan="2" rowspan="2">监理工程师：

　　年　月　日</td></tr>
<tr></tr>
</table>

注：D为管子外径。

路灯安装分项工程质量检验评定表　　SD-26-1

工程名称：							

		项 目			检验情况		
保证项目	1	灯杆、灯具的规格和型号必须符合设计要求，高杆灯应符合现行标准《高杆照明设施技术条件》CJ/T 457 的规定					
	2	灯杆基础标高恰当、杆位合理，灯杆不得设在易被车辆碰撞地点且符合《规程》第 8.1.1 和 8.1.2 条规定					
	3	灯杆、灯具的技术性能要求应符合《规程》第 8.1.8、8.1.9、8.1.19、8.1.20 和 8.3.3 条的规定					
	4	路灯编号应符合《规程》第 8.1.21 条的规定					

		项 目		质 量 检 验 情 况			
基本项目	1	灯臂安装高度符合设计要求，直线路段仰角和装灯方向宜一致	测 点				
			评 价				
	2	灯具横向水平线与地面平行，灯具安装纵向中心线与灯臂纵向中心一致	测 点				
			评 价				
	3	灯座安装门朝向慢车道（人行道）侧，基础结面不积水，混凝土厚度不得小于 100mm	测 点				
			评 价				
	4	灯杆、灯臂焊接均匀无虚焊，并用热镀锌防腐处理	测 点				
			评 价				
	5	混凝土基础强度等级不低于 C20，电缆护管从中心穿出应超过基础面 30～50mm	测 点				
			评 价				
	6	玻璃钢灯杆应符合《规程》第 8.1.20 条的规定	测 点				
			评 价				

允许偏差项目	1	灯杆垂直	灯杆杆梢垂直偏移 $0.5D_1$，杆根横向位置偏移 $0.5D_2$	测 点			
				检测值			
			杆身直线度允许误差宜＜3‰	测 点			
				检测值			
	2	灯臂正直	与道路纵向成 90°，角度偏差≤2°	测 点			
				检测值			

检验结论	基本项目综合评价	检查　　　　点，其中：优良　　　　点，优良率　　　　％			
	允许偏差项目评价	检查　　　　点，其中：合格　　　　点，合格率　　　　％			
	工程综合评价意见	优良：　　　　合格：　　　　不合格：			

评定等级	检查人员签字		核定意见	监理工程师： 年　　月　　日

注：1. 灯杆横向位置偏差应检查直线路段灯排列成一直线时。

　　2. D_1 为灯杆梢径，D_2 为灯杆根部直径。

路灯电器安装分项工程质量检验评定表

SD-26-2

工程名称：

<table>
<tr><td rowspan="3">保证项目</td><td colspan="2" style="text-align:center">项　目</td><td>检验情况</td></tr>
<tr><td>1</td><td>光源、镇流器、触发器、熔断器等低压电器的规格、型号必须符合设计要求</td><td rowspan="2"></td></tr>
<tr><td>2</td><td>镇流器、接线板等部件安装应有适当空间，尤其是钢杆内装设时，直观应符合要求</td></tr>
<tr><td></td><td>3</td><td>电器接线正确、牢固，导线截面符合规范要求，电源进线在电器上桩头，相线在瓷灯头中心触点</td><td></td></tr>
<tr><td rowspan="13">基本项目</td><td colspan="2" style="text-align:center">项　目</td><td colspan="2" style="text-align:center">质 量 检 验 情 况</td></tr>
<tr><td rowspan="2">1</td><td rowspan="2">灯具引至主线路的导线及在灯臂、灯杆内穿线技术要求应符合《规程》第8.1.11和第8.1.12条的规定</td><td>测　点</td><td></td></tr>
<tr><td>评　价</td><td></td></tr>
<tr><td rowspan="2">2</td><td rowspan="2">接线面板、灯具内接线、电器安装的技术要求应符合《规程》第8.1.10、8.1.13和第8.1.14条的规定</td><td>测　点</td><td></td></tr>
<tr><td>评　价</td><td></td></tr>
<tr><td rowspan="2">3</td><td rowspan="2">道路照明用灯具的技术性能应符合《规程》第8.1.8和第8.1.9条的规定</td><td>测　点</td><td></td></tr>
<tr><td>评　价</td><td></td></tr>
<tr><td rowspan="2">4</td><td rowspan="2">庭院灯的安装应符合《规程》第8.3.9和第8.3.10条的规定</td><td>测　点</td><td></td></tr>
<tr><td>评　价</td><td></td></tr>
<tr><td rowspan="2">5</td><td rowspan="2">杆上路灯的电器、引下线安装应符合《规程》第8.4.3、8.4.5、8.4.7和第8.4.8条的规定</td><td>测　点</td><td></td></tr>
<tr><td>评　价</td><td></td></tr>
<tr><td rowspan="2">6</td><td rowspan="2">高架路（桥）的灯具安装应符合《规程》第8.5.5条～第8.5.7条的规定</td><td>测　点</td><td></td></tr>
<tr><td>评　价</td><td></td></tr>
<tr><td rowspan="2">检验结论</td><td colspan="2">基本项目综合评价</td><td colspan="2">检查　　　　点，其中：优良　　　　点，优良率　　　　%</td></tr>
<tr><td colspan="2">工程综合评价意见</td><td colspan="2">优良：　　　　合格：　　　　不合格：</td></tr>
<tr><td>评定等级</td><td colspan="2">检查人员签字</td><td colspan="2">核定意见　　　　监理工程师：

　　　　年　月　日</td></tr>
</table>

接地装置分项工程质量检验评定表 SD-27-1

工程名称：

		项 目	检验情况
保证项目	1	城市道路照明电气设备的金属部分的保护，应符合第7.1.1条的规定	
	2	由同一台变压器供电的路灯线路，其保护方式应符合《规程》第7.1.3条规定	
	3	公用配变供电的路灯配电，采用的接零或接地保护方式应符合当地供电部门规定	
	4	人工接地装置的导体截面及保护接地线应符合《规程》第7.3.2条和第7.3.3条规定	

		项 目	质量检验情况					
基本项目	1	避雷针热镀锌圆钢≥ϕ25mm、钢管≥ϕ40mm、δ≥2.75mm	测 点					
			评 价					
	2	接地装置导体截面圆钢≥ϕ10mm，扁钢≥4×30mm，角钢厚度≥4mm	测 点					
			评 价					
	3	接地装置敷设应符合《规程》第7.3.4条的要求	测 点					
			评 价					
	4	接零和接地保护、重复接地等接地电阻应符合《规程》第7.2.5条～第7.2.8条的规定	测 点					
			评 价					
允许偏差项目	1	接地体离地面埋设深度≥0.6m	测 点					
			检测值					
	2	接地体与建筑物间距≥1.5mm	测 点					
			检测值					
	3	垂直接地体间距与其长度的比值≥2倍	测 点					
			检测值					
	4 接地体焊接搭接长度	圆钢与圆钢6d	测 点					
			检测值					
		扁钢与扁钢或扁钢与角钢2b	测 点					
			检测值					
		圆钢与扁钢或角钢6d	测 点					
			检测值					

检验结论	基本项目综合评价	检查 点，其中：优良 点，优良率 %
	允许偏差项目评价	检查 点，其中：合格 点，合格率 %
	工程综合评价意见	优良： 合格： 不合格：

评定等级		检查人员签字		核定意见	监理工程师： 年 月 日

注：b为扁钢宽度；d为圆钢直径。

接零、接地保护（防雷）接地电阻的检验测试记录 SD-27-2

工程名称						
	柜（箱）、杆号	$R_。$（Ω）	柜（箱）、杆号	$R_。$（Ω）	柜（箱）、杆号	$R_。$（Ω）
配电柜（箱）						
高（中）杆灯						
其他路灯						

测试结论	配电柜（箱）	合格： 点	不合格： 点	合格率： ％
	高（中）杆灯	合格： 点	不合格： 点	合格率： ％
	其他路灯	合格： 点	不合格： 点	合格率： ％

评定等级		检查人员签字		核定意见	监理工程师： 年 月 日

注：1. 配电柜（箱）、高杆灯、中杆灯应全部测试，其他路灯的测试比例应不小于 30％。

2. 检测仪器应有有关计量部门认可的有效合格证。

道路照明工程质量保证资料检验评定表　SD-28

类　别	项　目	技术要求	检查情况
工程名称		质检评定单位	
施工单位		检验日期	年　月　日
材料设备合格证	材料设备出厂合格证书、出厂检（试）验报告（SD-29-1）	主要材料设备的证书、检（试）验报告齐全	
	合格证书等检（试）验报告（粘贴页）（SD-29-2）	基本齐全、粘贴整齐	
隐蔽工程记录	电缆线路敷设（SD-30）	按设计要求检验，验收测试记录正确、齐全	
	半高杆、高杆、单、双挑灯杆、庭院灯基础（SD-30）		
	手（人）孔井制作（SD-30）		
	配电箱（柜）基础制作（SD-30）		
	接地装置敷设（SD-30）		
测试记录	电缆绝缘电阻（SD-24-2）		
	接地电阻（SD-27-2）		
	道路照明测量（SD-32）		
评审、质检单位意见			
评审、质检人员签名			年　月　日

注：1. 质量保证资料格式必须符合市政金杯示范（路灯）工程示范表式规定。

　　2. 该表用于市级示范工程评审、施工单位自检抽查和监理单位质量评定用。

道路照明工程材料、设备合格证检验记录 `SD-29-1`

工程名称			施工单位		
序号	材料设备名称	规格型号	单 位	数 量	生产厂家
1					
2					
3					
4					
5					
6					
7					
8					
9					
10					
11					
12					
13					
14					
15					

检查综合评价		共检查　项材料，其中：有合格证　项，没有合格证　项			
施工单位	质检员：	检查人员签字		核定意见	监理工程师： 　年　月　日
	材料员：				

注：1. 必须提供合格证的材料（复印件无效）如下：灯杆、灯具、光源电器、变压器、箱变、配电箱（柜）、电线电缆、金属钢材、混凝土试块或商品混凝土等材料设备。

　　2. 所有材料合格证按以上排列顺序粘贴起来存档备查。

主要材料设备合格证粘贴页

请按汇总表中顺序粘贴：

检查人：　　　　　　　　　　　　　检查日期：　　　年　月　日

道路照明隐蔽工程检查验收记录 SD-30

工程名称		施工日期	年 月 日
隐蔽工程内容			
图号或者桩号			
施工人员		检验日期	年 月 日

施工部位示意图：

验收意见		检查人员签字		核定意见	监理工程师： 年 月 日

注：1. 电缆、暗敷管、灯杆基础、配电箱（柜）基础、工作井及接地装置等隐蔽敷设施工必须在施
    工隐蔽之前进行。

　　2. 示意图包括平面图和断面图，表中位置不够用时可另附图。

道路照明工程技术资料检查评分表 SD-31

工程名称			质检评定单位			
施工单位			检验日期	年	月	日

序号	检查资料项目	标准分	验收评定意见	得分
1	工程施工合同（含协议或招投标文件）	5		
2	设计施工图纸齐全、规范	10		
3	施工组织设计和创优计划	10		
4	设计变更通知单、治商记录	5		
5	质量保证资料（出厂质量合格证书、检（试）验报告等）	5		
6	变压器试验资料	4		
7	施工日志规范清楚	8		
8	道路照明现场测试记录	5		
9	隐蔽工程检查验收记录	5		
10	分项工程质量检验评定资料齐全	10		
11	统一规定表格的记录正确齐全	10		
12	质量事故、安全事故报告	5		
13	工程竣工图齐全、规范	10		
14	工程竣工验收评估报告等文件	5		
15	路灯灯型照片和VCD片	3		
16	总分	100		
评审质检单位意见		评审质检人员签字		年　月　日

注：该表用于市级示范工程评审、施工单位自检抽查和监理单位质量评定用。

道路照明现场测量报告表　　SD-32-1

工程名称：							
测量单位			测试路段			道路等级	
道路条件	道路形式①			人行道宽度			m
	路面总宽度②		m	中间分隔带宽度			m
	机动车车行道宽度		m	两侧分隔带宽度			m
	非机动车车行道宽度③		m	路面材料④			
光源	已运行小时数		h	灯具布置	排列方式	单侧布置	
						中心对称	
	功率/数量	1				双侧对称	
		2				双侧交错	
灯具	种类⑤				安装高度	车行道侧	m
	防护等级					人行道侧	m
	安装的光源数量和功率	1			灯杆间距（同一侧）		m
		2			仰角	车行道侧	°
	型号规格	1				人行道侧	°
		2			悬挑（从路缘算起）		m
	环境明暗程度⑥				臂长（从灯杆算起）		m
	环境比（SR）				测量时电压		V
机动车车行道设计数据	路面平均照度 E_{av}		lx	机动车车行道照明测试结果	路面最大水平照度 E_{max}		lx
	水平照度均匀度 U_E				路面最小水平照度 E_{min}		lx
	路面平均亮度 L_{av}		cd/m²		路面平均水平照度 E_{av}		lx
	路面亮度总均匀度 U_o				水平照度均匀度 U_E		
	路面亮度纵向均匀度 U_L				路面平均亮度 L_{av}		cd/m²
	机动车车行道照明功率密度（LPD）⑦		W/m²		路面亮度总均匀度 U_o		
	非机动车车行道照明功率密度（LPD）		W/m²		路面亮度纵向均匀度 U_L		
测量仪器				测量人员			

道路断面和灯具布置简图 SD-32-2

图中位置不够用，可另附图绘画

测点布置⑨与等照度曲线图

图中位置不够用，可另附图绘画

测量时间	年　月　日　时	天气情况⑧	晴天：　　阴天：　　温度：　　度，风力：　　级

注：① 道路形式是指单幅路（一块板）、双幅路（二块板）……。

② 路面总宽度包括机动车车行道、非机动车车行道、分隔带、人行道宽度。

③ 若系单幅路，机动车与非机动车混合行驶，非机动车道包含在机动车道内，不填非机动车道宽度。

④ 路面材料系指混凝土路面或沥青路面。

⑤ 灯具种类系指截光型、半截光型、非截光型。

⑥ 环境明暗程度分别填写"明亮""中等"或"暗"，环境比最小值：0.5。

⑦ 照明功率密度为单位路面面积上的照明安装功率（包括镇流器消耗功率），单位为 W/m^2。

⑧ 天气情况请记录是晴天、还是阴天，当时的气温摄氏多少度。

⑨ 测点布置应采用四点法或中心点法，每个测点应填上实测值，并附计算式。

9.6　各分项工程质量检验评定表填表说明

9.6.1　创优计划和施工组织设计 （SD-7）

创优计划及施工组织设计编制内容：

(1) 工程概况。工程规模、工程特点、工期要求、参建单位等；

(2) 工程创优计划目标、创优体系及保证措施；

(3) 施工进度平面布置图；

(4) 施工部署和管理体系：施工阶段、区划安排；进度计划及工、料、机、运计划表和组织机构设置，组织机构中应明确项目经理、技术负责人、安全负责人、施工管理负责人及其他各部门主要负责人等；

(5) 质量目标设计：质量总目标、分项质量目标，实现质量目标的主要措施、办法及工序、单位工程技术人员名单；

(6) 施工方法及技术措施（包括冬、雨期施工措施及采用的新技术、新工艺、新材料、新设备等）；

(7) 安全措施；

(8) 文明施工措施；

(9) 环保措施；

(10) 节能、降耗措施。

9.6.2　施工日志 （SD-8-1、SD-8-2）

1. 应记载的主要内容：

(1) 任务安排；

(2) 工程进度（要求指标、完成情况）；

(3) 劳力组织；

(4) 物资供应（材料、设备进场品种、规格、数量，复试情况，进场验收情况，问题处理等）；

(5) 技术情况（技术交底，技术标准，施工方法，设计变更，四新技术，技术问题处理等）；

(6) 质量情况（目标、要求，质量措施，质量活动，隐检验收，工序评定，质量事故等）；

(7) 安全情况（目标、要求，安全措施，安全活动，安全事故等）；

(8) 会议、上级指示；

(9) 其他（气候、气温、地质、停电、停水、停工待料等突发事件，紧急情况下采取的特殊措施、办法等）。

2. 记载要求：

逐天记载，内容详实，抓住重点，字迹清楚。

9.6.3　变压器、箱式变安装分项工程质量检验评定表 （SD-21）

1. 检查数量　全数检查。

2. 保证项目　观察检查和检查安装记录。

3. 基本项目　填写测试值或检验结论。

4. 检验结论　评定代号：优良√，合格○，不合格×

（1）变压器、箱式和地下式箱变安装

1）合格：箱体外观无机械损伤，标识、标牌准确完整，无渗油现象，安装位置正确不歪斜，柱上变压器离地符合规程要求，箱式和地下式变电站基础等符合要求。

2）优良：在合格基础上，外观油漆、热镀锌完整均匀，紧固件全部热镀锌或用不锈钢紧固件，并紧固牢靠无松动现象。箱变基础瓷砖贴面。

3）检验方法：观察检查，用扳手检查紧固件。

（2）围栏设置

1）合格：变压器、箱式变四周设置的围栏牢固，警示标志清晰，通道间距符合规程要求。

2）优良：在合格的基础上，设置的围栏采用工艺铁栏或更好的材料制作。

3）检验方法：观察检查。

（3）接零（接地）保护

1）合格：变压器、箱变等箱体、支架接零（接地）母线连接紧密、牢固。

2）优良：在合格基础上，接地点位置明显，接地母线敷设合理，防腐良好，零、地排标识明显。

3）检验方法：观察检查和手扳检查。

（4）引入、引出接线

1）合格：引入、引出箱体电缆排列整齐、固定可靠，柱上变压器接线顺畅，电缆标志牌完整，铠装电缆钢带接地良好。

2）优良：在合格基础上，电缆芯线排列整齐规则，且每根电缆留有一定裕量。

3）检验方法：观察检查。

（5）变压器、箱式和地下式箱变投运前检查

1）合格：投运前按《规程》3.3.11条规定已做好各项准备，未发现有影响投运的质量问题。

2）优良：在合格基础上，一次投入试运行完全成功，无任何因施工或材料质量影响投运。

5. 附注

（1）保证项目必须符合规定，否则该分项工程判定为不合格。

（2）基本项目各抽查点应全部合格，其中85％及以上必须符合优良规定。

（3）允许偏差项目抽检点中，有90％及以上的实测值在相应检验评定标准的允许偏差范围以内。

符合上述三点，可评定分项工程质量为优良。

9.6.4　配电装置与控制安装分项工程质量检验评定表（SD-22）

1. 检查数量　全数检查。

2. 保证项目　观察检查和检查安装记录。

3. 基本项目 填写测试值或检验结论。

4. 检验结论 评定代号：优良√，合格○，不合格×。

（1）配电柜（箱）安装：

1）合格：配电柜与基础型钢连接牢固，固定可靠，配电柜不与基础型钢焊死。配电箱体正直，在室外安装基础高出地面 200mm 以上。

2）优良：在合格基础上，油漆完整均匀，柜（箱）面清洁。安装于同一室内的柜体和谐一致。

3）检验方法：观察检查。

（2）配电柜（箱）内设备：

1）合格：电器元件质量良好，型号规格符合设计要求，排列整齐，固定牢固，密封良好，操作部分动作灵活；各电器能单独拆装而不影响其他电器及导线束的固定，电气间隙和爬电距离符合规定，熔体规格、自动开关整定值符合设计要求。

2）优良：在合格基础上，信号灯、光字牌工作可靠，柜面说明送电范围的指示牌完整无缺，柜（箱）门内设置的一、二次回路图位置合理，清晰不褪色。

3）检验方法：观察或操作检查。

（3）接地（接零）保护：

1）合格：配电柜（箱）及柜体接地（接零）母线连接紧密、牢固，可开启的柜（箱）门均应用软铜线连接接地，截面符合规定。

2）优良：在合格基础上，接地点位置明显，接地母线敷设走向合理，防腐良好。

3）检验方法：观察检查和手扳检查。

（4）引入、引出接线：

1）合格：引入、引出配电柜（箱）的电缆排列整齐，并固定牢靠，端子排不受机械应力，电缆标牌完整，铠装电缆钢带进柜（箱）后应切断，且钢带应接地。

2）优良：在合格基础上，电缆芯线排列整齐规则，且每根芯线均留有一定裕量。

3）检验方法：观察检查。

（5）二次回路接线：

1）合格：配线整齐、清晰、美观，导线绝缘良好，无损伤。

2）优良：在合格基础上，采用标准端子头编号，且端子每侧接线不超过 2 根。

3）检验方法：尺量、拉线及仪表测量检查。

5. 附注

（1）保证项目必须符合规定，否则该分项工程判定为不合格。

（2）基本项目各抽检点应全部符合合格要求，其中 85％ 及以上符合优良规定。

（3）允许偏差项目抽检点中，有 90％ 及以上的实测值在相应检验评定标准的允许偏差范围内。

符合上述 3 点，可评定分项工程质量为优良。

9.6.5 架空线路分项工程质量检验评定表（SD-23）

1. 检查数量 每项不少于 5 个检测点，不足 5 点时全数检查。

2. 保证项目 观察检查和检查安装记录。

3. 基本项目　填写测试值或检验结论。

4. 检验结论　评定代号：优良√，合格○，不合格×。

（1）横担安装：

1）合格：平整牢固，横担安装于受电侧，水平方向上下歪斜不超过 20mm，横向歪斜不超过 20mm，黑色金属均应热镀锌防腐。

2）优良：在合格基础上，横担安装牢固，与电杆接触紧密，露出丝扣不少于 2 扣，热镀锌层良好无缺陷。

3）检查方法：观察、手扳检查。

（2）拉线安装：

1）合格：位置正确，金具齐全，连接牢固，拉线受力正常，无松股、断股和抽筋现象。

2）优良：在合格基础上，拉线与电杆夹角在 30°～60°，拉线坑填土防沉台尺寸正确。

3）检查方法：观察、手扳检查。

（3）导线架设：

1）合格：导线与绝缘子固定可靠，导线无断股、扭绞和死弯，不同金属、不同规格、不同绞制方向的导线严禁在档距内连接，导线对地及交叉跨越距离，符合规范要求。

2）优良：在合格基础上，导线没有因施工不当造成加固或修复。

3）检查方法：观察检查和检查安装记录。

（4）跳线、过引线布置：

1）合格：过引线与邻相过引线或导线之间的净空距离高压不应小于 300mm，低压不应小于 150mm，对地距离符合施工规范规定。

2）优良：在合格基础上，导线布置合理、整齐，线间连接走向清楚、辨认方便。

3）检查方法：观察或测量检查。

5. 允许偏差项目　检验方法：用经纬仪或拉线和尺量检查。

6. 附注

（1）保证项目必须符合规定，否则该分项工程判定为不合格。

（2）基本项目各抽验点应全部符合合格要求，其中 85% 及以上符合优良规定。

（3）允许偏差项目抽验点中，有 90% 及以上的实测值在相应检验评定标准的允许偏差范围内。

符合上述 3 点，可评定分项工程质量为优良。

9.6.6　电缆线路分项工程质量检验评定表、电缆线路绝缘电阻检验测试记录（SD-24-1、SD-24-2）

1. 检查数量　每项不少于 5 个检测点，不足 5 点时全数检查。

2. 保证项目　观察检查和检查试验记录及隐蔽工程记录。

3. 基本项目　填写测试值或检验结论。

4. 检验结论　评定代号：优良√，合格○，不合格×。

（1）电缆支托架安装：

1）合格：位置正确，连接可靠，固定牢靠，金属支托架采取防腐措施，盖板齐全。

2）优良：在合格基础上，间距均匀，排列整齐，横平竖直，金属构件全部热浸锌。

3）检查方法：观察检查。

（2）电缆保护管安装：

1）合格：电缆管无穿孔、裂缝，管口光滑、无毛刺，固定牢靠，防腐良好，弯曲半径不小于电缆的最小允许弯曲半径，出入地沟，配电房管口应封闭严密，电缆保护管长度大于30m时，护管内径应大于电缆外径2.5倍。

2）优良：在合格基础上，护管两端伸出车道不少于0.5m，进入手孔井或伸出车道处无管头明显上翘。明设部分横平竖直排列整齐。

3）检查方法：观察检查或检查隐蔽工程记录。

（3）电缆敷设：

1）合格：电缆埋设深度基本一致，排列整齐并留有裕量，电缆与地下管网间平行或交叉的最小距离符合施工规范规定。直埋敷设必须使用铠装电缆，接头或电缆转弯处设置手孔井，标志设置准确。

2）优良：在合格基础上，电缆走向整齐准确，直埋电缆盖砖（板）整齐、紧密，电缆沟、人（手）孔和配电箱（柜）内电缆标志清晰、齐全，隐蔽工程记录及图纸齐全、准确。

3）检查方法：观察检查和检查隐蔽工程记录。

（4）接地接零：

1）合格：铠装电缆钢带、金属保护管及金属支托架均有接地（零）保护措施。

2）优良：在合格基础上，接地（零）线截面选用正确，防腐良好。

3）检查方法：观察检查。

5. 允许偏差项目 检验方法：挖开后测量检查及检查隐蔽工程记录。

6. 附注

（1）保证项目必须符合规定，否则该分项工程判定为不合格。

（2）基本项目各抽验点应全部符合合格要求，其中85%及以上符合优良规定。

（3）允许偏差项目抽验点中，有90%及以上的实测值在相应检验评定标准的允许偏差范围内。

符合上述3点，可评定分项工程质量为优良。

9.6.7 管配线及手（人）孔井分项工程质量检验评定表（SD-25）

1. 检查数量 每项不少于5个检测点，不足5点时全数检查。

2. 保证项目 观察检查、实测及检查隐蔽工程记录。

3. 基本项目 填写测试值或检验结论。

4. 检验结论 评定代号：优良√，合格○，不合格×。

（1）管敷设：

1）合格：连接紧密，管口光滑有护口；管子弯曲处无明显皱折，防腐完整，暗配管保护层大于15mm。

2）优良：在合格基础上，暗配塑料管无接头，明配管及其支架平直牢固、排列整齐。

3）检验方法：观察检查及检查隐蔽工程记录。

（2）箱盒安装：

1）合格：箱盒设置正确，与管子配套使用，安装平正牢固。箱、盒内穿线留有裕量，管内导线无接头，箱盒内导线连接牢固，包扎紧密。

2）优良：在合格基础上，管子进入箱盒长度恰当，一般小于5mm，且进入箱盒的位置正确。

3）检验方法：观察和尺量检查。

（3）管路保护：

1）合格：穿过伸缩缝处应有补偿装置，穿过建筑物等时应有保护管。

2）优良：在合格基础上，补偿装置安装平整、管口光滑，在隐蔽工程记录中应注明加套保护管的安装位置。

3）检验方法：观察检查及检查隐蔽工程记录。

（4）手孔井制作：

1）合格：手孔井大小符合设计要求，井内粉刷完整，且清洁无积水、杂物或工程遗留垃圾。

2）优良：井内线路预留长度恰当，无交叉现象，管子水平进入井内，且井内露出管口长度恰当，管口排列整齐。

3）检验方法：观察检查。

（5）接地（接零）：

1）合格：金属电线保护管，金属箱、盒接地线连接应紧密牢固，有电缆接头的金属框盖手孔井均应设置接地保护。

2）优良：在合格基础上，接地（接零）导线截面选择正确，防腐良好。

3）检验方法：观察检查。

5. 允许偏差项目　检验方法：尺量检查及检查隐蔽工程记录。

6. 附注

（1）保证项目必须符合规定，否则该分项工程判定为不合格。

（2）基本项目各抽验点应全部符合合格要求，其中85%及以上符合优良规定。

（3）允许偏差项目抽验点中，有90%及以上的实测值在相应检验评定标准的允许偏差范围内。

符合上述3点，可评定分项工程质量为优良。

9.6.8　路灯安装分项工程质量检验评定表（SD-26-1）

1. 检查数量　每项不少于5个检测点。

2. 保证项目　观察检查和检查设计资料。

3. 基本项目　填写测试值或检验结论。

4. 检验结论　评定代号：优良√，合格○，不合格×。

（1）灯臂安装：

1）合格：灯臂安装与道路纵向垂直，固定牢靠，混凝土杆上安装灯臂时，灯臂安装高度与设计基本一致，且杆上路灯引线拉紧。

2）优良：在合格基础上，灯臂的仰角基本一致。

3）检验方法：观察和手扳检查。

（2）灯具安装：

1）合格：灯具纵向中心线和灯臂中心线一致，灯具横向中心线和地面平行，投光型灯具投射角度调整恰当。

2）优良：在合格基础上，灯具安装高度、仰角一致，排列整齐。

3）校验方法：观察检查和测量灯具安装高度。

（3）灯座安装及基础结面：

1）合格：金属杆灯柱根部均应做混凝土基础结面且不积水，灯杆检修门朝向一致，使用独立灯座的，灯座无破损且方向一致。

2）优良：在合格基础上，混凝土基础结面高度一致、光滑平整；灯座内清洁，无杂物，灯座放置平衡。

3）检验方法：观察检查。

（4）灯柱、灯臂防腐：

1）合格：灯柱、灯臂表面应热浸锌，灯杆插接不应损坏灯杆表面涂层。

2）优良：在合格基础上，灯柱、灯臂表面热浸锌工艺良好，涂层无缺损。

（5）基础安装：

1）合格：基础坑开挖尺寸应与设计相符，基础混凝土标号不应低于 C20 且基础浇制基本水平。

2）优良：在合格基础上，基础内电缆护管从基础中心穿出且超出基础平面长度恰当。

3）检验方法：观察检查和检查隐蔽工程记录。

（6）接地（接零）保护：

1）合格：金属灯杆均有接地（接零）保护措施，接地线端子固定牢靠。

2）优良：在合格基础上，接地（接零）导线截面选用正确，固定螺栓无锈蚀现象。

3）检验方法：观察检查。

5. 允许偏差项目　检验方法：观察检查或用仪器检查。

6. 附注

（1）保证项目必须符合规定，否则该分项工程判定为不合格。

（2）基本项目各抽验点应全部符合合格要求，其中 85% 及以上符合优良规定。

（3）允许偏差项目抽验点中，有 90% 及以上的实测值在相应检验评定标准的允许偏差范围内。

符合上述 3 点，可评定分项工程质量为优良。

9.6.9　路灯电器安装分项工程质量检验评定表（SD-26-2）

1. 检查数量　每项不少于 5 个检测点。

2. 保证项目　观察检查和检查施工记录。

3. 基本项目　填写测试值或检验结论。

4. 检验结论　评定代号：优良√，合格○，不合格×。

（1）镇流器安装：

1）合格：镇流器固定牢靠，外壳无渗水和锈蚀现象，接线柱瓷头完好、无开裂，接线端子上线头弯曲方向为顺时针方向，并用垫圈压紧。

2）优良：在合格基础上，镇流器固定螺栓无锈蚀现象。

3）检验方法：观察检查和手扳检查。

（2）接线板安装：

1）合格：接线板及其上熔断器固定牢靠，熔断器完好、无开裂，接线端子上线头弯曲方向为顺时针方向，并用垫圈压紧，熔断器上电源线为上进下出或左进右出，熔芯规格符合规定。

2）优良：在合格基础上，接线板固定螺栓无锈蚀现象，熔断器内无熔芯熔断后的遗留物。

3）检验方法：观察检查和手扳检查。

（3）瓷灯头安装：

1）合格：灯头固定牢靠，可调灯头按设计采用光源大小调整至正确位置，相线接在中心端子上，零线接在螺口端子上。

2）优良：在合格基础上，高压钠灯和金卤灯采用中心触点伸缩式灯头，灯头引线采用耐热绝缘管保护。

3）检验方法：观察检查。

5．附注

（1）保证项目必须符合规定，否则该分项工程判定为不合格。

（2）基本项目各抽验点应全部符合合格要求，其中85％及以上符合优良规定。

符合上述两点，可评定分项工程质量为优良。

9.6.10 接地装置分项工程质量检验评定表，接零、接地保护（防雷）接地电阻的检验测试记录（SD-27-1、SD-27-2）

1．检查数量　每项不少于5个检测点。

2．保证项目　观察检查和检查安装记录。

3．基本项目　填写测试值或检验结论。

4．检验结论　评定代号：优良√，合格○，不合格×。

（1）避雷针安装：

1）合格：避雷针高度应符合设计保护范围的要求，且固定牢靠、防腐良好，针体安装垂直。

2）优良：在合格基础上，避雷针针体垂直度偏差不大于针杆直径。

3）检查方法：观察检查和检查安装记录。

（2）接地装置敷设：

1）合格：接地装置规格不小于设计规定，且位置正确，连接牢固，焊接部位进行防腐处理。

2）优良：在合格基础上，隐蔽工程记录完整、准确。

3）检查方法：观察检查和查隐蔽工程记录。

（3）接地体连接：

1）合格：应采用焊接连接，焊缝应连续、饱满、无虚焊及咬肉等缺陷。圆钢搭接应双面施焊、扁钢焊接应三面施焊，搭接长度符合规定；用螺栓连接时，应有防松装置。

2）优良：在合格基础上，防腐良好，隐蔽工程记录完整、准确。

3）检查方法：观察检查和查隐蔽工程记录。

5. 允许偏差项目　检验方法：尺量检查及检查隐蔽工程记录。

6. 附注

（1）保证项目必须符合规定，否则该分项工程判定为不合格。

（2）基本项目各抽验点应全部符合合格要求，其中85％及以上符合优良规定。

（3）允许偏差项目抽验点中，有90％及以上的实测值在相应检验评定标准的允许偏差范围内。

符合上述3点，可评定分项工程质量为优良。

参 考 文 献

［1］ 中华人民共和国住房和城乡建设部. 低压配电设计规范：GB 50054［S］. 北京：中国计划出版社，2012.

［2］ 中华人民共和国国家质量监督检验检疫总局. LED 城市道路照明应用技术要求：GB/T 31832［S］. 北京：中国标准出版社，2016.

［3］ 中华人民共和国住房和城乡建设部. 城市道路照明设计标准：CJJ 45［S］. 北京：中国建筑工业出版社，2016.

［4］ 中华人民共和国住房和城乡建设部. 城市夜景照明设计规范：JGJ/T 163［S］. 北京：中国建筑工业出版社，2009.

［5］ 中华人民共和国住房和城乡建设部. 城市道路照明工程施工及验收规程：CJJ 89［S］. 北京：中国建筑工业出版社，2012.

［6］ 中华人民共和国住房和城乡建设部. 高杆照明设施技术条件：CJ/T 457［S］. 北京：中国标准出版社，2014.

［7］ 张华. 城市照明设计与施工［M］. 北京：中国建筑工业出版社，2012.